空间：建筑与城市美学

万书元　著

东南大学出版社
SOUTHEAST UNIVERSITY PRESS
·南京·

图书在版编目（CIP）数据

空间：建筑与城市美学 / 万书元著. —南京：东南
大学出版社，2022.10
 ISBN 978 - 7 - 5766 - 0243 - 2

Ⅰ. ①空… Ⅱ. ①万… Ⅲ. ①城市建筑−建筑美学
Ⅳ. ①TU-80

中国版本图书馆 CIP 数据核字(2022)第 172024 号

◉ 同济大学人文学院优秀著作扶持规划资助项目

空间：建筑与城市美学
Kongjian：Jianzhu Yu Chengshi Meixue

著　　者：万书元
出版发行：东南大学出版社
社　　址：南京四牌楼 2 号　邮编：210096　电话：025 - 83793330
网　　址：http://www.seupress.com
电子邮件：press@seupress.com
经　　销：全国各地新华书店
印　　刷：兴化印刷有限责任公司
开　　本：700mm×1000mm　1/16
印　　张：19.75
字　　数：506 千字
版　　次：2022 年 10 月第 1 版
印　　次：2022 年 10 月第 1 次印刷
书　　号：ISBN 978 - 7 - 5766 - 0243 - 2
定　　价：78.00 元

责任编辑：刘庆楚　封面设计：张毅　责任印制：周荣虎

目 录

Contents

1 中国当代城市美学发凡

城市是汇聚了多方面资源的巨型人造空间和构建了复杂的、相互关联的功能的意义共同体。

在抽象意义上，城市不是艺术（建筑在很大程度上也不应该被视为艺术）；在具象意义上，城市不是艺术品。[①] 无论是历史中的城市，还是当今正处在发展中的城市，没有一座城市是为了满足人们的审美需要而建立和发展起来的。因为信仰或其他实际的原因，诸如宗教的原因，或军事的原因（要塞城市），或矿业的原因而发展起来的城市倒是并不少见。这足以说明，城市更多地来源于一种经济性的或者戏剧化了的日常性动力，而非任何形式的与玄学或美学相关的动力。

城市既是物质性的人造空间，也是非物质性的意义空间；即使就物质性的人造空间而言，城市也是可见性和不可见性交叉融汇的综合体。这就意味着，我们既不能平面地看待、欣赏和评判城市，也不能静态地看待、欣赏和评判城市，因为城市既是立体的，同时又是运动的因而也是时间性的。我们既不能单纯以观光客的视角来评判城市，也不能单纯从使用者的视角来评判城市，因为城市和人一样，不单单需要姣好的面貌，也需要有健壮的体质，还需要有优雅的性格。

遗憾的是，在我近十多年的研究中，我看到的国产的有关城市美学的论文和专著，基本上都是从形式美学或视觉美学角度介入城市美学的研究[②]，基本上是以城市形象为中心，研究一个平面的或者说作为绘画作品的城市。显然，这些带有艺术浪漫主义气质的研究者们把美当成了城市美学研究的中心和终极目标。

民间的、理论的城市美学其实就是官方的、实践的城市美学的一种镜像。城

---

① Jane Jacobs. The Death and Life of Great American Cities. Vintage，1992：372.

② 马武定《城市美学》（中国建筑工业出版社，2005 年）是这方面典型的代表。该书完全生硬地照搬了形式美学（文艺美学）的研究思路和方法。

市美学研究中的浪漫主义也正是城市实践中的浪漫主义的一种镜像。

在此，我首先需要作一个声明：中国四十多年经济的高速发展，为中国城市的建设与发展带来了前所未有的机遇；中国城市建设的变化之巨大、成果之丰硕，谁也否认不了。这是我们讨论城市美学的一个基本前提。

但是，城市的发展不需要赞美诗。我们必须看到，中国当下实践意义上的城市美学，几乎和理论研究上的城市美学分享着同样的命运：在某种程度上说，它已经而且仍然还处在偏离城市美学的轨道——开发商或决策者依然是把美当成了城市美学追求的终极目标。尤其值得注意的是，在通常情况下，他们追求的还不是一般意义上的美，而是充满了戏剧性的、具有震惊效果的美，比如世界第一高楼，世界第一水司楼，亚洲第一江景楼等等（还有诸如此类的运动会、庆典等等）。

在城市美学的一些基本问题上，无论在理论层面还是在实践层面，都存在着若干偏差。比如在美与善的关系的处理上，如前所述，我们当下更多的是选择前者，而非后者。于是，我们看到，中国许多城市，人们最为关注的只是或者只能是城市的可见性：城市前脸或者 CBD（中央商务区）广受青睐，有大量的资金投入，高楼林立，人流如织，一派繁华景象；但是，城市的后背或边缘地带往往破败不堪，道路毁弃，房屋朽坏，垃圾遍地，臭气熏天。地面建设，尤其是大项目，人们趋之若鹜；地下的市政设施，却少有问津。其结果必然是，雨季一来，繁华的城市立刻变成垃圾翻滚的大海。城市管理者们并非不知道，城市是一个双重结构，是看得见的城市和看不见的城市构成的双重结构。但是，大多数中国城市，到目前为止，眼睛和胸怀中能装下的，仍然只是看得见的城市。城市的善被抛弃或遮蔽了，城市的美自然也被抛弃或消解了。在对美的标准和内涵的理解上，很多人其实并不了然。对有些人，甚至是所谓城市美学研究专家来说，仍然是一笔糊涂账或乱账。古城被毁，古建被拆，这样的事情曾经屡屡发生，到现在也很难说已经绝迹。这并不单纯是一个文化素养问题或者法律素养问题，其实也是一个审美问题，甚至是一个经济问题。由于受到"文革"期间倡导的破旧立新的价值取向的影响，也由于审美教育的长期缺位，在相当长的时间内，我们一直固守着一种封闭保守的价值取向：以旧为丑（耻），以新为美（荣），结果就像济南老火车站一样，管理者们以变宝为废的方式，拆旧建新，这就不仅为自己也为后人留下了无尽的遗憾。在某种意义上说，这就是中国某些古城命运的缩影。

可能有人会辩解说,这根本与审美无关,只与经济相关:为了经济,可以叫文化和美学让路。但是,他们从根本上忽略了文化和审美更加潜在、更加长远和更加巨大的经济价值。

轻视甚至蔑视城市美学的人,往往是正在用他们的脚践行他们理解的城市美学的人,当然也是对城市美学误解最深的人,也可能是给城市带来更多伤痛甚至灾难的人。因为,没有城市美学指导的任何建设行为,大概率上说都是盲目的行为。

图 1-1　20 世纪 40 年代的上海外滩①

中国城市要健康发展、高质量发展,首先就需要有一个明确的价值导向,即以善为最高价值和终极价值的城市美学。唯有在始终把善置于首位的前提下,我们才可以谈论城市的美。因为只有具备了包含善的美,才会有真实的城市美。对一座城市来说,唯有善能够担保其真,且担保其美。而美,不仅担保不了而且也承载不了善的巨大重量。

---

① http://5b0988e595225.cdn.sohucs.com/images/20180330/238d1d6c7cc74086a9cd9e745c679b15.png.

　　以善为导向的城市美学，必须在超越艺术美学和形式美学的前提下，把系统化的综合性感觉分配平衡当作自己的主攻方向和研究内容。具体而言，我们应该对视觉搜集到的城市空气信息（空中雾霾、河流污水和大地环境信息），听觉搜集到的噪音信息，嗅觉搜集到的城市特有气味，触觉感知到的城市坚柔与冷暖信息，诸如此类，以及从身体层面到精神和心理层面对城市的全部感知，进行全面的评估。城市美学，虽然并不排斥艺术美学和形式美学的内容，也不排斥审美效用的研究，但是，这只是其中极小的一部分。在我看来，城市美学的重心，并非在其审美效用，而是在其实用功能；我们对城市的评价，不是也不应该执著于美丑。因为我们对一座城市的实际感觉和评价，往往不是凭借它是否给我们带来了审美快感，而是依据它是否充分发挥了效率，是否体现了完善（伦理学、逻辑学甚至心理学的视角）。因为，这里的系统化的综合性感觉分配，就是为了提醒人们，对城市的体验和评价，不能单单执著于审美感觉，更应该关注多方面的非审美的感觉——总体的善的效用分配的感觉。

图 1-2　2016 年 7 月之武汉街道①

①　https://tv.sohu.com/v/dXMvMjcxNTcyNTUyLzg0Mzk0MzA1LnNodG1s.html.

以善为导向的城市美学必须坚持如下四种城市观：

第一，立体的城市观

如果一定要以极简的方式来谈论城市，那么，我们可以说，城市是可见与不可见、表象与意义、形式与功能、肉体与精神的复杂综合体。之所以说城市是一种"复杂综合体"，是因为前面的几个定语采取了二元对立结构，在一定程度上削弱了城市原本具有的多元性和立体感。

强调立体的城市，首先就要防止城市管理者或开发商的不合时宜或不恰当的审美冲动。如前所述，城市需要姣好的面容，更需要健康而充满活力的身体和聪慧、善良的灵魂，也就是说，要把空中的、地面的和地下的以及表面的和深层的所有城市经络和毛细血管规划设计好，建设好并且管理好。中国传统美学推崇天然去雕饰，而摒弃浓妆艳抹，这也应该是中国城市美学发展的一个方向。此外，我们也要看到，城市的形象塑造固然重要，城市整体功能的健全和完善，城市活力的展现和城市效率的发挥，相比起来，更加重要。

表象的城市，景观的城市，那是观光客的城市。但城市首先是本地居民的城市，是由人的活动驱动的城市。因此，住房舒适、邻里和睦、交通便利、工商业活跃、社会财富分配公正，这才称得上是有血有肉有灵魂的真正的合乎审美要求的城市。

19世纪末20世纪初，伦敦已经成为世界之都，来自全世界的观光客都对伦敦之壮观和美丽感到震惊。但是，很显然，观光客们看到的只是一个外表的伦敦。

理查德·桑内特指出：

> 19世纪时，都市发展计划将穷人赶到伦敦金融区的东边，泰晤士河的南边，以及摄政公园（Regent's Park）的北边。至于仍留在市中心的穷人则被集中收容进孤立的小块地区，隐藏起来不让大众看到。于是，在巴黎之前，伦敦建立了一个比纽约规模更大、阶级层次更高而空间割裂的城市。
>
> 在财富上，伦敦也反映出英格兰、威尔士以及苏格兰合为一体的庞大财富差异。1910年，大不列颠中有钱的10%的家庭约拥有全国90%的财富，最有钱的1%的家庭则拥有70%的财富。已经都市化的社会还维持着前工业时代的贫富分化：1806年时，85%的全国财富由10%的人拥有，65%的

图 1-3　繁华与穷困：19 世纪末的伦敦①

财富则为 1‰ 的人所拥有……相比之下，全国有超过一半的人口是靠薪水维生，他们只拥有全国 3% 的财富，几乎所有的伦敦人都不能免除这样的剥削……征服得来的财富根本没能分给民众。

如果这是这座现代帝国城市的真实面目，那如何解释观光客所看到的富裕与秩序呢？②

由此可见，一座在外观上甚至在城市的基本功能上都堪称伟大的城市，一旦揭开它的面纱，出现在我们眼前的也可能是一座极其渺小的城市。即以旧日的伦敦而言，它在物理上和空间上的伟大，在很大的程度上说都是在映衬它格调的低下和气魄的渺小。

第二，日常的城市观

城市生活相对于农村生活，可能更加精致，更加丰富，更加开放，更加热闹，也更具有戏剧性。也确实有许多城市，尤其是西方城市，通常在一年之内会有几次重大的庆典活动。这些活动确实能够使平静无波的城市生活增添绚丽的色

① http://monovisions. com/wp-content/uploads/2015/06/historic-bw-photos-of-london-england-in-19th-century-14.jpg.

② 理查德·桑内特著：《肉体与石头：西方文明中的身体与城市》，黄煜文译，上海译文出版社，2006 年，第 323–324 页。

006

彩,使庸常乏味的生活迸发出不寻常的诱人趣味。但是,如果城市管理者不能恰当地处理这种戏剧性庆典活动与城市日常生活之间的关系,按照不可持续的夸富宴的方式办庆典,在庆典的规模和频率上随性而为,城市的日常生活就有崩溃的危险。如果我们能够保持健康的、日常的城市观,以节庆的情调和气氛来办节庆,而非以巴塔耶抨击的那种"排泄"的、令人诅咒的方式来办节庆,坚持理性和平常心,一如既往地以日常的姿态来维持城市的日常运转,那么,我们的城市不仅可以让节庆凸显出十足的节庆味道,也可以确保城市的日常生活持续地、平静地、真实地流淌。

毋庸讳言,对中国的个别城市,尤其是有些小城市来说,保持日常的城市观并不容易。因为这类城市只对戏剧性和大事件(大项目)感兴趣。如果实在没有传统的大型庆典活动,人们也可以凭空创造;如果没有足够多的庆典活动,他们可以把庆典活动的周期拉长,让一座城市一年甚至数年围绕着这个庆典或项目运转。经历过大型的体育运动会,或者经历过大型的献礼工程的人,都不会忘记这些苦涩的教训。

图 1-4　贵州独山县耗资 2 亿元的天下第一水司楼①

①　https://www.sohu.com/picture/408500497?_trans_=000014_bdss_dkmwzacjP3p；CP＝.

日常的城市观，并不需要敌视或轻视庆典活动，或者一概抵制大型项目，而是要求我们对戏剧性庆典活动和大项目始终能够保持理性的姿态。具体而言，面对戏剧性的节庆活动，重点在调动市民的情绪，营造节日的气氛，原则上是以更小的耗费，营造出更丰富、更深刻的戏剧性效果；面对大型建设新项目，重点在论证项目实施的合理性和必要性的前提下，低调且高质量完成项目。但凡在体积、高度、耗费等方面冠以"第一"和"最"字的项目，人们都应该保持警惕并且坚决抵制，因为这样的耗费大多并非来自实际的需要，而是来自权力的面子冲动和名誉需求。

城市不是一出高潮迭起的戏剧，而是一个没完没了的冗长而乏味的故事。

我们可以拥抱若干个不影响整个故事正常发展的戏剧性插曲，但是必须拒绝一切足以伤害故事进程的戏剧性。

第三，人文的城市观

一座城市，需要有收藏丰富的博物馆、高水准的美术馆、安静宽敞的图书馆、有人气的歌剧院和书店，需要有历史悠久的文化街区、伟大的纪念性建筑、精美的公共雕塑，等等；同时还需要有组织严密而高效的文化机构和相应的运行机制，比如图书馆系统，从市级图书馆、区级图书馆，到街道、社区图书馆，形成一套垂直的同时又具有辐射性的服务体系，为整个城市的各个层次的读者提供实在的、优质的服务。

图 1-5 天津市最高烂尾楼 117 大厦

当然，真正的人文的城市观，远远不止于此。城市人文内涵的建设，才是人文城市观的题中之义，诸如阅读风气的引导，校园创新思维和批判思维的培育，个人兴趣和个性的培养，文学和艺术兴趣的呵护，知名文学家和艺术家的引进和宽松而开放的创作环境的建设。一句话，从人文精英到普通的城市大众，所有的人都能积极地参与到城市人文环境的创造之中。

真正能够体现人文观的城市，是一座有大爱且能够在细微之处体现这种大爱的城市。从盲道的建设与维护,残疾人无障碍设施的建设与维护,到社会大众对紧急危险事件的积极反应,乃至地铁的让座,交叉路口的指路等,都能测量一个城市的人文和文明发展的程度。

城市身份的认同以及城市空间科层的存废,也是当下人文城市需要迫切解决的问题。老城市人和新城市人之间的身份认同,本地人与外地的务工人之间的身份认同,相对而言容易解决,高层城市阶层与底层城市阶层之间的认同及其空间的区隔问题,似乎并不是那么容易解决。

巴塔耶在《迷宫》一文中警告我们:"城市如果参与到作为存在之游戏的表现性意象的创构之中,就是以逐步清空自己的活力的方式,来追求更加绚烂迷人的效果……这有利于中心,换句话说,这有利于复合存在物(即大型建筑综合体——引者)。但这里存在另一个问题:在一个给定的领域中,如果某个中心的吸引力大于相邻中心的吸引力,那么第二个中心就会衰落。因此,在整个人类世界中,强大的引力端的作用会根据城市个体生命的抵抗力的大小,将巨量的个体还原到空洞的阴影状态,尤其是当它们所依赖的引力端由于另一个更强大的引力端的作用而衰减时。"①巴塔耶真可谓伟大的预言家,他似乎早就预料到了城市发展必然遭遇的两大困境:一是为了所谓的美而牺牲整座城市或牺牲城市应有的功能;二是为了中心空间而牺牲次要空间,结果是中心空间与次要空间同归于尽。这是中国城市的当代发展必须面对也必须避免的问题。

第四,生态的城市观

在新冠疫情肆虐全球的大背景下,生态的城市观无疑更显示出其紧迫性和现实性。作为中国人,我们也需要反思,我们的城市结构和规模到底需要作什么样的改进,才能适应后疫情时代的城市发展;我们是否能从顶层设计上,改变固有的思维定式,将城市金字塔式的资源配置策略进行结构性的矫正,以阻遏当今中国城市建设普遍的小者求大、大者求更大以至国际最大的病态冲动,在压缩或稳定中国大城市规模的前提下,促进中小型城市的均衡发展。

中国城市需要进一步加强灾难思维和危机思维,这就意味着,城市管理者既要考虑城市的抗震抗洪与预防和阻遏意外灾害的功能(包括洪灾、化学爆炸与污染等),也要建构完备的抗疫防疫机制,这就需要进行从医院本身的功能分区设

① Georges Bataille. Visions of Excess. Minneapolis: University of Minnesota Press, 1985: 175-176.

计、专业医院的职能分流到城市本身的空间布局等多层次考量。

此外，城市建设的重心，也需要进行必要的转移。对大多数中等或中等以下的城市来说，城市景观建设应该让步于城市的实际功能建设，也就是说，必须转移到建构和健全城市医疗保健防疫体系上来，转移到建构和健全城市的地下管线循环体系上来，转移到全面治理和关闭城市污染企业上来，转移到确保城市的空气、土壤、水资源的安全及确保城市市民的健康安全与生命安全上来。

在城市安全环境的建构的基础上，宜人的居住和活动环境也是生态的城市观关注的中心议题。宜人的建筑和生活环境，包括但是不限于视觉上美丽的自然环境，其重点是城市居民拥有较适宜的建筑空间，同时拥有适宜的活动空间，比如小区的阅览空间、娱乐空间、健身空间和社交空间，周边的公园设置等。

中国城市的宜居性依然存在不少缺陷，其中最明显的问题有二：一是小区和物业管理的质量和服务水准远远不能满足业主的需求；二是小区公共服务建设的水准远远不能适应时代的发展。可以说，这两大问题成为中国宜居环境建设的巨大梗阻和反力。前一个问题的症结在于，在居委会、物业公司和业主这三者之间，最不能做主的反而是业主。许多小区业主进驻数年却无法成立业主委员会；即使有了业主委员会，也有可能受到居委会的干预。一旦选错业主委员会班子，要改换和罢免，似乎比官员的罢免还要麻烦和困难。第二个问题则主要表现为小区必需的活动空间和必要设施的极度匮乏，城市对体育金牌的兴趣使他们不再对全民健康发生兴趣，于是出现了这样的尴尬：一方面是城市快速的老龄化和全社会对老龄化问题的抽象的关注，另一方面是对这些老年人呵护的具体忽视和严重缺位。即使很多小区闲置了大量空间，但是似乎没有人愿意为合理利用这些空间而付出努力。

城市生态的问题，其实还包括一个技术与人的关系、科技与人文的关系问题。一方面，城市需要更加高效、更加智能，也就是更加科技；另一方面，城市又需要更多的就业、更多的温情、更多的交流。因此，城市如何在所谓的人类世增加逆熵，实现人文与科技的双向融合发展，将是考验城市管理者的胸怀、远见和智慧的一个试金石（这涉及技术是否能让人类和城市保持可持续发展态势的问题）。

以上,我们从四个视角,讨论了中国城市美学的城市观问题。下面将在此基础上,谈谈中国城市美学的评价体系问题。

我们将从正负两极各提出一套评价体系。

正极的中国城市美学的评价体系,包括如下五个指数,凡是在这些方面获得优良数据的城市,就是城市美学质量较高的城市。

第一,生态指数

这是衡量城市环境的系统指标,包括城市可见的物质环境状况,诸如城市植被和绿化水平、人造环境和自然环境协调的水平、水体的污染状况等,也包括不可见的环保指标,比如空气质量、低碳比率等。

第二,文化指数

这是衡量城市文化传统和价值观定向的一系列指标,比如城市的文化精神,城市的阅读氛围,城市的文化活动,城市的道德水准和社会风气,城市的文化设施建设;还有城市的教育水准,城市人文与社会科学队伍的规模和研究实力等。

第三,科技指数

这是衡量城市的科技队伍的规模和创新能力的系统指标。当然也包括科技教育水准和科技设施,科技的投入与产出等。

第四,宜居指数

包括城市富裕度,经济活跃度,商品丰富度,个人收入水准,个人消费水准,物价水准,城市失业率,城市福利水准(教育、医疗、保险以及生老病死方面上所提供的实际优惠,以及对失业者、危病者和孤残者所能提供的救助等)等。此外,城市的休闲设施和休闲形态的多样化水准,旅游、餐饮、体育、美容和保健乃至交通服务水准,也是城市宜居性的主要指标。

第五,城市艺术指数

主要指城市规划与建筑的水准,包括城市景观空间、商业空间、广场和纪念性建筑的艺术水准,城市轮廓线和整体形象的水准,城市公共艺术设计的水准,城市艺术家的水准等。

如果说前面的五大指数系统主要是为在城市美学方面达到水平线以上的城市提供参照框架,那么,以下五个负极指数则主要是为在城市美学方面掉入水平线以下的城市提供参考框架,也就是说,符合或趋向于下列指数两个以上的城市,属于偏于负面的城市美学指数的城市。

第一，交通苦难指数

交通苦难指数主要是指城市道路的拥堵性，公交的非可达性，公交的非便捷性，交通空间的拥挤性，以及交通的耗时性和苦痛感。许多城市一方面是公共交通覆盖面不够，频度也不够；另一方面是私家车数量增速过快，道路远远超载。在公共交通系统本来就很脆弱的情况下，公共交通和私人交通之间还处在一种互耗的恶劣状态下，在上下班高峰时段，城市交通的苦难指数是可想而知的。这应该是当前许多中国城市面临的一大瓶颈和难题。

第二，就医及相关苦难指数

就医苦难指数，主要是指名医预约的困难性，就诊排队的耗时性，住院和手术治疗的艰难性，以及医疗费用乃至医院风气给病患带来的困扰。

图 1-6　某医院排队照片①

除了就医之外，其他排队苦难指数，诸如银行排队苦难指数，也应该考虑在内，因为一个城市金融服务的质量、态度与水平，是对一个城市文明程度最为合适、最为客观的量度。银行空间是中国官场空间的缩影，不过，它只设定了两个等级，把值得服务的那部分人和不得不服务的那部分人进行区分。所以，银行排队指数比医院更能见证城市公共服务的势利和不平等（医院不平等当然也存在，但是不在排队这一行为过程中显现）。

---

① http://www.cc362.com/content/JaZ4Kkq8P4.html.

第三，城市娱乐健身苦难指数

这里不涉及付费服务问题，只涉及公共服务部分，比如城市公园的布点与服务，城市公共体育、健身和娱乐空间的布局和服务。就目前而言，该苦难指数在有些城市应该是比较高的。

第四，城市小区服务苦难指数

中国城市小区，主要涉及两种服务。一种是城市给小区配备的服务，比如周边菜市场、餐饮和日常购物便利店以及银行、邮局、社区医院等，小区周边的道路管理，公共交通的设置等，这种服务可能会因小区所处的位置不同而有所区别，比如城市边缘小区，公共交通服务以及配套的生活服务可能会差一些，位置在中心区的小区，可能整体水准会高一些。但是，当前中国城市小区最大的服务痛点，更多的表现在另一种服务，即小区内部的服务上。具体地说，抛开当前政策法规面的因素，主要表现在或者说取决于三个方面：一是居委会，二是物业公司，三是业主委员会。在三方面都比较理想，而且三方面相互配合的情况下，小区会有较高的幸福感。但是，不容回避的是，有相当一些小区处在这样一种情况下，物业公司搞定居委会，或者居委会只会打太极或捣糨糊，那么，小区多半会遭受物业公司的随意宰割，并且无处投诉（投诉了也没有用）。如果小区业主不争气，业主委员会内部争权夺利，物业公司就更爽了。也有个别物业公司，利用各种手段挑拨业主委员会成员之间的关系，最后实际上使业主委员会瘫痪，物业公司浑水摸鱼，小区业主苦不堪言。所以，就目前而言，中国城市小区物业的监管，还有很长的路要走。

第五，城市冷漠（blasé）苦难指数

20世纪初，德国哲学家和社会学家西美尔就对大都市中存在的blasé态度做过专门的研究。所谓blasé，是与麻木、厌倦、冷漠、腻烦等情绪和表现相关的一种心理状态。西美尔认为，blasé是一切都市，尤其是大都市的主要症候。其根源是由于货币经济学引发的金钱万能效应。对于都市中的人们来说，在金钱的作用之下，"什么东西有价值"的问题越来越被"这值多少钱"的问题所取代，所以，我们对事物与众不同和别具一格的魅力的微妙的感受性就变得越来越迟钝了。[1] 一切都变得整齐一律，平淡无奇。金钱以其单调乏味和冷漠无情的品质，

---

① George Simmel. Money in Modern Culture. Theory, Culture & Society, 1991, 8(3)：17-31.

成了所有价值的公分母，它成了一种可怕的校平器（leveler）。在大都会里，可以购买的东西总是聚集在一起，这种聚集性一旦以某种方式成功地达到其顶点，就会将个人的神经能量刺激到最高强度，从而使神经快速进入一种疲态，于是，再度面对外界刺激的时候，它没有别的选择，只能以冷漠或者以放弃反应的方式，来调适自己，以发挥出适应大都会生活内容和生活形式的最后可能性①。

西美尔所描述的这种城市冷漠，是一种初始的冷漠，或者可以说是一种无伤害的、消极的冷漠。今天我们的城市所面临的冷漠，却要远为严重，应该称之为积极的冷漠或者说是有杀伤力的冷漠。比如，病人倒地无人扶的问题；甚至女童过马路时被面包车撞倒并两度遭受碾压，肇事车辆逃逸，随后开来的另一辆车又直接从女童身上开过去，七分钟内在女童身边经过的十几个路人，都对此冷眼漠视，只有最后一名拾荒阿姨陈贤妹上前施以援手……这是 2011 年 10 月 13 日下午光天化日之下发生在广东某市的一场悲剧。也许这只是孤例，但是，我们也还可以在城市或城郊翻车现场看到类似的冷漠甚至罪恶：这里没有救援，只有争抢，真的是令人发指。

哪些地区、哪些城市在这些方面表现欠佳，我们需要予以关注，并且予以公开，予以批评和引导，至少，这能够使我们的人、我们的城市回归常识，回归正常。

以上正负两套指数系统，也可以设定一定的分值，进行综合考评。不过，我们对城市美学的感觉既是具体的，也是抽象的；既是视觉的，也是感觉的。我们既要对具体问题进行具体的评价，也需要引入混沌学，对一些复杂的、无法用数据表达的问题进行评估。唯有如此，我们对城市美学质性的评估才能做到真实、可信并且具有说服力。

---

① Georg Simmel，Kurt H Wolff（ed.）. The Sociology of Georg Simmel. The Free Press ，1964：414-415.

2 当代中国城市美学：
向左走？向右走？*

　　在差不多半个世纪之前，我国就制定了尽快实现工业现代化、农业现代化、国防现代化和科学技术现代化的宏伟目标。这著名的"四化"——曾经让全中国人民激情澎湃的"四化"，至今尚未完全实现，另一种"四化"却已捷足先登，悄然进入了我们的生活，这就是城市化、老龄化、网络化和全球化。

　　网络化、全球化，还有老龄化，并非中国所独有，姑且存而不论。城市化却是我国当前面临的一个重大的、严峻的问题。

　　根据中国社科院发布的 2010 年《城市蓝皮书：中国城市发展报告 No.3》，从 2000 年到 2009 年，中国城镇化率已经由 36.2％提高到了 46.6％，年均提高约1.2 个百分点；城镇人口也由 4.6 亿增加到 6.2 亿（2011 年为 6.65 亿），净增 1.6 亿人。① 据同一份报告预测，到 2015 年，我国城镇化率将达到 52％左右，城镇人口在"十二五"中期将超过农村人口。

　　如同过去我们从各种报告中获得的数据一样，这些数据的准确性和真实性照例受到来自各方的质疑。但是，无论上述数据准确与否，都无法改变这样的事实：中国已经走上了一条不可逆转的城市化道路。国家统计局 2009 年发表的《新中国 60 周年系列报告之十：城市社会经济发展日新月异》也证实：从 1979 年到 1991 年，全国共新增城市 286 个；而到 2008 年底，全国城市总数已达到 655 个，比 1991 年增加 176 个，增长 36.7％。惊人的发展速度！可以预见的是，在短期内，中国将走上一条单向发展的城市化道路，而非城市和农村双向对流的所谓城镇化道路。

＊　本文原载于《艺苑》2012 年第 1 期。

①　魏后凯说："假如考虑到三个方面因素，大量农业人口的存在，还没有完全融入城市的大量农民工，城镇化率至少要降低 10 个百分点左右。"《第一财经日报》，2010 年 7 月 30 日。

虽然中国社科院《中国城乡统筹发展报告(2011)》发出了推动双向的城乡一体化进程的呼吁，但是，如果不从体制上系统地进行整体的社会改革，我们不难预见，不仅这种关于乡村人走进城市和城市人重返乡镇的所谓城乡一体化的设想会变成一厢情愿的空想，而且，所有那些更多地更快地发展乡镇和小城市的规划也会暗藏危机。

图 2-1　北京五环高速

图 2-2　北京某处

图 2-3　北京 2018 年确定的棚户区改造项目之一

理由很简单，中国城市的政治、经济、文化、商贸、金融、医疗、卫生、体育、保健、娱乐、休闲、通讯、交通，所有的一切，和整个宏观政治一样，完全是一种金字塔结构：城市越大，它的整体资源配置水准就越高。正因为此，在目前的情况下，基本上是农村人向往小城市或中城市（很少是乡镇），小城市和中城市（人）则向往大城市，大城市（人）则向往北京、上海或广州；相应地，则是乡镇拼命想要变成小城市，小城市想变成中城市，中城市要变成大城市，而北京、上海和广州这样的大城市呢，则拼命想把自己塑造成像纽约或伦敦那样的国际大都市。[①] 其结果完全有可能像中国高等教育一样：所有的成人（高中后）教育类学校都千方百计地要变成本科院校，所有的本科院校都千方百计地要获得博士学位授予点。虽然几乎人人都知道国家教育必须有一个层次丰富、系统完备的生态系统，但是在实际上，处于中低位的学校没有一家安于现状，没有一家愿意扮演整个教育生态链中的那个虽然较为低端却十分必要的角色。

中国城市体系的这种金字塔结构，不可能在一朝一夕得到改变，中国城市发展的单向的集中化和趋大性，也不可能会出现大的改变。这就意味着，在未来相当长的时期内，中国城市的发展，在规模和速率上，将维持在一种大开大合和高速运转的状态中。

在这种情况下，对城市美学、建筑美学、城市文化学、城市社会学等领域展开深入的研究，就成为摆在我们面前的一项重要任务。

图 2-4　夜上海

---

① 　还有更令人哭笑不得的极端情况：由中国《瞭望东方周刊》与中国市长协会《中国城市发展报告》工作委员会、复旦大学国际公共关系研究中心、旅游卫视联合主办的"中国城市国际形象调查推选活动"结果显示，中国 655 个城市正"走向世界"，在 200 多个地级市中，有 183 个城市正在规划建设现代化国际大都市。这是典型的中国式的城市建设的"大跃进"，是农村小学想要变成哈佛的白日梦。http://hs.hongdou.gxnews.com.cn/viewthread-5261127.html2.

图 2-5　上海浦东

图 2-6　上海闵行滚地龙某处

也许有人会认为,城市美学或建筑美学只是一种形式美学或外观美学,是一种关乎造型、色彩和光线的学问,与城市发展并没有本质的联系。

这其实是一个很大的误会。这显然源于将城市和建筑完全等同于艺术的观念;一种非常古老的观念,当然也是一种极其有害的观念。

无论是作为城市居民,还是作为城市的过客,确实都有权要求一个城市有漂亮的建筑和街区乃至风景,但这不是城市的全部,也不是城市美学的全部。城市或建筑美学不只是一种形式美学或形态学,它同时也是一种功能美学、一种包含了伦理学(以善而非以美为终极目标)的生态美学。

　　一座城市固然要有美丽的天际线、清爽利索的街区、富有特色的建筑和景色宜人的公园；同时，它也需要有流畅的交通体系、高效的公共服务、安全的生活环境，需要有城市特有的秩序、节奏、情调，尤其是需要一种富有内涵的文化精神，一种人与城市环境、人与自然环境之间融和共生的生态精神。

图 2-7　中新天津生态城

图 2-8　天津滨海新区

相对而言，一个城市在视觉性方面比较容易满足至少同时代人的愿望，即使只是部分满足，而在功能性方面就稍难了，因为中国城市建设的顽疾历来就是重形式、轻功能，但是，即便如此，只要管理当局真正重视，还是可以做到的。

图 2-9　深圳图书馆

然而，在城市文化精神的培育上，在城市文化生态和自然生态的协调方面，我们却面临很大的困难。

与"文革"时期相比，我们的经济不知增长了多少倍，然而，从某种角度看，我们的城市公共文化体系反而退步了：我们的少年宫、文化馆、体育馆、博物馆、美术馆，还能在多大程度上为老百姓提供服务？

过去，从最基层的工厂图书室、各类中小学图书室，到区级图书馆、市图书馆，基本上构成了一个相对完备的文化服务体系，虽然并不理想，但是，今天，我们还有这样的体系存在吗？即使有，它们还能够提供像过去那样的服务吗？

当代城市文化生态的衰落和自然生态的衰落，其实是同步的，因为两者是互相依存、互相影响的。当绿地和公园以及水体都在为开发商让路乃至牺牲时，文化空间也同样要为经济空间让路和牺牲。

因此，如果对二十世纪六七十年代和当今的城市文化生态指数作一个比较，我们一定会大吃一惊，因为很多不该颠倒的东西全然颠倒了！

图 2-10　上海实体书店倒闭

过去有一个非常形象的说法，说中国的城市建设就是摊大饼，举国上下，城市无论大小，一律是越摊越大，而且是以大为美，建筑是越高越好，人口是越多越好，城市是越大越好。结果就是大家都在比高比大，唯独不比城市的品质、城市的文化、城市的生态，或者说城市的文化生态。城市美学被有些管理者、有些开发商完全误解了。

现在，应该让所有的人，从城市管理者、开发商到普通市民，都清楚地认识到，城市美学，首先是一种伦理美学、一种生命美学，要关心每一个生命——人、动物、植物；要关注环境——不仅是人文环境，还有自然环境；要关注当下，也要尊重历史，延续城市的集体记忆，更要关注未来。

美丽的建筑与葱茏的植物，是城市的风景，城市的人——有教养、有文化传承的城市人，同样也是风景。是他们构成了一个城市的文化精神和特有的人文氛围。

城市的建筑，不能光有漂亮光鲜的外观，尤其是不能有旁若无"物"的自高自大，它应该作为城市的一部分，在城市这部交响曲中，合着整体的节奏清晰地奏出自己应有的乐音，而不是任性地突出自我，超出群体和环境。建筑是城市中的建筑、街区中的建筑、场所中的建筑、历史中的建筑、承载着时代的文化境遇的建筑。但是，在实践中，却不断地有人将它从场所、环境乃至城市中剥离出来。那种打造世界最高或亚洲最高的"状元式"冲动，就是最好的例证。

衡量一个城市是否存在健康的城市美学，可以从一些细小的设计中见出：

城市管理者是否像重视大广场或大剧院的设计一样重视盲道和残疾车道的设计？是否像关注 CBD 周围的细枝末节一样关注保障房社区的生活配套,关注老旧破败的街区？是否像关注城市 GDP（国内生产总值）一样关注城市的生态与环保问题？等等。

图 2-11　中国特色的城市盲道

城市不只是观光客照相机镜头中的风景,它首先应该是市民的家园。这就意味着,城市的内涵建设与城市的景观学以及修辞学处于同等重要的地位,我们不能只盯住几个标志性的大项目的建设,还应关注那些被高楼大厦遮挡了的似乎不碍观瞻的贫民区的改造。城市本来就是我们生活的场景,是我们当下的境遇,对作为居民的我们来说,城市远不只是风景。

当代中国城市面临的最大的挑战,就是如何发展城市的个性,如何避免同质化趋向的问题。它和中国城市难以遏制的、几乎是周期性的政绩冲动一样,是城市建设和发展难以摆脱的困局。我们经常见到一种极富讽刺意味的悖论：专家们一方面和我们一样义愤填膺地抱怨,今天的中国城市千部一面,毫无特色可言；另一方面却照例绘出一个个充满同质化惯性的城市规划图。我们的城市亟需摆脱这样的尴尬。而摆脱这种尴尬和困局,需要有大的视野、大的气魄。

让-弗朗索瓦·利奥塔说："人们希望（大都市）有一种宇宙性,不需要大都市性……需要组建大都市的巨大记忆所允许的一切可能世界。"[①]我想,这种宇宙

----

①　利奥塔著：《非人》,罗国祥译,商务印书馆,2000 年,第 217 页。

图 2-12　中国当代城市建设的"拆"字诀

性,应该是一种海纳百川的包容性,一种大气,一种城市应有的大气魄、大胸襟,与城市建筑之大或之高、人口之多、面积之广没有任何关系。

今天的城市建设,在重心上应该有所转移,要把在体量上、视觉上求大求高求美的冲动,转移到对城市内涵和品质的提升上来;要把形式的修辞冲动,转移到城市的文化建设和生态修复上来,使城市美学变为一种有深度的美学、有意涵的美学、真正惠及大众的美学。

3 近二十年来世界城市美学新趋向*

近二十年来,世界经济虽然经历了诸多危机,尤其是经历了 2008 年华尔街金融地震和接踵而至的数次自然灾变,但是,经过短期的修整与恢复之后,情况显然已经逐步向好。就目前的情况来看,世界经济已经回暖,全球范围内的城市建设依然保持强劲的发展态势,东方的一些发展中国家尤其如此。因此,人们当初对全世界的城市建设的连续性的担忧,在今天完全变成了多余。

那么,这二十年来,随着世界经济格局的变化和城市建设态势的变化,世界城市美学或者说建筑美学发生了怎样的变化呢?

我认为,随着亚洲经济的迅速崛起,随着城市建设场地由西向东的位移,随着人类对可持续发展的热情向往,随着人们对消费社会中符号功能的关注,近二十年来世界城市建筑在审美追求上大致表现出如下三个特点:

第一是争相建造世界或国家最高地标建筑;

第二是争相建造功能最佳的生态建筑,包括垂直农业建筑;

第三是争相建造最具视觉冲击力的城市景观空间。

下面我们分而论之。

一、争相建造世界或国家最高地标建筑,追求"眩晕"美学效果

在二三十年之前,摩天大楼几乎是美国城市甚至美国的代名词。这不仅是因为现代意义上的摩天大楼滥觞于美国,更是因为从 19 世纪 80 年代开始到 20 世纪八九十年代,在差不多一百多年的时间里,美国城市建筑在高度和气势上一直处于全球之最。纽约拥有全球最密集和最令人艳羡的摩天大楼,也有保持世

---

* 本文原载于《同济大学学报》2012 年第 3 期。

图 3-1　关于世界最高楼竞赛的隐喻

界最高纪录最久的建筑：纽约帝国大厦（381 米）从 1931 年落成起到 1973 年纽约世贸中心落成（417 米）之前，四十多年来一直稳居世界第一。

可是，现在，美国人的摩天吻云冲动（因为是最高的摩天大楼，为了表述方便，后文将称之为"最字楼"）似乎大大减弱，而东方建造"最字楼"的热情却是一浪高过一浪。

首先是中国以及马来西亚等东方国家和地区，从 20 个世纪 90 年代就开始挑战西方（包括美国）高度，将新的世界纪录逐一载入史册，而且，超越建筑高度的节奏变得越来越快，超越的高差也越来越大。到 2010 年 1 月，当迪拜哈利法塔以 828 米的高度"高调"竣工之时，此前保持世界最高纪录的台北 101 大厦已经被整整超越了 320 米！一个叫人瞠目结舌的、真正令人眩晕的高度。

可是事情并没有也不可能就此停止。仿佛受到了哈利法塔的启示或鼓舞，建造"最字楼"的冲动在阿拉伯世界愈演愈烈了。据英国《新科学家》杂志网站报道，科威特将投资 1 320 亿美元，于 2035 年建造一座 1 001 米，可供 7 000 人居住的"丝绸城"（Burj Mubarak Al-Kabir-Kuwait）[1]；据《哥本哈根邮报》2006 年 5 月 2 日报道，丹麦的 Henning Larsens Tegnestue A/S 事务所将受托在巴林设计一座 1 022 米高的摩天大楼（Murjan Tower）[2]；已拥有世界上最高建筑的迪拜，在

---

[1]　https://www.skyscrapercenter.com/building/burj-mubarak-al-kabir/21.

[2]　http://www.filepie.us/? title = Bahrain 和 http://www.abbs.com.cn/news/read.php? cate = 3&recid = 17350.

图 3-2　迪拜纳赫勒港湾大楼方案

2009 年 10 月 5 日宣布,他们在不久的将来,还将建造一座高度为 1 073 米(一说 1 140 米)的纳赫勒港湾大楼(Nakheel Harbour & Tower)(Woods Bagot 设计)①;当英国宣布计划于 2016 年建成 1 524 米高的伦敦通天塔时,沙特"王国控股公司"却在做更富有想象力、更宏伟的建筑规划,他们计划投资 120 亿英镑,在沙特西部红海城市吉达兴建一座高度超过 1 600 米的摩天大楼——"王国大厦"。②

这真是应了风水轮流转这句老话——不过,建设地标性摩天大楼,原本就是一种非常古老的东方冲动,甚至可以说是一种阿拉伯冲动。因此,现在应该把这种冲动视为一种回归。《圣经》里说到的建巴别塔的士拿(Shinar)地,即苏美尔或巴比伦地区,也就在今天的中东(伊拉克一带)。如果要寻找摩天大楼的远祖或原型,最早的摩天大楼,就是古巴比伦国王尼布甲尼撒和其父那波博来萨修建的那座高 96 米的"巴别塔"。那可真是当时的世界之最,据说,《圣经》中那座让耶和华震怒的通天塔即来源于此。不仅如此,当年超越巴别塔的新的世界之最,同样出现在东方,即大约建于公元 120 年(一说公元前 1 世纪)的位于也门首都萨那东南的纳格姆山麓的 100 米高的霍姆丹宫。③

今天,由石油美元催动的"最字楼"交响曲在阿拉伯上空发出了最高亢、最宏伟的声音,它以绝对优势抑制了中国、印度等国家和地区发布建造"最字楼"的冲动;但是可持续地进入世界摩天大楼排行榜的决心,在一些亚洲国家和地区从来

①　https://www.e-architect.com/dubai/nakheel-harbour-tower.

②　https://www.souid.com/archives/261.html.

③　如果按照最早最高的建筑物(而非建筑)这个标准,最高的建筑物也是在东方阿拉伯国家,即埃及。大约自公元前 2575 年起,埃及胡夫大金字塔就成为当时世界最高建筑。胡夫大金字塔据说最初高度约为 146.6 米,但由于长时间受到侵蚀而风化剥落,现在的高度已减少 10 米,约剩 136.5 米。

就不曾被动摇过。在中国的北京、上海、天津、广州、武汉等城市,也从来就没有停止过建造国内或区域性"最字楼"的脚步。"最字楼",也许是中国当代经济的一剂最好的也是最猛的"春药",当然,也是一剂危险的"春药"。

长期不染指"最字楼"的日本人如果真像他们所说的那样,在 2012 年完成东京 634 米的"天空之树"之后,在未来的某一天,再来一次人类建筑史上最疯狂的建筑行动——再在东京建造一座名为"X-Seed 4000"的 4 000 米高的超级摩天巨塔,不知所有那些受到"最字"楼困扰的国家和地区作何感想。即使日本人只是随便说说,难道我们能够设想,今天还会有可能让某一座"最字楼"长期雄霸天下吗? 如果不能,建造这种"最字楼"又有什么意义? 如果能,在我们这个媒体时代,又有什么意义?

应该承认,在人类历史发展的过程中,这种"最字楼"冲动或建造,对国家形象的塑造,对城市美学的形成和建筑工程技术的发展,确实具有非常积极的意义。"通天塔"之类的建造原始摩天大楼的冲动,更多地体现了人类对神秘莫测的高空的好奇,以及探索与征服自然的努力;帝王时代的"最字楼"在塑造国家形象和城市美学的同时,也以最直观、最排场的形式展览和炫耀了统治者的王权;现代摩天大楼,尤其是以美国为首的欧美现代主义摩天大楼,则更多的是向国际社会传布一种帝国表情,展示一种国家力量,宣示一种凌驾于他国之上的、高高在上的政治、经济和文化话语权,并且在某种程度上推广和营销一种新的城市美学和空间消费模式。

图 3-3　第二巴别塔(保罗·索莱里)

在我们这个后登月时代或媒体时代,在这个自然与城市生态都亟待修复的时代,这种"最字楼"除了能够带来短期的广告效应之外,还能给城市带来什么?是经济崛起的神话,还是以消解周边建筑和城市生态环境为代价而创造的所谓城市景观?

如果说美国人当年在建造帝国大厦甚至世贸大厦时,是在享用城市美学的大餐的话,今天的东方国家只是在以夸张和饕餮的方式享用变质的残羹冷炙。成功的宇宙探索,使这种疯狂的冲高症变得毫无意义;网络媒体的崛起,使这种政治或经济修辞变得毫无价值;而生态时代,更使这种最无聊的"最字"大梦变得可笑亦复愚蠢。

如果真正具有经济实力,真正出于发挥土地资源的最大效率的动机,真正预料并且解决了因高层建筑的建造而产生的各种复杂的问题,建高楼本身,是无可厚非的。问题在于那种拼命追求第一的状元式病态冲动。为什么一定要第一,一定要最高而不能较高? 难道我们不知道,今天的最高,也许在明天就成为历史吗? 一个国家和城市何苦要把经济和精力放在这种比核军备竞赛无聊百倍的事情上,而不能做一些有利于国家长远发展、有利于民生根本改善的更务实的工作?

在特定的时期、特定的地域,因为特殊的需要,建造某一座特定的最字楼,也许会具有一定的示强(面子)的意义。但是,在当今这个时代,用最字楼来示强,很有可能适得其反——成为一种示弱,一种心理的示弱、文化的示弱。有时候,巨大的男根能指表征的恰恰是萎弱无能;以获取文化霸权和美学效益为目的的空间生产,很可能演化为一种笑柄的生产。

二、争相建造功能最佳的生态建筑,意欲重建城市的生态和谐

近二十年,真正能够拨动人们心弦的,是建筑师们在生态建筑和生态城市方面所作的艰苦的探索。

20 世纪 60 年代至 80 年代之间的生态建筑,主要呈现为两种类型:

一类是自然性生态建筑,或者叫绿色建筑、自然节能建筑。这类建筑也叫主动性节能建筑,因为在建造之前,建筑师已经充分考虑到建筑场所、气候、自然光照、建筑墙体的冷热调节功能等环保问题,如借助绿化或覆土等手段,将自然的绿色移植到建筑环境中,最大限度地减少建筑和人的活动对生态秩序的消极影

响;或通过选择适宜的气候区域和适宜的场所,运用易溶解、无污染的自然材料,最大限度地减少建筑材料的污染,降低能耗。我们通常所说的生土建筑、掩土建筑,就是典型的自然节能建筑。

一类是技术生态性建筑,也叫被动节能生态建筑。这类建筑主要通过科技手段,在节能的前提下,实现人与建筑、环境三者之间的协调。

这两类建筑在当今依然很流行,不过近些年来,这两种形式开始呈现综合的趋势,如美国建筑师索尔金的马来西亚槟榔塔林(2004)就是典型例子。这个建筑既注重外部表皮的植被和绿化,又在内部设置了技术节能装置,真正实现了生态考量、地方文脉与景观美学三者的合一,人与建筑和环境三者的积极互动。

图 3-4   马来西亚槟榔塔林(迈克尔·索尔金,2004)

不过,在近二十年中,更受人们追捧,并且更具影响力的生态建筑,是另外两种:一种是信息生物建筑(Archibiotic),即艺术性与科技融合的生态建筑;一种是所谓的垂直农业建筑。

信息生物建筑,可以说是比利时建筑师文森特·卡勒鲍特(Vincent Callebaut)所独创。文森特·卡勒鲍特是近年来涌现出来的一位青年天才,1977年出生于比利时,23岁大学毕业时因毕业设计"巴黎布朗利码头艺术与文明元博物馆"(Metamuseum of Arts and Civilisations Quay Branly)获勒内·塞鲁尔建筑大奖(The Great Architecture Prize René Serrure)，从而一举成名。现在，卡勒鲍特已成为世界生态建筑设计领域最耀眼的新星。

卡勒鲍特设计的生态建筑或生态城市虽然多数属于概念设计，但是，在某种意义上说，他的那些富于想象力和艺术性且具有科学前瞻性的设计，对生态设计的引领作用，却已非那些建成的生态建筑可比。

卡勒鲍特作品很多，这里只选取几件较具代表性的作品。

卡勒鲍特 2008 年设计的"睡莲，作为气候避难所的浮动的生态城"(Lilypad, A Floating Ecopolis for Climate Refugees)和 2010 年设计的"鲸鱼型的浮动花园"(Physalia — A Positive Energy Amphibious Garden to Clean European Waterways)是两个极富艺术性且不乏警世和反讽意味的作品。

图 3-5　睡莲，作为气候避难所的浮动的生态城

这两个设计在技术的运用上颇有相通之处。前者将太阳、风和潮汐等自然能量巧妙地转换为生态城上的机构和居民所能利用的自足性能量，同时，生态城在漂浮过程中又可利用海水和城中的植物产生自然的生态效能，使城市实现无污染和零排放，成为真正的逃避生态灾难的气候避难所。后者则是利用太阳能薄膜电池板和船底的流水产生自足性能源，利用生物过滤实现自主性代谢，减少水污染和有害排放。同样是漂浮性生态仿生建筑，前者运用了睡莲意象，后者则运用了诺亚方舟意象；前者采取明哲保身的逃跑主义思路，自循环、自代谢、无污染、零排放；后者则是心忧天下的思路，在保持生态自主性和自足性的同时，还增加了一种去污清污功能——它不仅是一座在即将来临的生态灾变中可以救赎贪婪的人类的花园式方舟，还是一艘巨型的河水除污机，既拯救人类，同时还将拯救世界。

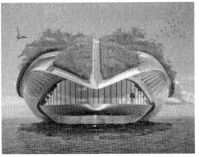

图 3-6　鲸鱼型的浮动花园

卡勒鲍特的许多设计都结合了信息技术、仿生学和生态疗法。他的设计既充满了诗意，饱含着深刻的生态焦虑，同时，也暗含着对当代人类贪婪而残酷的欲望的嘲讽。

除了这类逃难式的生态建筑[包括为上海设计的"氢化酶"（Hydrogenase）]外，卡勒鲍特更关注的主题，是城市空间的生态性重建问题。他在 2005 年为瑞士日内瓦设计的"大地叙事"和两年后为香港设计的"香味丛林"（Perfumed Jungle）就是这方面的典型例子。

图 3-7　大地叙事（卡勒鲍特，2005）

"大地叙事"(Landscript；Geneve，2005)是卡勒鲍特的一个参赛作品。① 根据主办方要求，参赛者须对日内瓦的一个老工业区进行改编和重构，通过对被人类的生产和建造行为所破坏的空间的二度创作，重新叙写自然的诗篇。卡勒鲍特和前辈生态建筑师们一样，依然是从两个方面来进行设计的整体考量，但构思却极为新奇：一是充分利用科技手段降低能耗，实现资源的永续利用，如通过生物气、光电管和风能使改造后的居住区具备产生自足性能量的能力，并且能够通过生物燃烧和细菌膜过滤的方式使废物得到循环利用，通过净水站和环礁湖的帮助使废水循环利用等；二是完成城市的自然化重建。

如果说在科技层面的考量上还不足以显现卡勒鲍特设计的非凡之处的话，那么，在景观和建筑巧妙的结合方面，卡勒鲍特的想象力就不能不令人佩服了。卡勒鲍特利用分形学方法，建立了一个绿色山形建筑的巨观序列，这些可居住的植被之山，跨越了高速公路，遮蔽了水泥的丛林，连接了被斩断的自然，同时通过环湖礁的设计，贯通并活化了城市水体，使日内瓦变成了一座湖泊之城、森林之城、河水之城和风光无限的景观之城与生态之城。在卡勒鲍特这里，建筑被充分景观化了，而景观也被充分建筑化了，景观效益和居住效益获得共赢，相比而论，那种小打小闹的建筑绿化和景观修辞，就显得太局促、太小气了。

图 3-8　香味丛林(中国香港)

---

① Geneva 2020 Open urbanism competition for the refitting and the densification of the Praille-Vernets-Acacias quarters.

"大地叙事"是通过起伏曲折的绿色建筑整体覆盖大地的方式,重建城市地形学和景观学;"香味丛林"则不同,它是采用点式的垂直树塔建筑群,在维多利亚海湾中构建起一种绿色的丛林意象,既为这一人口密度居于世界前列的城市输入一种生态疗法,也为单调乏味的城市空间增添了满眼春色。这一座座濒海矗立的树塔,深深地扎根于海底,随着时间而自然繁殖、生长。渔网式的绿色覆盖的外壳,构成建筑绿色的衣衫,既是城市空间的过滤器,也是建筑内部空间的调节器。树塔布置了两种空间形态:作为私人住宅的树干型内部空间和作为办公与休闲娱乐区的树枝型外部空间。香港中环商业区令人头疼的夜摊问题,通过这里的外部空间,被巧妙化解了。

在树塔周围,那些开放的空间,诸如游泳池、散步道、沼泽、海滨大道、码头泻湖、水剧场、瀑布和台地等,构成了一种新的交互为用的生态学矩阵;在这种新的生态学矩阵中,人、动物、植物与海洋生物,获得了一种对话和互渗的奇妙而友好的界面。

垂直农业建筑,是 2008 年在美国哥伦比亚大学环境和健康学教授迪克逊·德斯帕米尔的倡导下,在欧美出现的一种新的生态建筑形式。垂直农业的倡导者认为,当前世界人口爆炸、气候恶化、能源枯竭、生态失衡、疾病流行、灾变频仍,尤其是在城市大肆扩张与土地资源紧缺而人口又大大膨胀的情况下,粮食的供应将会成为严重问题。根据联合国提供的数据,世界人均耕地面积已从 1970 年的约 1 英亩减少到 2000 年的 1/2 英亩,预计到 2050 年将下降到约 1/3 英亩;又据美国 2007 年的一份报告称,到 2030 年,全球会有约 50 亿城市居民(现在只有 23 亿)。一方面是人口的激增,另一方面是农田面积的锐减,未来的人类,将于何处觅食,又何以为生? 何况,传统的农业,既要承担雷电、洪水、干旱、飓风等自然灾变带来的风险,而其本身也有污染自然环境且被污染的问题。化肥和杀虫剂对水源的污染已经成为普遍的事实。研究者最近发现,美国表土层被破坏的速度是自然补给的 10 倍,印度等发展中国家则是 30 倍到 40 倍。垂直农业不仅能够有效解决城市人口的食物供应问题,而且也能够解决大气污染、水土污染的问题;由于垂直农业具有供给自足性特征,它还能够有效地解决交通堵塞、尾气排放等问题,也顺带解决建筑与城市之间的生态平衡和景观问题,效益是多重的(当然是在理想的状态下,如果不能达到整体的设计目标,这种巨型建筑体也会给城市带来巨大的经济损失和生态灾难)。

图 3-9　加拿大"空中农场"（高登-格拉夫）

　　到目前为止，垂直农业建筑在美国、加拿大、荷兰、丹麦、法国、迪拜、瑞典、新加坡和中国等国家和地区已有至少数十种方案。如加拿大滑铁卢大学的高登-格拉夫设计的"空中农场"，在 50 层的建筑表皮覆盖了一层植被，实现了景观和生态的自治；同时，通过农场废物和城市垃圾产生能源，通过建筑内种植的果树与农作物提供新鲜食物，使"空中农场"居民在能源消耗和食物供给上实现全面的自足。

　　垂直农业建筑的倡导者德斯帕米尔和伊利诺伊理工大学的埃里克·艾林森合作设计的"金字塔农场"，采用了社区规划和管理的思路，在巨大的玻璃金字塔内安置了一个社区，同时规划了可供整个社区消耗的农作物种植区。农场内部通过先进的加热和加压系统，将污水转换成水和碳，为社区提供能源，加工废物，处理废水。在整体保证城市生态和谐的前提下，使玻璃金字塔内居民实现食物自给、能源自给和废物废水的自回收自处理。

图 3-10　美国金字塔农场（迪克森·德米尔和埃里克·艾林森）

图 3-11　迪拜"未来螺旋垂直农场"（拉胡尔·苏林）

　　合成设计工作室（Synthesis Design Studio）的拉胡尔·苏林设计的"未来螺旋垂直农场"，位于迪拜卓美亚公园（Zabeel）开阔的草坪和湖泊旁边，其外部覆盖乙烯塑料网膜，内部上半部为高产农业区，可以满足多达 4 万人的粮食需求；下半部为居住区。整个大厦内部设置了一个高效的生态循环系统，楼层间的垂直轴风力机可以为大厦提供电能，加工和处理废物废水，实现废物和水的循环利用(水栽法和气载法所用的水去湿后反复使用)，而城市产生的二氧化碳也将被丰富多样的植物所吸收。设计者还希望能够通过使用水养分溶液或营养雾使植物灌溉的用水量比传统耕作减少90％。这座建筑的技术生态思路和农业种植设计显然好于建筑形态的设计。

卡勒鲍特2009年为纽约罗斯福岛设计的"蜻蜓"，可能是所有垂直农场设计中最出彩的一个。

图3-12　纽约罗斯福岛蜻蜓(蝴蝶翅膀)方案(2009)

与同类设计相比，卡勒鲍特的设计更加具有创新性。其创新性表现在：第一是外观造型的创新。外观采用他惯用的仿生学手法，将建筑设计为两片叠合着的蝴蝶的翅膀，使这座高达600米的建筑变成了岛上一座极富艺术性的巨型雕塑。第二是生态技术的创新。在两个翅膀即两座中心塔楼内分布着大量的温室，处理建筑内空气的循环：冬季可由太阳能加热，夏季则通过自然通风和植物蒸发的水分调节楼内的温度。第三是种植的创新。卡勒鲍特在墙壁和天花板上都设定了栽培植物和农作物的营养床面，可栽种28种不同类型的农作物，同时还可以饲养牛畜和家禽。除此之外，大楼还能同时满足居住、办公、娱乐和休闲等多种功能。

无论是单纯的生态建筑设计，还是垂直农业建筑设计，都是在为城市未来的健康发展寻找新的道路。这是新时代的新人类寻找新的文明的生活方式的可贵努力。这是一种觉醒,也是一种自觉,它不只是一种城市美学或建筑美学,更是一种新的城市伦理学。

但是,我们需要警惕利用生态学或垂直农业概念牟取个人或企业私利的不道德行为,政府也应该采取措施杜绝这种不道德行为。因为,历史经验和现实的发展不断昭示我们,每当出现一种新事物的时候,总有一些自以为聪明的人,会浑水摸鱼,干出打着生态旗号反生态的勾当来,尤其在亚洲一些国家。

三、争相建造最具视觉冲击力的城市景观空间,雅化城市视觉秩序

城市就其本质而言,是一种去自然化建构。这不仅意味着,城市在任何场所的生成和盘踞,其本身就是对该场所的去自然化,同时也意味着,城市建筑材料的获得,总是以来源地的自然性的丧失为代价,如古苏美尔的乌鲁克都城就是与黎巴嫩森林的被毁坏紧密联系在一起的。

虽然早在创作《吉尔伽美什史诗》的年代,苏美尔人就开始反思都城建设给自然界带来的灾难性后果,但是,人类真正开始对城市的运作和发展所产生的严重的非自然性和反生态性作出严肃的反省,并且有计划地、大规模地予以补救,是在工业革命之后。

工业化加速了城市的垃圾化——城市不再只是一个商业、文化、社交和娱乐休闲的空间,更是一个规模化的生产空间、喧嚣而匆遽的交通空间、被堆积如山的垃圾和滚滚不息的浓烟所包围的污染空间。为了抵制和扭转这种非自然的、反人性的建成空间,19世纪末20世纪初,霍华德发起了"田园城市"运动;20世纪初伯恩海姆、奥姆斯特德(F. L. Olmsterd)和詹姆斯·麦克米兰发起了"城市美化"运动。前者试图以农业(林业)包围城市的方式,建立城乡一体的田园之城;后者试图通过公园设计和绿地规划,修复城市视觉秩序,建构城市的景观之美。这两场运动在近代城市发展的历程中意义非凡。因为他们提出了如何在城市空间品质日益恶化的形势下恢复和重建城市的自然性和景观性的问题,但他们这种过度的理想化和艺术化的理论也常常为后世的城市规划师和建筑师所诟病。

20世纪中后期,随着世界范围内城市和整体人居环境的进一步恶化,一些更具有科学性的城市理论,诸如城市与建筑生态学、可持续发展、绿色设计等,逐

渐成为城市管理、城市规划和建筑设计中的主流概念。必须指出的是，在这个时期，生态建筑虽然已成为世界城市发展的主旋律，但是，从总体上说，其成果似乎更多地体现在理论探索而非生态建筑或生态城市设计实践之上。

在世界范围内，生态建筑获得较大的进展，取得令人瞩目的成就，主要是在自 20 世纪 90 年代到当下的这近二十年时间中。不过，细心的观者会发现，当此生态城市设计、可持续发展建筑设计的理论甚嚣尘上之时，霍华德和奥姆斯特德的城市修辞学已经在新的语境中以改头换面的方式得到广泛推广和运用。也就是说，在当代城市由生产的空间转变为空间的生产之后，在生态学成为城市设计的国际流通货之后，城市空间的景观化或城市景观学，已经成为当代城市设计的新宠。

一些视城市为自然的荒漠的人，往往有一种成见，以为只要某个空间被种上了绿色，这一空间就由荒漠升格为生态的了。很多城市之所以忽然热衷于城市主题公园设计、小区和城市广场的绿色景观设计，在很大程度上是看中了这种设计所包含的双重效益：既有简单可行的生态效益，又获得极佳的景观效果。尤其是在亚洲一些国家，政府部门所强调的人均绿地占有率和绿色 GDP 的指标，使得城市美化设计这一一度被忘却的旧命题，在新的城市设计理念的推动下，猛然焕发出新的活力。

如果把当代流行的小区空间景观设计算作城市景观化的小点缀的话，那么，具有景观价值的大型综合商务区、旅游度假村、城中城，就是当代城市景观设计的大手笔了。

在这方面，堪称经典例证的大概是迪拜的棕榈岛和刚刚成为国际旅游岛的海南的凤凰岛了。

棕榈岛其实包含了四座人工岛，即朱美拉棕榈岛（The Palm Jumeirah）、阿里山（JebelAli）棕榈岛、代拉（Deira）棕榈岛和世界岛。

与世界任何一个新城设计不同，棕榈岛创造了令全世界惊奇的多维立体景观：首先是用填海造岛的方式，造出了一幅巨型的大地艺术作品——三棵形态各异的棕榈树和一幅世界地图的组合，这既是大地艺术的奇迹，也是填海工程的奇迹；其次，通过岛上精心布局的建筑和建筑物，创造出当代建筑的奇景画；再次，通过规模巨大的海岛主题公园，在阳光和梦幻般的海景之间塑造出如画的自然景观；最后，在海底建造了游客可以直接和海底生物邂逅的水下酒店，向游客

图 3-13　迪拜棕榈岛鸟瞰

展示了一个奇异的海底世界。由此，一个融世界港口中心、国际旅游胜地、人类休闲乐园等多种功能于一体的美丽新世界，通过沙漠中的绿洲、大海中的绘画和大地上的巨雕等多重意象修辞，横空出世，举世惊艳。

图 3-14　代拉棕榈岛鸟瞰图

三亚的凤凰岛虽然没有棕榈岛的规模大，但是设计理念颇具共同性：也是一个围海填土工程，而且在景观创造和基础设施上也是一概追求最好。岛上的国际会议中心直追迪拜帆船酒店——设计标准为七星级，超级豪华；会议中心的高度与它的质性规格一样，也是海南之最，高达 200 米；7 幢 100 米高的产权式度假公寓——超星级养生度假中心，如众星捧月一般烘托着这个所谓的"南天一柱"。在海岛的另一端，国际游艇俱乐部的游艇沿环岛弧线排列出漂亮的扇形射线，犹如某种海中生物的触须。由开放式主题公园统领的海岛绿色植被设计、水景设计、景观小品设计以及带状线路设计，在还原海岛的自然风貌的同时，也为这座神秘的岛屿增添了浓浓的诗意。

图 3-15　三亚凤凰岛

　　凤凰岛不仅为寻找另一种生活方式的人们规划了一种景观空间，还规划了一种生活方式。凤凰岛官网提示游客说："您的私人飞机、游艇、保时捷已备好，请登岛尊贵专属的私岛礼仪，在您未登岛那一刻就已开始。"这段文字虽然像一位洋人说的半吊子中文，然而妙处也正在于此：它暗示了超星级或超星际服务与享受该服务的现场感和真实性，因为为您服务的，也许正是某个不谙中文的国际化服务团队，当然也更有可能是一伙被化妆了的时装"民团"。

　　凤凰岛有与棕榈岛同样的海滩、阳光、高尔夫与温泉，也有棕榈岛所缺乏的热带雨林山景，更有棕榈岛所缺乏的景观时间——这是凤凰岛的独门绝技之一：在未来，它将是各种职业模特大赛、世界小姐选美大赛的竞技场。在这个被符号化的景观空间中，房产商和旅游推销者设定了各种美好的承诺、微妙的暗示，以图催动消费者和观光客隐秘的欲望与消费冲动。

　　迪拜世界曾经有过在青岛的"小麦岛"复制"棕榈岛"的宏伟计划，据说现已泡汤。但是，世界上第一个也是最奢华的迪拜海底城已经建成，全球最大的主题公园迪拜乐园现在也已建成；莫西·萨夫迪在新加坡设计的滨海湾金沙大酒店，于 2010 年落成；莫斯科却正在忙着在它的城中半岛上建造一座环保而美丽的城中城——水晶岛（已搁浅）……和最字楼冲动一样，新的多功能的综合景观空间的生产正在成为世界城市建设流行的主题。所以莱姆·库尔哈斯断言："在世界范围内,景观正成为新的意识形态媒介,它更受大众欢迎,功能更多,比建筑更易实施,它可以传递体验的能指,但却更微妙。"①

但是,当今城市空间的景观化,并不像库尔哈斯所理解的单单是指自然化的景观,实际上也包含了技术性景观或建成性景观,如造型奇特或优美的建筑或建筑物本身(包括景观小品)。因此,我们不能仅仅把当代城市景观空间视为城市的某种生态维度或可持续发展的维度,或生态理念的伴生物,它也是当代消费社会整体的泛审美化的必然结果。

任何城市都有必要创造适合人生活、工作和休闲娱乐的生境,使城市空间不仅发挥其使用功能,也能充分发挥其象征功能和审美功能。在当今这个所谓的消费社会尤其如此。

但是,在城市景观空间的生产过程中,城市环境的两极化却也更加显著、更加严重地暴露出来。居伊·德波在 20 世纪 60 年代就已敏锐地注意到,"景观和现代社会本身一样,是统一的又是分裂的。每一次统一都以强烈的分裂为基础。但是,当这种矛盾在景观中出现时,它本身又以其意义反置的形式自相矛盾:它显现为分裂时是统一的,显现为统一时却是分裂的"②。德波的景观论虽然说的是图景或意象,用在这里,倒也恰切。

在城市景观空间的规划、分配和生产过程中,系统永远处在丢卒保车、弃旧作新的思维惯性之中。尤其在一些新兴的经济体中,系统在空间的权力运作中,或者换句话说,在对城市空间的等级配置方面,显示出绝对的专断——当然是以专家或权威叙事的方式表述的。旧有的空间遭放逐,新的开发空间获爱宠,城市空间被严重撕裂,形成一种混杂的碎片化。从而,空间的等级化,几乎与官场的等级化或社会的层级性形成富有反讽意味的对应关系。

于是,城市的空间与空间之间,不可避免地形成了某种紧张关系,诸如在富人区与贫民窟之间,在雅化空间与拥塞空间之间,在城市 CBD 与城乡结合部(所谓中心与边缘)之间,等等。两种城市的感官性,将城市的集体记忆劈成两半。城市空间的悲喜剧就是如此这般地上演。

---

① 莱姆·库尔哈斯《新加坡的版图:波将金式大都市的画像》,汪民安等主编:《城市文化读本》,北京大学出版社,2008 年。

② Guy debord. Unity and Division Within Appearances, The Society of the Spectacle (Paris, 1967). Translated by Ken Knabb. Hobgoblin Press, Canberra,2002.

除了空间的这种两极化之外，城市空间景观化本身也存在问题：第一，到底是为谁而设的景观空间？在很多城市，我们几乎可以判断，其景观空间几乎都是属于他者的空间，而非我之空间；或者说，是非使用者的空间，且更多表现为观光客的游览空间，它没有亲和性和实用性向度，没有向真正的使用者敞开。第二，是谁的景观空间？这里提出的是一个空间同质化的问题。许多城市空间，和他们的建筑一样，更多的是复制别的城市空间，而非创造自身的个性空间，于是形成了城市空间严重的同质化。① 迪斯尼式的空间托拉斯，以一种并非光明正大的方式，正在世界的某些城市悄然兴起。

当然，在这近二十年来，城市美学的发展还可以有别种形式呈现。但是，我认为，就其主流而言，主要表现在上述三个方面。这反映了系统、企业、专家和公众的选择性向和趣味，包括健康的和病态的、富有远见的和短视的。

城市永远是一个没完没了的冗长的故事，它确实需要某种抵抗和消解乏味的吸引力，但并不需要过多的跌宕起伏与惊心动魄，它是日常的、生活的，而非戏剧的或神话的。它真正需要的其实只是端庄、流畅、真实、亲切。如此而已，岂有他哉。

---

① 这是亨利·列斐伏尔在 1976 年出版 *Reflections on the politics of space* 一书时就深为忧虑的问题。他称这种行为是"对新空间的拙劣的模仿"，见包亚明主编：《现代性与空间的生产》，上海教育出版社，2003年，第 99 页。

4 当代中国城市景观建设：
问题与对策 *

中国当代城市景观建设从 20 世纪 80 年代起步，到现在，已经经历了近 40 年的发展。

近 40 年的中国经济的发展和文化观念及审美意识的变化，在城市和城市景观建设方面可以说都得到了最为直观的体现。

我们的城市在经历了近 40 年的发展之后，城市景观建设从规模上讲，已经发生了翻天覆地的变化，几乎每一个城市都建起了巨型的景观标志或标志性的景观（包括巨型建筑）。以省会城市长沙为例，在 2006—2009 年的几年间，新增绿地 3 415 公顷，新增公园绿地 967 公顷，城市公园总数达到 22 个，社区公园、小游园达到 232 个。[①] 由此可见，当代中国城市对景观建设的重视达到了何种程度。但是，我们同时也会发现，我们的城市景观在获得急速的、建设性的增殖的同时，其实也在作破坏性的收缩或减除。也就是说，我们在建设一个巨型景观的同时，有时也会毁掉本有的城市自然景观。因为，我们在城市建设或景观建构的过程中，更习惯于发挥人定胜天的能动性，而不习惯于采用顺应自然的策略。所以，有的开发商在建高楼时，为了获取更高的利润，要么是填平本有的自然湖泊，要么是削平本有的自然山丘。城市管理者往往又在其他地方凭空挖出湖泊，堆出山坡。这就叫见山却要壑，见湖偏要山，颠倒阴阳，胡弄乾坤。以破坏自然生境和人文景观为代价来创造新的自然景观和人文景观，已经成为当代中国城市建设（包括景观建设）的某种宿命。

今天的中国城市，有点像脱缰的野马，处在发展和开发失控的状态，处在一

*　本文原载于《同济大学学报》2017 年第 5 期。
① 资料来自长沙统计局 2009 年《长沙人居环境发展报告》。

种被开发商或房地产绑架的尴尬状态。其具体表现，就是空间需求和消费的极端过剩。

国家发展改革委城市和小城镇改革发展研究中心的一位官员曾说："有研究数据显示，全国新城新区规划人口达到 34 亿。这意味着现在中国一倍的人口也装得下。"①这种居住空间的过剩也正是城市空间盲目、恶性扩张的结果。

我们不妨通过两大一小三个例子来说明中国城市从新中国成立之初到现在占地面积的巨大变化：

第一是北京，1949 年，北京面积不到 100 平方千米，其中建成区面积约 62 平方千米②，人口 203 万；2015 年，城市总面积 1.218 7 万平方千米，其中，建成区面积 1 306.5 平方千米（含近郊城市化面积，不含卫星城），人口 2 171 万人。③

第二是上海，1949 年上海面积为 636 平方千米，其中建成区约 80 平方千米，人口 600 万；2015 年上海总面积 6 340.5 平方千米，其中建成区 998.8 平方千米（含近郊城市化面积、被建成区包围的水体面积，不含卫星城），人口 2 415 万。④

第三是小城市宜昌。1949 年湖北的宜昌城区面积 34 平方千米，建成区面积只有 2 平方千米，城区人口 6.8 万人⑤；2014 年，市区人口 130 万，城市总面积扩展到 4 249 平方千米，其中建成区面积 130 平方千米。在同年的两会期间，新浪湖北新闻中心曾经登过一篇激情飞扬的文章，题目为《宜昌正迈向现代化特大城市》。文章提到，当时的市委书记明确表示要"5 年再造一个新宜昌"，实现由大城市向特大城市"跃进的一跳"。为此，未来 3 年，宜昌将至少完成 2 000 亿元的城建投入。宜昌城区建成区（含准建成区）新增 20 平方千米，达到 170 平方千米。⑥

从城市总面积来看，比起新中国成立初期，三个城市都至少增长了 10 倍。北京人口增加约 10 倍，城市建成区面积却增加了 100 多倍（直逼 200 倍）；上海人口增加了约 3 倍，建成区面积则增加了 10 多倍；宜昌城区人口增加了约 18 倍，建

① http://gz.house.163.com/14/1023/09/A97T28QS00874MPV.html.
② http://cul.china.com.cn/2015-12/28/content_8480071.htm.
③ 《中国统计年鉴 2016》，中国统计出版社，2016 年。
④ 《中国统计年鉴 2016》，中国统计出版社，2016 年。
⑤ 参见《宜昌的历史》，http://www.wenku1.com/news/35CB4A56BF0D37A8.html.
⑥ http://hb.sina.com.cn/zt/yichang/index.shtml.

成区面积增加了 64(按照 2014 年数据)～84 倍(按照 2014 年要变成"现代化特大城市"的规划数据)。

在中国城市的发展过程中,我们看到一个与中国的中学后教育系统非常类似的现象:所有的技校几乎已经变为中专,多数的中专也几乎已经变为大专,尚未成为大专的中专则拼命也要变成大专,所有的大专拼命也要变成本科大学,所有的本科大学则拼命要获得硕士点,所有已有硕士点的大学则拼命要变成有博士点的研究型大学,所有的研究型大学则拼命想让自己变成世界知名的高水平大学。中国处在不同科层的城市也是如此:所有的小城市都想把自己变成中等城市,所有的中等城市都想把自己变成大城市,而所有的大城市又都想变成国际大都市(这当然与中国的权力金字塔和与之对应的资源配置的金字塔密切相关)。于是,一方面是城市面积越来越大,城市的空间越来越广;另一方面是城市的基本功能越来越弱,效益越来越低。因为道路的宽度总是无法跟上人口和汽车增长的速度,拥堵已经成为中国大多数城市无法根治的痼疾。

与城市求大和变大相伴随的,理所当然的就是城市景观比重的加大,景观项目档次的提高,而且各城市之间,尤其是相邻的城市之间在景观建设上的攀比之风则愈来愈盛:比占地面积谁更大,比投入资金谁更多,比建成后谁更洋气,甚至比景观设计公司谁更有名气。

正因为如此,中国当代城市设计和建设出现了如下四种现象。

第一是贪大求奢

贪大,指喜欢搞城市广场,搞主题公园,以大为美,忽视或轻视微观的、必要的环境设计;求奢,既指一种一切向高档看齐的价值取向,也包含了一种为吸引眼球求怪求奇的倾向,还包括复古和西化,复古即造假古董,以古为美;西化即造洋古董,以洋为美。

西安的法门寺,南北长 2 165 米,总占地面积 3 092 亩(2007 年,由台湾著名建筑设计大师李祖原主持设计,依托法门古寺而建)。我专门考察过入口的厕所,其尺度堪比一座教堂。厕所都如此夸张,整个景区的规格就不必说了,自然都要采用高标准和大尺度了。

西安的另一座建筑,2004 年建成的大唐芙蓉园,也是如此。占地 1 000 余亩,其中水域面积 300 亩,总投资 13 亿元。中国人历来有一种根深蒂固的大汉或大唐情结,喜欢回味那种所谓四面纳贡、八方来朝的无尽荣耀。可以想见,管理者在确立这个项目的时候，就已经设定了梦回唐朝的基本思路。设计者除了加倍地夸张之外，又怎敢对大唐帝国的奢靡之风、铺张之风打丝毫的折扣？因此帝王式的高大宏伟、不可一世，在这里被演绎得淋漓尽致。

福州光明港公园，1998 年建成，建成面积约 14 公顷（210 亩）。仅仅过了 4 年，这里又开始改建，绿化带选址面积扩大到了 909 亩，涉及拆迁面积达 85.5 万平方米。项目总投资 55.46 亿元，其中工程建设费用约 5.68 亿元，建设用地费用 49.78 亿元。2017 年落成。整个工程规模翻了 4 倍多，确属大手笔、大气魄。可是仅仅过了 4 年，管理部门就对同一个项目大动干戈，大改特改，这也实在是太任性、太随意了。

图 4-1　福州光明港

这是已经建成的，还有准备修建的，如盐城——一个地级市，2015 年，当局就已经决定，要新建四个千亩以上的大型公园绿地，共计 268.87 公顷（4 033 亩）。真可谓才逢大气魄，又见大手笔。

但是，我的问题是，在土地消费方面，我们真的需要并且可以这么玩大方、这么讲排场吗？

我们可以作一个对比。北京颐和园占地 290 公顷，也就是 4 350 亩；圆明园占地是 5 200 亩。盐城的公园绿地总面积已经直追颐和园和圆明园了，比占地仅有 120 多亩的南京中山陵还要大 30 多倍。我们真的要互相竞豪奢、比高下吗？

在以古为美方面，各地玩出的花样也很多。我想举南京的一个例子——大报恩寺琉璃塔。

大报恩寺千佛琉璃宝塔是明成祖朱棣为纪念其生母贡妃而建（一说是为纪念明太祖朱元璋和马皇后而建），高 78.2 米，九层八面，周长百米。整个工程耗时近 20 年，使用的匠人和军工达 10 万人，耗资 248.5 万两银子。曾经被列为世界七大奇迹之一。这座宝塔在南京的土地上屹立了近 400 年，1856 年毁于战火——具体地说，是毁于太平天国战争中。2007 年，南京政府经过数年的策划，正式启动大报恩寺遗址公园建设。2014 年 3 月建成。

图 4-2 南京大报恩寺千佛琉璃塔（明代）

图 4-3 重建之千佛琉璃塔

说大报恩寺塔完全是复古，有点冤枉。它属于古典风格新建筑，或者属于所谓的新古典主义。比之于完全的仿古式假古董，它可能是有些新意的。但是，它毕竟使自己陷入了一种复古拟古的怪圈之中，倡导了一种扭曲的建筑历史观和价值观，体现出城市景观设计中的一种不健康的怀旧冲动。我觉得，我们与其在这里建造这么一个让人产生时代错觉的庞然大物，不如干脆建一个遗址公园，既保存了历史的真实，又能给游客提供一种怀思古之幽情的特定的文化空间，还体现了经济实用的精神。

第二，重中心区，轻边缘带

这几乎是中国所有城市的通病。

在城市景观建设中，当局眼中的重点，不是成熟的旅游景点就是城市CBD，因为这是城市的脸面，脸面总是最为重要的。因此，景观建设中就难免出现顾脸不管腔的局面。在过去，我们可以理解，因为钱就那么多，先顾脸面再说。

以上海为例，浦江两岸、外滩、南京路、新天地附近，一定是景观建设和环境维护的重点。而像上海浦西真南路附近的一些地方，虹口区嘉兴路街道的一些地方，还有杨浦区的辽源西路等地方，简直是被管理者遗忘的角落，混乱、破败、肮脏，完全属于另一个世界，它们的景观价值甚至达不到审美的零度，而是城市美学的负值。也许有人会说，这些属于要拆迁或重建的区域，所以不需要有什么景观设计。这其实暴露出我们对景观设计的日常化的基本认知的缺失。城市普通街区也是城市景观的一个不可分割的部分。对住在这里的居民来说，等待重建或搬迁，通常不是一个短暂的过程，有时候也许就意味着一辈子的等待，或者是半辈子的等待。城市管理者开一个空头支票，足可以让他们在这里等待10年、20年、50年，甚至更久。在这个时间周期内，我们的城市管理者难道不该为作为整个城市环境的一部分的此地、此街区做点什么吗？并不需要大动干戈，并不需要大张旗鼓，只需要略加规划和设计，就可以提升和改造这里的空间品质。但是，这对那些满脑子大项目大事件和GDP数字的管理者来说，通常只会是一种天真的幻想。

图4-4　杨浦区辽源西路　　　　图4-5　上海市虹口区嘉兴路街道
　　　　　　　　　　　　　　　　　　　　　张桥居民区

第三，重视觉性，轻功能性

中国城市似乎患有严重的审美焦虑症。如同一个从来不知道化妆为何物的女孩，忽然发现化妆品居然有如此神奇的化丑为美的功效，从此沉迷于化妆，以为化妆就能解决一切；等到她发现，除了化妆，还有一种整容更加神奇，不仅可以化丑为美，而且可以返老还童，她从此又沉迷于整容，结果把自己整得七歪八扭，愈来愈丑了。中国有些城市在建造景观时，大抵采取如下路数：先是以点缀、修辞为主，后来钱多了，胆子也大了，敢于下猛药，进行大拆大建大改造了，结果往往是用野蛮铲除了文化，用人工毁坏了自然。

前一种情况，通常是以建设之名，甚至保护之名，行破坏之实（或许可以称之为好心办坏事）。比如上海的建业里，原本是红瓦红砖马头墙，是一个有着近百年历史的、带有浓厚的江南民居风格的建筑群，可以说是一个比较能够体现上海风貌的文化景观。但是，2008 年，有关主管单位决定对这个市级建筑保护单位进行"保护性"改造。结果，该保护的没有得到保存，原汁原味的建筑风情和民俗文化反而被清除净尽，整个建筑群被打造成了灯红酒绿的商业街区，变成了似是而非的所谓海派文化的"新地标"，私家豪宅、酒店式公寓和商铺充斥其间，完全成了一个时空混乱、风格杂糅的艳俗场所。[①]

图 4-6　上海 1930 年代的建筑：建业里　　　图 4-7　改造后的建业里

后一种情况，多发生在景观人工湖、人工河的建设方面。如 2006 年辽宁省朝阳市喀喇沁左翼蒙古族自治县曾经启动了一个以河扩城的"城市牵动"项目，目的是想以大凌河西支综合治理工程为抓手，撬动城市的整体发展（又是一起好心办坏事的案例）。该工程一期工程投资 4 528 万元，二期工程投资 1 300 万元，

---

① 王晶晶：《清华 86 岁教授：文化名城建设性破坏由政绩观造成》，《中国青年报》，2012 年 6 月 26 日。

三期工程投资 6 700 万元,零号橡胶坝治理工程投资 3 000 万元。但是,整个工程拖了 5 年多,仍然迟迟无法完工。大凌河流经的朝阳市凌源、喀左和市城区也都一窝蜂跟进,修建了类似的人工治理工程,仅朝阳市大凌河燕都新城段综合整治工程就耗资 4 亿元之巨。但是这些工程的实际效果又如何呢？通常是原有的自然景观遭到破坏,人工改造工程则演化为吞噬巨款的无底洞。真可谓造景不成反造孽,伤财无度亦劳民。因为北方的城市每年都有一个冰冻期,当此之时,橡胶坝拦截的河水往往难以下泄,需要专门人员定期除冰防冻。加之橡胶坝使用寿命有限,隔几年就需要维修甚至更换,人工成本和投资成本很大,而且投入和效益严重失衡。这类工程过度的人工化本来已经严重地破坏了原有的自然风光和独特的水景观,政府或开发商还要在沿河或沿湖景区大搞旅游建设,建宾馆,建豪华会所或其他旅游设施,由于过多地使用景区的溪水和抽取地下水,造成溪水断流,河水干涸,地下水位下降,既破坏了水体生态系统,又大大降低了城市的自然景观功能。[1]

城市管理者并非完全不知道景观与文化的关系,历史与现实的关系,自然与人造的关系,为什么还要这样蛮干呢？

这并不是一两句话能够说清楚的问题。因为原因很多。不过,我觉得一个重要的原因,就是管理者在项目设计和立项方面缺乏民主决策机制。没有民主决策,就不可能有经济且富有实效的科学决策。当代城市管理者的最大特点就是好做规划,却又很少把规划当成一回事;他们办事好冲动,好拍脑袋,决策之时就难免专断而又武断。正因为如此,他们很容易被理想主义的狂躁引向指点江山、激扬"图画"的 N 年大计之中。只要看上去很美,只要设想起来很美,他们就敢投钱,敢蛮干。说到底,他们把景观设计和景观建设仅仅理解为一种视觉美学行为。在景观建设上总是把静态的、富有视觉效果的设计作为建设的重心,而很少考虑景观的多功能性,诸如体验性、娱乐性等。因此,城市景观设计往往单一、僵化,缺乏文化内涵,也缺少必要的功能性。

第四,重建设,轻维护

这也是当前城市景观建设中突出的问题,有些城市热衷于修建城市河边景观道,刚修的时候还算清爽、干净、漂亮,两三年之后,栏杆坏了,河道污染了,垃

---

① 马久林:《城市景观人工河(湖):建设性毁坏令人担忧》,《人民政协报》,2011 年 11 月 1 日。

垃圾发臭了，花了大价钱的景观河道成了被抛荒的废弃之地。

类似的情况其实并不鲜见。比如巨型的文艺场馆建设、体育场馆建设，这类投资巨大、曾经作为国家或城市的标志性事件建筑或景观建筑，在经历了那些狂欢性"事件"或节日之后，现在，还有多少空间没有被抛荒、被忘却、被闲置？这是值得城市有关管理部门严肃思考的问题。

我认为，要解决上述问题，第一，必须坚持项目的民主决策、科学决策。项目的决策必须经过行业专家、市民代表、社会学家和管理部门等多方面代表的讨论甚至辩论，再经过风险评估与严格的生态评估和经济核算，才可以立项建设。项目决策既不可临时拍脑袋，草率上马；也不能搞什么献礼工程，草草了事；更不能因官设工程，或像某些城市那样，新官甫一上任，就大搞毁（废）旧建新工程。

第二，要明确景观建设的根本目的。景观是为人的景观，不是为景观而景观。换句话说，城市景观看起来是为了塑造城市之美，但是在终极意义上，还是为了体现城市之善。城市景观绝对不能为了美而损害善。这是景观建设的基础，也是前提。

第三，我们必须掌握城市景观建设的规律，并且在此前提下，根据城市特定的气候、地理环境、历史文化和城市形态的特点，搞好总体规划，并且以总体规划为纲，对项目进行细化，有计划有步骤地实施。城市景观建设与地下管道工程建设在性质上是一样的，是一项累积性的、长期的任务，是一场智慧的接力，而不是权力博弈，更不是一场除旧布新的革命。

第四，必须克服乡村思维和农民意识，不能只关注眼前或者局部的问题，要有长远眼光和全局意识。要意识到，景观工程绝不仅仅是一种面子工程（美），更是一种有文化内涵的里子工程（善）。城市的景观建设绝不可走向片面、走向极端，绝不可单纯以新为美，以完整为美；对那些历史文化遗迹来说，残缺也是一种美，废墟也是一种美，古旧更是一种无可取代的美。景观的美具有多元性和多维性，现代城市管理思维注重的就应该是这种多元性和多维性。

第五，必须根除模仿惯性，在设计上另辟蹊径。中国的城市建设，曾经有一个阶段，一直无法从模仿的泥淖中爬出来。小城市的建筑和景观模仿中等城市，中等城市的建筑和景观模仿大城市，大城市的建筑和景观则模仿西方发达城市（华西村是这种模仿的缩影）。时至今日，即使在上海和北京这样人才集聚和经济发达的地方，这种模仿现象仍然相当明显地存在。当然，这在中国是一个非常具有普遍性的问题。建筑师和景观规划师会问："难道我们的工业产品不是一直在抄袭日本和欧美吗？"工业设计师也会问："难道我们现在的许多技术不是在模仿日本和欧美吗？"是的，今日中国，几乎一直没有走出模仿的阴影。一个国家、一个民族，要想获得别的国家和民族的尊重，不仅需要政治开明、经济富强，还需要向世界呈现出一副诚实的面孔，展示出创新的活力。因此，在当今，我们必须在一切方面，包括在城市建设方面，走出一条适合我们的国家、我们的城市和我们的气候环境的新路。这应该成为当今所有中国人的共识。空头的爱国主义是毫无意义的。

在此前提下，我觉得，我们在具体的设计和建设中，应该严格遵循如下原则：

第一，景观与生态相结合

中国当代经济的高速发展在促进城市发展的同时，也带来了诸多问题：资源的破坏、环境的污染，社会矛盾的加剧等。在城市中，最突出的表现，就是城市的空气和河流的污染与城市边缘的垃圾化（土地的污染和荒化）问题。

在这种情况下，城市的美学问题必须让位于生态问题。让环境还原到它最初的或最理想的状态，这其实也包含了美学的考量（自然美的要素的考量），但是，这毕竟不是一种积极的城市修辞，不能视为一种城市造景行为或景观效应。

但是，目前的情况是，很多城市一方面投入人力和资金积极开展生态治理工作，另一方面也在进行城市景观建设的工作。而且，人们的景观建设的积极性远远高于生态修复的积极性。

虽然我们知道，当一个城市常年被雾霾笼罩的时候，城市景观已经完全失去意义；当一条河流或一个湖泊发出刺鼻的臭味的时候，沿河或沿湖的景观已经完全失去意义。

但是，我们毕竟尚未进入世界末日，也尚未进入环境的末日。再者，城市环境生态修复的问题相对来讲是一个漫长的过程，而景观建设却通常可以短期见效。在当前国家经济运行良好的情况下，多数城市在实际运作上，景观建设总是优先于生态建设，正如当今的城市地上建设的积极性远远高于地下管网建设的积极性一样。

而且，景观建设往往只讲究单面效益，即视觉效益。实际上，在城市环境恶化的情况下，景观建设应该也完全能够与生态建设结合起来，实现效益上的倍增。

事实上，我们可以把景观的考量和生态的考量结合起来，把视觉效益和环境效益结合起来。

美国著名建筑史家和景观设计师查尔斯·詹克斯设计的"北方女神"（*Lady of the North*）在这方面可以说为我们提供了一个很好的范例。

这个在2013年的国际房地产大奖赛中赢得"全球最佳景观建筑奖"的项目，位于英国诺森伯兰郡克拉姆灵顿附近，那里原本是一个废弃的露天煤矿。2004年，当时两家地产公司申请获得在这里挖煤和制砖用泥的开采权，遭到当地居民的强烈反对。于是管理当局决定顺应民意，邀请景观建筑师詹克斯来修复这里的环境并建造一个大型景观。于是，在一堆堆开矿时留下的废渣上，詹克斯建造了一个令人惊叹的巨型的大地艺术作品——一个躺着的巨型女神的雕塑。

图4-8　从工地刚开工时的状况，可以想见这里当初的脏乱

图4-9　北方女神建成后的效果（查尔斯·詹克斯，2012）

上面两组图——建成前和建成后——的对比，已经很清楚地显示出，这个项目不仅非常有效地修复和恢复了矿区的生态环境，而且也创造出了令人叫绝的景观效果。

我们国家也有很多废弃的矿区，在城市中也有不少废弃的工业区。也有一些设计师在这些废弃矿区和工业区做着同样的改造和美化工作，但是，目前好的作品并不多。在这方面，我们恐怕还得认认真真地、虚心地向国外同行学习。

图4-10　苏格兰宇宙思考花园（The Garden of Cosmic Speculation）局部（詹克斯）

第二，观赏景观与体验景观相结合

这里当然不是说不要观赏景观，而是说不要单纯造观赏景观。在空间狭小的地方，做一些观赏性、装饰性的景观是必要的，比如景观墙，植物或花墙，这对增加城市的生活气息，活跃城市的空间，提升城市的品味，是有好处的。但是，在一些比较大型的景观工程中，我们要做的，是改变固有的设计思维惯性，尽量少建那些看上去美却没有实际功能的纯粹的如绘性景观，多建一些把视觉性的景观和交互性的游嬉空间结合起来的景观，让人们在如画的美景中运动、游嬉和娱乐（见图4-11）。目前，我国的城市景观设计更多地关注视觉景观和餐饮休闲功能的融合。这当然也是一种思路，但我觉得这还不够。我认为形式还可以更加多样，功能还可以更加多元，更加具有综合性，使一次投入产生多重的效益。

但是，需要注意的是，城市景观建设绝对不能片面求大求全，否则，很有可能又会走向反面，产生负面效应。

图4-11　与娱乐和休闲结合的景观设计

第三，戏剧性景观与日常性景观相结合

戏剧性景观与日常性景观相结合的思路，是对前面所说的第一种结合的一种补充。所谓戏剧性景观，是指那种工程浩大且能够引起全市人们关注的具有很强的事件性的景观工程。比如一些重要的旅游景点，诸如上海的迪斯尼，上海热带风暴水上乐园，杭州的雷峰塔等。每一座城市都有一些标志性的景区和景点。这种设计当然是必要的。不过，这样的景观建设，任何一个城市都会很重视，绝对不会忽视或忘却。城市管理者最乐于做的，其实就是这类事情。

但是，后一个问题就不同了。日常性的城市景观，或者说，日常性的城市环境设计，恰恰是最容易被管理者忽视的。

城市景观设计应该体现平等意识。目前的城市，在顾脸不顾腔的惯性思维下，几乎是把全部的资源和资金集中在 CBD 中心和重要景区。我觉得这是一种非正常思维，必须予以纠正。我们确实应该也可以对 CBD 中心的景观建设作一些倾斜，但绝对不能过分。在整体上，也应该对城市的方方面面作平衡的考量。对那些城市的边缘处和偏僻处，也应该给予必要的关注。当然，这些地方不一定搞大项目，也不宜浓墨重彩，投入过多的资金，但是可以通过设计师精心而巧妙的设计，以较少的投入，改变那里比较混乱或无序的状况，实现最大的景观效益和环境效益。

城市永远是一个没完没了的冗长的故事，它确实需要某种抵抗和消解乏味的吸引力，但并不需要过多的跌宕起伏与惊心动魄，它是日常的、生活的，而非戏剧的或神话的，它真正需要的只是端庄、流畅、真实、亲切。[①]

以上从多重视角，讨论了当代中国城市景观的设计与建设问题，表达了我对中国城市的一种理想和希望：希望我们的城市能够真正走上一种正确的和正常的轨道，在公平与效益、伦理与生态、城市品位与市民精神方面，进入世界主流的城市文明之中。虽然当下的情况，离这个希望尚有距离，但是，假以时日，我们总有一天会实现这一理想的。

---

① 万书元：《近二十年来世界城市美学发展新趋向》，《同济大学学报(社会科学版)》，2012 年第 3 期。

5 青岛近代城市建筑风格溯源 *

青岛素有"万国建筑博览会"的美誉。但是,只要对中国近代城市的发展历程稍有了解的人都知道,拥有这一美誉的并不只有青岛。上海、厦门、哈尔滨、天津等许多国内城市都有着同样的美誉。其实,用所谓"万国建筑博览会"来形容上述任何一座城市,都难免夸张不实;这最多只能说明,这些城市都有一个共同的特点,就是全都受到过西方建筑文化的深刻影响。

如果以 20 世纪 40 年代末为分界线,我们会发现,这些表面上看来都顶着"万国建筑博览会"光环的城市,其实是非常不同的。因为"外国"也好,"西方"也好,甚至某个具体的国家也好,从美学的角度看,其风格从来就不是一个单数,而是一个复杂而多维的复数(遗憾的是,并非所有的研究者都能留意于此)。当一个城市试图从他者中获取自己心仪的异国情调的时候,可能都会自觉或不自觉地呈现出这一城市独有的选择模式和聚焦重心。单纯从城市的地域的适应性或物候的特异性来诠释这种选择,未尝不是一种稳妥而颇具逻辑性的研究视角。但是,在很多情况下,尤其在关涉文化涵化这样一些复杂问题的时候,这种视角往往会将研究引入歧途。

以青岛这座近代崛起的城市而论,其城市风格的形成在选择方式、呈现样态方面就与其他城市非常不同。这座曾经的殖民城市,其风格的形成有必然性,即一定是德国殖民者主导,一定是以德国人的审美趣味为中心的欧洲风格。但是,到底选择怎样的欧式(或纯粹的德式,或综合的欧式),又是相当偶然的。

一个城市的气质或风格,可能包含非常丰富和复杂的内容(物质的和文化的、视觉的和非视觉的、外在的和内在的)。如果单就青岛近现代建筑而言,它的

* 本文原载于《同济大学学报(社会科学版)》2019 年第 3 期。

独特气质或风格是什么呢?

我认为,青岛的近代城市建筑具有一种既规则又奔放、既粗犷又优雅、既原始又现代的美学特质,是浪漫主义的优雅精致与自然主义的原始浑朴的完美融合。从视觉形态上说,青岛近代建筑在整体上建构了这样一种模式(至少是一条贯穿始终的主线),即:以欧洲建筑意象(包括平面和立面)为原型,以红色为基调,以未经加工的花岗岩石料为修辞手段,融浓厚的抒情性和粗犷的乡土性为一体的深度模式。

那么,这样一种独特的风格是如何形成的呢? 这正是本文要讨论的问题。

我认为,德国建筑师魏尔纳·拉查鲁维茨(Werner Lazarowicz,1873—1926)设计的德国总督官邸对这种风格的形成、发展与稳定起到了至关重要的作用。可以说,这座建筑既是青岛近现代城市发展的见证,也是整个城市风格走向的"定海神针"。因为,正是这座开风气之先的"伟大建筑",引领着青岛建筑的潮流和风尚,使青岛的近现代建筑承载了独特的、不可替代的美学意蕴。

一、殖民者的优越感与怀乡病:建筑形态的选择

19 世纪初,拿破仑横扫了包括德国在内的整个欧洲,在德国人心理上造成了严重的创伤和强烈的自卑感。但是,时光流逝,风水倒转,1870—1871 年的普法战争使德国(普鲁士)人获得了重新崛起的转机:德国不仅实现了德意志民族的统一,取代了法国在欧洲大陆的霸主地位,而且也一扫自卑阴霾,重新找回了自信,甚至唱起了"德国,德国高于一切"(第二帝国时期的德国国歌)的国歌。

20 多年之后,在地质学家李希霍芬的指引之下,德国人就是以这种欧洲霸主的身份,带着傲慢和优越的征服者和殖民者的心态,占据并控制胶州湾的。

图 5-1　1871 年德意志地图,德国版图大扩张　　图 5-2　李希霍芬绘制的山东及胶州湾地图

德国人强占青岛，确实演绎了一出中国人耳熟能详的悲情故事。要说清楚这个悲情故事所包含的数不清的屈辱和我们对这座城市道不明的艳羡之间的复杂关系，既非易事，也非本文主旨所在，姑且按下不表。

且说 1897 年 11 月 14 日，德国远东舰队以两名德国传教士在山东巨野被杀为借口，派兵占领胶州湾，以武力逼迫清政府签了屈辱的《胶澳租借条约》。之后，德国获得了青岛的 99 年租约。青岛从此沦为德国人的殖民地。①

虽然自从 1914 年第一次世界大战战败之后，德国就不得不将青岛的控制权移交给日本，但是，德国人进入青岛之初，是有着非常长远的目标和非常大的野心的，其意不只是在青岛一地，还想借助于青岛这个深水港，将包括淄博在内的矿藏掠夺回国，并逐步扩展其在中国的殖民地版图——至少能够在李希霍芬所绘制的山东及胶州湾地图上挖出更大的一块。

因此，德国人进入青岛，无论在外交上、军事上、经济上，还是文化上，不仅占据着绝对的心理优势，而且采取的是一种主动的进攻姿态。

当时的青岛虽然有令人妒羡的深水港，周边还有丰富的矿藏，但是这个港口本身还只是一个没有开化的小渔村，既没有像样的基础设施，也没有可观的建筑，到处荒草丛生，满眼穷困萧索。这种情形，在相当大程度上说，更增加了德国人对自己的文化和艺术的自信。

外国人进入中国搞建筑，本来可以有两种选择：一是像美国建筑师墨菲设计金陵女子大学和燕京大学那样，选择中国古典建筑样式，一是像许多外国建筑师在一些开阜的口岸城市所做的那样，直接选用西洋建筑形式。

在青岛，德国人一开始就毫不犹豫地选择了以德国建筑风格为主导的欧洲建筑样式；更有意思的是，即便是中国人自己的住宅和会馆，也毫不犹豫地采用

---

① 这是一段非常值得人们回味的历史。其实德国人早就觊觎胶州半岛的这座深水港了。1860 年，普鲁士远征军战舰就已抵达中国，在青岛周围的海港进行考察。也就是说，德国官方的"考察"行动，比德国地理学家和地质学家李希霍芬 1869 年考察山东还要早 9 年。不过，李希霍芬 1882 年出版的《中国》对德国人在胶州湾建立据点的计划还是产生了一定的推动作用的。在"大刀会"制造"巨野教案"之前的 20 多年里，德国曾多次派军舰来中国考察。1896 年 4 月，德国任命海军少将梯尔匹茨（Alfred von Tirpitz）为远东舰队司令，命令他"在中国沿海寻找德国能够建设军事基地和经济基地的地方"。当年 8 月，梯尔匹茨乘军舰来到胶州湾勘察后，认为胶州湾是最理想的目标。仅仅 1 年之后，大刀会就制造了"巨野教案"，在恰当的时间和恰当的地点为德国人制造了侵略中国的借口，德国人几乎是兵不血刃就占领了青岛，而且很快得到清政府"恩准"，获得青岛的 99 年租约。参见 https://en. wikipedia.org/wiki/Kiautschou_Bay_concession 和瑠内昭和《德国统治时期的青岛建筑》，徐飞鹏等主编：《中国近代建筑总览·青岛篇》，中国建筑工业出版社，1992 年，第 16-18 页。

了西洋建筑样式,比如华人区山东街、两湖会馆,就是其中的典型。

图 5-3　1901 年的华人区山东街,右侧为华人商住两用楼,楼下为商号门头,后院
　　　　为仓库,楼上出租;照片左侧尽头,有个窗户挂着门帘,门前聚集着七八个
　　　　商号,那就是春和楼

　　华人区山东街的建筑建于 1901 年之前德国人进入青岛之初。这个时候采用富有异国情调的西洋样式,可以理解,因为这是德国人的地盘,德国文化流风所及,本来就难以抗拒,中国人顺势而为,亦无不可。位于大学路 54 号的两湖会馆的情况就不同了。因为这个时候,德国人撤离青岛已经 17 年了。如果说这个时候,统治青岛的日本人对中国人选择何种建筑类型可能会产生某种影响的话,那么,德国人在中国人的建筑风格的选择方面就完全不存在什么强制性的影响了(其实以前也不可能强制)。这就说明,德国建筑风格,在当时的青岛人心目中,甚至外省人心目中,已经成了一种典范,人们在心理上已经对它产生了一种认同。正因为如此,当湖北人沈鸿烈在 1931 年出任青岛市长以后,就特别为湖南、湖北两省的同乡人士修建了这样一座洋会馆。

　　连中国人都对德国建筑风格如此热衷,德国人自不必说。本来他们就带有欧洲白人的心理优势,又带着征服者和殖民者的傲慢,再加之青岛尚未有像南京和北京那样富丽堂皇的中国古建筑,因此,德国人其实是没有选择,只能选择西洋建筑形式。至少在他们进入青岛之初这个时间段,只能如此。

　　当然,除此之外,还有一个原因也不能忽略,就是外国人进入他国,往往会不由自主地产生难以抑制的怀乡之情。从心理学上讲,如果自己每天活动和生活的环境更接近自己熟悉的家，就会大大缓解思乡的痛楚。更何况，在 19 世纪末和 20 世纪初，真正在青岛的德国人，不到青岛总人口的 5%，如此少的德国人，如果再让自己住进中国式样的房子，那种独在异乡为异客的孤独感就有可能大大加重。因此，德国人在建筑形态的选择上，除了文化的原因之外，也是有心理学和社会学上的考量的（据说德国总督屈珀尔是想通过一系列德式建筑来"营造一个可让德国人想起故乡的场景"）。

二、新艺术、西普鲁士城堡与原始浑朴的青岛渔村：拉查鲁维茨对青岛建筑风格的锻造

青岛德国总督官邸的建筑师魏尔纳·拉查鲁维茨，1873 年 5 月 22 日生于西普鲁士省的西蒙斯霍夫（Gut Sigmundshof），1926 年 4 月 28 日因心脏病发作在北京去世。他曾在埃尔布隆格（曾名埃尔宾，Elbing，1920 年之前曾属于德国，后属于波兰）接受中学教育，在西普鲁士省会格但斯克（曾名但泽，Danzig，原西普鲁士省会，后属于波兰）接受高等教育，主攻建筑土木工程。

图 5-4　德国海军野战医院与维尼奥拉的罗马耶稣教堂(1571)之对比：
　　　　巴洛克涡卷的反向操作

1898 年，德国人控制了青岛之后，急需建筑师和工程人员参与青岛港口建设、铁路建设和城市建设。这年春，25 岁的拉查鲁维茨应召来到青岛，在德方的房屋建设部门谋到一个职位，而且很快就参与到建筑设计之中。他最早接手的设计项目是德国海军野战医院，时间就是他到青岛的当年（1898 年建成 1 号病房楼，1899 年完成 2 号病房楼，1903 年完成 3 号病房楼，1904 年完成妇幼临床病房。该医院在 1900 年改称为德国总督府医院）。

一个刚满 25 岁的年轻人，一下子就接手了如此重大的设计工程，这就说明，一是当时青岛的建设任务万分紧迫；二是这个年轻人确实才华出众，非同寻常；三是他碰到了一个千载难逢的机遇。

本来拉查鲁维茨未来的上司，也是建筑师的马克斯·诺普夫（Max Knopff）原计划 1898 年春与拉查鲁维茨结伴来青岛，可是还没有出发就病倒了，延迟了两个多月才到青岛。这就给了拉查鲁维茨登台亮相的大好时机。由于拉查鲁维茨在设计上的大胆创新，他很快就获得了"拉撒路"（Lazarus，圣经中人物，曾被耶稣复活，此处应该是赞许他总能够翻空出奇，置之死地而后生）的美誉。

有关拉查鲁维茨生平的资料非常之少，而且大多语焉不详。在国内现有的资料中，往往只提到两幢建筑与他相关，即除了德国总督官邸之外，他还设计过青岛俱乐部。青岛俱乐部是拉查鲁维茨 1912 年的作品。这就意味着，在设计总督官邸这样重要的建筑之前，拉查鲁维茨完全是一个菜鸟，毫无建筑设计经验。我们能够想象，浦东的金茂大厦会轻易地给一位毫无建筑设计经验的 32 岁的年轻人吗？

拉查鲁维茨能够得到如此重要的委托项目，只能说明，在此之前，他已经在建筑设计上显露出过人的天赋，而且还不只是表现在一幢建筑上。已经有德国研究者指出，德国海军野战医院出于建筑师拉查鲁维茨之手，是确定无疑的事情。因为，研究人员在他当时在青岛的地址簿中发现，在 1901 年 1 月 15 日，拉查鲁维茨记载的他自己的地址是：海军野战医院旁的办公简易棚。另外一个证据表明，1901 年 3 月，拉查鲁维茨在政府建筑师格罗姆施（Gromsch）、伯恩（Born）和贝尔纳奇（Bernatz）的指导下通过了一项考试，升任政府建筑师施特拉塞尔（Karl Strasser）的技术秘书和业务助手。1912 年，施特拉塞尔升任"军需建造顾问"。次年，拉查鲁维茨也升任"军需建造秘书"。两人共事直到 1914 年日

图 5-5　青岛俱乐部(拉查鲁维茨，1912)

本人接管青岛为止(这里尤其需要强调的是，拉查鲁维茨的建筑活动一直贯穿于青岛这座德国殖民城市的始终，从 1898 年到 1914 年，足足 16 年)。①

　　青岛房屋建筑部门的建造档案和施工图纸大部分都被保留在弗莱堡的联邦-军事档案馆(Bundesarchiv-Militärarchiv)中，但从中我们很难辨别，到底哪些建筑师设计了哪些项目。因为建筑工程月报绝大多数都是由"军需建造顾问"施特拉塞尔签名的。好在总督官邸的档案资料写得非常清楚：1905 年的总督官邸的设计，最初采取的是类似多人竞标的形式，许多建筑师都提交了设计方案，但是最终还是采用了拉查鲁维茨的设计。

　　这足以说明，在设计总督官邸之前，拉查鲁维茨在建筑设计方面已经具备了在激烈的竞争中胜人一筹的实力。在这个聚集了众多有成就的建筑师的港口城市，拉查鲁维茨在 32 岁这个年龄就能够担任一个直属德国建筑部门管辖的分部〔其中包括建筑师弗里茨·比伯(Fritz Biber)和保罗·哈奇迈斯特(Paul Hachmeister)等〕的负责人，这个事实本身也就说明，建筑师拉查鲁维茨已经在青岛的建筑界占据了举足轻重的位置。

　　虽然拉查鲁维茨的德国海军野战医院的设计，也许只算得上是一种牛刀小

----

① https://www.tsingtau.org/lazarowicz-werner-1873-1926-architekt/.

试,因此也表现出些许的稚嫩,比如该建筑的门头和门柱的处理,模仿的痕迹较重,手法也比较生硬。但是,从整体上说,这幢建筑窗框的石头装饰,墙基的石砌手法的运用,已经表现出一种谨慎的狂放和富有诗意的自然主义美学趣味。在德国占领青岛时期的建筑中,这种手法应该是拉查鲁维茨的首创——虽然多少带有威廉三世时期德国青年派和青岛当地渔村建筑的痕迹。

德国海军野战医院建成之后,在德国青岛总督官邸之前或同时,至少有一座建筑,非常熟练地而且是大面积地采用了表面粗糙的花岗岩砌筑的方式,这就是1906年完成扩建的胶澳总督府学校的分校(广西路1号)。

胶澳总督府学校最早可以追溯到1898年。自从青岛成为德国租界之后,居住在德国本土的德国人也好,本来住在上海等地的德国侨民也好,都纷纷拖家带口地涌入青岛。因此德国人子女的上学问题就成为一个十分紧迫的问题。为了救急,德国人就在原大鲍岛村租用了几间中国民房作为临时教室,最初称之为德国童子学堂。1900年德国人在俾斯麦大街(今江苏路)为德国童子学堂新建了校舍。次年,即1901年,胶澳学务委员会正式接管这所学校,于是改称胶澳总督府学校(今青岛市实验小学)。

新学校由德国建筑师贝尔纳茨设计,皮科罗公司施工。整个建筑虽然以西洋别墅风格为主导,但是也融入了若干中国建筑元素,如顶层装配的带有中式雕饰的木制阳台。这在当时的西洋建筑尤其是德式建筑中极为罕见。

1906年,随着涌入青岛的德国学龄儿童的日益增多,胶澳总督府学校的教学空间已经远远不能满足需要。因此,胶澳总督府决定在广西路1号建一所更大的分校(由于空间增加了,这所学校才有可能改变招生政策,不仅招收德籍男生,也招收德籍女生,后来还招收非德籍学生)。

图 5-6　1901 年建成之总督府小学,今青岛江苏路小学

图 5-7　1906 年建成的胶澳总督府　　　图 5-8　被削掉头部的改建过的胶澳总督府
　　　　分校(今广西路 1 号)　　　　　　　　　分校(今广西路 1 号,海军某部办公用房)

　　据 1910 年《青岛》一书作者记载,总督府分校是一所外观极其漂亮的建筑,学校前边是几处小操场和几株中国老橡树。学校的楼房大大高于亨利王子街的建筑,空气和光线都很好,能够容纳学生约 110 人。[①]

图 5-9　慕尼黑细腻精妙的新艺术(青年)风格与弗莱堡粗犷原始的新艺术风格

　　胶澳总督府分校的设计者是谁,目前找不到可靠的依据或记载,但是我们可以确定三点。第一,这位建筑师对德国青年风格的建筑很喜欢,并且对同样喜欢这一风格的格但斯克工业大学和那里的建筑极为熟悉,否则,他不可能在两年后(格但斯克工业大学主楼 1900 年奠基,1904 年建成;胶澳总督府分校 1906 年建成)几乎是照搬了格但斯克工业大学的教学主楼的设计:建筑的下半部墙体大面积采用花岗石饰面,中间顶部的山墙也沿用了这幢建筑的镶嵌式装饰策略,风

———————————

① 　转引自《青岛老校的故事——德国总督府学校(广西路 1 号)》,http://blog.sina.com.cn/s/blog_5dc25bca0102w8t2.html.

格混搭（哥特与巴洛克风格的折衷），自然和谐。第二，胶澳总督府分校正立面中心的这个带有标志性特征的山花设计，在拉查鲁维茨几年后设计的总督官邸正立面中，以改头换面的方式再度出现。第三，这位建筑师与总督府关系密切，并且颇受总督府和上层决策者的青睐。

图 5-10　格但斯克工业大学主楼（1904）

图 5-11　1904 年建成的格但斯克工业大学主楼与胶澳总督府分校对比

图 5-12　胶澳总督府分校与总督官邸正立面之对比

那么，很明显，这位建筑师只能是拉查鲁维茨。首先，他是总督和政府总建筑师身边的大红人，是既有才华又受重用的人，是获得了青岛最重要的建筑——总督官邸的设计头奖的人，因此，他最有机会拿到这个项目。其次，拉查鲁维茨是在格但斯克接受中学教育和大学教育的建筑从业人员，他不仅对格但斯克当地的建筑非常熟悉，对西普鲁士其他地方的建筑，比如瓦尔维尔城堡，也很熟悉。正因为此，在拉查鲁维茨设计的建筑中，总是有一条贯穿始终的风格线或者说笔迹，这就是在大量运用极少加工的花岗岩的基础上，实现建筑色彩和肌理上的对比，发酵出一种自然中包含匠心，粗犷中蕴含细腻的美学张力。

图 5-13　格但斯克之绿门，原属西普鲁士，今属波兰，由荷兰建筑师雷尼尔设计。建于 1568 年至 1571 年间，曾是波兰君主的正式宫殿

有了德国海军野战医院的设计经验，又有了（至少是部分）胶澳总督府分校校舍设计的经验，拉查鲁维茨在设计总督官邸时，就更有把握，也更加自信，更加挥洒自如了。

图 5-14　总督官邸中中式风格的化用

据可靠文件记载，拉查鲁维茨是 1905 年获得总督官邸的设计并且于当年动工的。但是，也有资料记载，说这幢建筑实际上是 1903 年动工的。我的推测是，1903 年确实启动了设计计划，设计的方案也一定不少，可能确定过某个建筑师的方案，甚至有可能也动了工，但是中途夭折了。直到 1905 年拉查鲁维茨出马，项目才重新启动。

总督官邸于 1905 年动工，1907 年竣工。全楼建筑面积为 4 000 多平方米，建筑预算超过 45 万金马克，最终结算时，却超出预算一倍还多，达到 100 万金马克①，相当于当时的 25 万美元。前一年竣工的胶澳总督府面积为 7 132.3 平方米，面积几乎要大一倍，也仅耗资 85 万马克。由此可见总督官邸修得有多么奢侈。据说时任总督的奥斯卡·冯·特鲁泊（Oskarvon Truppel）曾受到德国议会的弹劾，看来此言非虚。

人们历来对总督官邸存在两种错误的认知，一是说它是德国皇宫的压缩版，是参照皇宫图纸，按照 10：1 的比例所作的缩小版设计。

图 5-15 就是画家绘制的柏林皇宫和摄影师镜头下的柏林皇宫，它与总督官邸有任何关系吗？只能说明一点，人们把总督府大楼（办公用）和总督住宅弄混了。

另外一个说法是，总督官邸是一座城堡建筑。我不知道为何有这样的判断。无论就该建筑的平面，还是立面来说，我们都可以很清楚地看到，这只是一座在外墙上使用了大量花岗岩的别墅建筑而已。

① 参见王建梅、巩升起：《七扇门推开德国总督楼旧址博物馆丛书·建筑之路》，山东友谊出版社，2017 年，第 57 页。但托尔斯顿·华纳认为耗资就是 45 万多金马克。参见托尔斯顿·华纳：《德国建筑艺术在中国》，Ernst & Sohn，1994 年，第 207 页。

图 5-15　柏林皇宫

　　在拉查鲁维茨接受中学和高等教育直至他设计总督官邸的这个时期，正是欧洲新艺术运动高潮迭起的时候。新艺术运动（或者作为其分支的德国青年风格）基本的文化和美学取向，就建筑而言，就是坚决抵制矫揉造作，力求自然天成，具有浓厚的原始主义和乡土主义趣味。这样一种风格，其实并非新艺术运动的倡导者们的发明。不说远的，欧洲的许多古堡建筑（还有印度古代建筑和中国乡村建筑）早就采用了这样的装饰风格（当然这种装饰有其防御和安全的实用考量）。仅就德国而言，就有 13 世纪的海德堡古堡，14 世纪的瓦尔维尔城堡（曾属西普鲁士，今属波兰克拉科夫）；新艺术运动时期，又有了巴伐利亚的新天鹅堡。这些建筑，都不自觉地或者是自觉地采用了原始主义和自然主义的装饰风格。

图 5-16　海德堡古堡(13世纪)

图 5-17　西普鲁士(今波兰)瓦尔维尔
城堡(14世纪)

　　打着新艺术运动旗号,更加自觉、更加明显地采用这种风格的,有西班牙的建筑师高迪设计的一系列建筑,有格但斯克工业大学主楼,还有弗莱堡、慕尼黑和萨尔布吕肯和挪威奥勒松的一些建筑。

　　无论是德国和欧洲古堡建筑中蕴含的自然主义和原始主义,还是在新艺术运动中被重新发现和强化的反矫饰主义,以及对曲线曲面和朴野趣味的追捧,无疑都曾经引起过拉查鲁维茨心理上强烈的共鸣。可以想见,早在学生时期,拉查鲁维茨就怀有一种强烈的冲动,希望有朝一日能够在自己的设计中,把这种自然主义的美学冲动化为现实。

图 5-18　弗莱堡的青年风格建筑外观与挪威奥勒松的青年风格建筑外观

　　因此,拉查鲁维茨最早设计的两座建筑(医院和学校),在很大程度上就是充分满足他的自然主义美学创作的冲动,同时,也算是两次难得的设计技巧的磨练。

拉查鲁维茨还有一段重要经历，我们不能不提：在设计总督官邸之前的 1904 年，拉查鲁维茨曾经协助青岛总督府行政大楼的建筑师路德维希·马尔克（Ludwig Mahlke），监理该大楼的前期建设工作。虽然没有资料证明拉查鲁维茨曾经参与这幢建筑的辅助设计工作，但是，能够参与到这幢如此重要的建筑的建设过程之中，也是极为难得的机遇。这对年轻的拉查鲁维茨积累经验，增长见识，无疑起到了重要的作用，也为他日后设计总督官邸提供了更为直接而实用的经验，更为重要的是，还使他增加了自信。

在德国人 1898 年进入青岛之后和总督官邸建成之前，除了拉查鲁维茨设计的德国海军野战医院之外，德国人在这里已经建造了不少建筑，这些建筑也或多或少地受到了当时在欧洲流行的新艺术风格的影响，尤其是建于 1898 年、位于馆陶路 1 号的青岛气象天测所，建于 1899 年的大港火车站（商河路 2 号）和德华银行（市南区广西路 14 号，照搬了文艺复兴时期的意大利建筑师安德列亚·帕拉迪奥所设计的位于维琴察古罗马广场旧址南端的市民大会堂）。

青岛气象天测所和大港火车站在建筑外观装饰上，基本上采用了与拉查鲁维茨的德国海军野战医院类似的思路，主要是在墙基部分或门洞周围运用花岗岩石块，增强建筑的肌理效果和厚重感，但建筑师锡乐巴和魏尔勒设计的德华银行，比前二者更加大胆，他们在这座带有明显的意大利文艺复兴风格的建筑的各个立面上，几乎全部装饰了花岗岩饰面。

从上面的建筑中，我们可以看出，由德国建筑师从欧洲输入的这种新艺术风尚，已经在青岛的建筑中逐渐蔓延开来。

拉查鲁维茨初到青岛，就没有能够抵制住新艺术风格的诱惑。但是，到他设计总督官邸的时候，他对新艺术显然有了比他的同胞建筑师更深刻的理解和更灵活的把握。在他设计总督官邸之前，他的同胞建筑师所作的风格的探索，只是对欧洲新青年风格的一种简单的移植，同时也只能算是浅尝辄止而已。拉查鲁维茨却不同，他的总督官邸既源于新艺术，又超越了新艺术，他的风格，不只是"一池萍碎"，而是"春色三分"，多元混融，最后形成了他独有的风格。

图 5-19　1898 年德国强占青岛时仅有的一片低矮的中式建筑

图 5-20　德华银行(锡乐巴、魏尔勒，
1899—1901)

图 5-21　1898 年的信号山(龙山)下
渔村建筑,总督官邸于 9 年后建于山上

　　具体而言,这座建筑至少融汇了如下风格元素:欧洲古堡或新艺术风格的
花岗岩外墙,青岛当地渔村的花岗石墙基,中国式的女儿墙,孟莎式屋顶
(mansard roof),以及中国式的重檐屋顶、中国式的窗饰和门饰图案、印度伊斯
兰风格的塔和庙的元素等等。但是,正如上文所说,这绝不是一种生硬的风格拼
凑,而是一种完美的融合:可谓融铸东西,汇通古今,亦雅亦俗,亦精亦粗,最终
融合成为一种既规则又奔放、既原始又现代的美学特质,并且确立了青岛建筑后
来的风格走向。

图 5-22　总督官邸花岗岩窗柱与印度德里顾特卜塔
(也称库杜布塔,1193 年)之比较

图 5-23　总督官邸与 1898 年的青岛渔村建筑之比较

图 5-24　总督官邸顶部中式窗格与 1900 年的青岛栈桥大门上
　　　　的竖式木制窗格之比较

图 5-25　总督官邸上中式窗格图案

图 5-26　中国建筑的悬山、博风与琉璃瓦隔墙与总督官邸对中国传统建筑的
悬山及博风的化用

图 5-27　印度顾特卜塔与总督官邸的花岗岩石墙、石柱及屋顶的比较

三、总督官邸对青岛建筑风格的影响

自从青岛有了总督官邸这座具有示范性和标志性意义的建筑之后，青岛的建筑基本上是以这座建筑的美学风格为基础（或基本配方），朝着稍微简化的方向发展，也就是说，以西洋建筑的形态为基准，以红顶黄墙（或白墙）为主色调，以花岗岩砌筑为装饰，粗细相济，雅俗兼备，创造出庄重而大方、华美而又自然的艺术效果。

我们大致可以从 1909 年开始，直至 20 世纪 40 年代，为青岛这种风格的建筑理出一条清晰的线索。

（1）1909—1914 年之间，有德华大学（1909）、胶澳电气事务所（1909）、青岛基督教堂（Qingdao Protestant Church,

图 5-28　德华大学（1909）花岗石墙基

1908—1910）、侯爵庭院饭店（Hotel Fuerstenhof，1910—1911）、美国领事馆（1912）、马克斯·吉利洋行（Warenhaus Max Grill，1911）、青岛天文观象台旧办公大楼（1912）和青岛观象台（1910—1912）。

这里特别要强调的是青岛观象台主楼，即旧办公大楼。该楼由德国建筑师保尔·弗里德里希·里希特设计，名为"皇家青岛观象台"，1910年6月奠基，1912年1月落成。现存主要建筑，就是这座城堡式七层石砌办公大楼。楼的主体全部用花岗岩石砌结构，带有浓厚的欧洲中世纪城堡风格。可以说，这样一种整体以石砌覆盖全楼的做法，是由欧洲新艺术运动推动，直接由拉查鲁维茨引发

图 5-29　青岛观象台（保尔·弗里德里希·里希特，1910年6月—1912年1月）

的自然主义和原始主义美学冲动的一次大发泄。它与上述其他建筑的不同在于，其他建筑在原始主义和自然主义方面，在抒发奔放无羁的美学激情方面，都采取了比拉查鲁维茨还要谨慎和收敛的形式，唯有保尔·弗里德里希·里希特的表现，是有过之而无不及。

图 5-30　侯爵庭院饭店（Hotel Fuerstenhof，1910—1911），广西路 37 号

图 5-31　美国领事馆（Schneider，1912）

　　(2) 1915—1945 年之间，虽然日本人夺走了德国人在青岛的管辖权，但是，青岛建筑和城市风格的走势却依然按照它固有的轨道持续地运行。我们可以看到，从 1919 年的青岛普济医院开始，后面所修建的建筑，如 1921 年修建的青岛

图 5-32　青岛日本中学校(1921)　　　图 5-33　青岛日本中学校(日本元素)(1921)

日本中学校,1923 年修建的浸信会礼拜堂(济宁路 31 号),1930 年修建的青岛观象台圆顶室,1931 年修建的两湖会馆,1932 年修建的花石楼,1945 年修建的青岛美国酒吧(US Bar),所有这些建筑,就美学风格而言,全部都处在总督官邸的统领之下,虽然偶有例外,但是并不影响青岛城市建筑表现出来的这一条处在主宰地位的明晰的审美风格主线。

日本建筑师三上贞设计的青岛日本中学校(六二楼),依然沿袭了德国古典式的建筑平面,呈中轴对称式布局,表现出"和洋折中"的风格:红坡屋顶、山墙、塔楼、装饰性的金属塔顶等,尤其是粗犷的毛石的运用,显然是受到德国总督府的影响。但处理手法有所变异:建筑入口处的山花被夸张成大片的墙面,立面脱离坡顶形式,用以强化入口。圆拱形的入口底部有短柱支撑,与山花弧形的外观及所用的装饰元素相一致。建筑的几个山墙面虽然用了相同的构成元素,如当地材料蘑菇石的拼贴、矩形长窗的排列、涡卷纹样的装饰,但仍同中求异,达成协调并且彰显个性。

综上所述,在青岛德国统治时期一直活跃在建筑设计和管理第一线的建筑师拉查鲁维茨,通过其设计代表作青岛德国总督官邸,创造出了一种东西融通、雅俗兼备、原始而又现代、奔放而又理性,并且带有浓厚的乡土特色的美学风格。这

图 5-34　花石楼(白俄罗斯建筑师格拉西莫夫设计,1932)

图 5-35　1945 年与 2013 年青岛美国酒吧（US Bar）周围街道之对比：建筑风格之确定

种通过博采约取、混纺出新而创造出来的独特的风格，主导和规定了青岛近现代建筑的美学基调。这一结果，或许有些偶然，或许也包含着某种必然。无论属于哪一种情况，在我们日益为城市的同质化而苦恼、焦虑的今天，拉查鲁维茨的青岛总督府官邸设计及其对青岛近现代建筑风格形成的影响，都可以作为一个绝佳的案例，为我们未来的建筑和城市设计提供重要的参考。

（本文青岛总督府图来自作者，其他来自网络）

6 空间的衰朽

——鲍德里亚对当代建筑和城市空间的批判*

鲍德里亚是一位有着宽广的文化视野的学术大师。他的理论触角几乎触及整个人文社会科学领域：政治、经济、文化、军事、艺术，甚至城市与建筑等跨学科领域。相对来说，他在城市、空间和建筑方面的研究成果不算太多，但对于全面理解他的学术思想却非常重要。

然而，现在的研究者，无论中外，大多对鲍德里亚的这些研究采取忽视或回避的姿态。

鲍德里亚是当代最杰出的空间哲学大师列斐伏尔的弟子，他对城市、空间和建筑自然会别有会心，而且也确实是别具慧眼。这位一再声明自己的兴趣不在建筑而在空间的悲观主义思想家，实际上，无论是对建筑还是对城市空间，都曾作出十分精彩的、富有启示意义的论述，值得我们认真研究。

一、三种模式理论

在讨论鲍德里亚有关当代城市空间和建筑的批判之前，我们有必要对他的三种模式理论作一个简要的回顾。这是他的当代城市空间研究与文化批评的理论基石。

通过考察自文艺复兴以来人类的全部创造活动，鲍德里亚发现，在这个漫长的历史阶段，人类的创造活动模式依次经历了三种形态：模仿（仿造）、生产和仿真（仿像）。每一形态充分体现对应历史时代的社会发展状况和文化精神。模仿或仿造对应于文艺复兴之后至工业革命之前的人类创造模式；生产对应于工业革命之后的人类创造模式；仿真对应于后现代亦即数码时代或克隆时代人类的"创造"模式。

---

* 本文原载于《文艺理论研究》2012 年第 5 期。

文艺复兴作为欧洲历史发展的一个重要的阶段，并不只是产生了众所周知的古典复兴运动，更重要的是它产生了几个划时代的变革：一是新兴资产阶级的崛起引起社会结构巨变，最终导致了封建秩序的解体，贵族和僧侣阶层与新兴的资产阶级之间的隶属与等级关系为竞争和平等关系所取代；二是科学精神和人本主义哲学的兴起动摇了封建神学的根基，被封建神学禁锢的人性获得极大的张扬；三是由于前述两种变革，也由于古典文化中的自由精神的牵引，封建社会符号的专有性和禁忌性受到巨大挑战，从前为王公贵族和僧侣阶层所专有的符号，已经不再由这些人世袭或专擅。"竞争的民主接替了法定秩序特有的符号内婚制"[1]，可靠的符号和象征秩序的世界终结了，强制符号的时代终结了（纯粹的徽章即种姓象征的时代终结了）。这就为模仿或仿造在文艺复兴之后的流行提供了社会和文化基础。

因此，符号与地位、血统、名望和等级的分离，符号从定额分配到按需增生的转变，既是仿造的基本前提，也是仿造之肇始。那些定额分配的符号，本来是与真实相参照的符号，当它们被按需增生时，就成为真实的仿品、表象的游戏。

鲍德里亚认为，代表血统、名望、身份政治和社会资本的爵位以及相应的代表其身份地位的待遇和排场，在这个符号自由传播的时代，受到新兴资产阶级的追捧和仿造，如假牙、仿大理石室内装饰，就是起于这种身份竞争和符号认同的冲动、一种民主冲动。

鲍德里亚说，仿大理石和巴洛克艺术不仅体现了新兴资产阶级立志要充当"世俗造物主的抱负"，它也"是一切人造符号的辉煌的民主，是戏剧和时尚的顶峰，它表达的是新兴阶级粉碎符号的专有权之后，完成任何事情的可能性"[2]。

因此，在某种意义上说，仿造是一种政治冲动、文化冲动和艺术冲动（独特性）。它来自相对应的社会坐标和自然参照的控制，对模型（独一无二的原型）具有强烈的依赖性。

仿造遵循价值的自然规律，也就是说，在对需要的符号进行仿造时，总是按需定量生产，而绝对排斥过量繁殖。在仿造的时代，过量的繁殖和粗糙、拙劣的仿造，是没有立足之地的。因为符号（能指）一旦过量，其所指就立即衰减，这就直接影响了身份的认同；粗劣的仿造，因为会损害表象的完整性，削弱符号的信

---

① 波德里亚：《象征交换与死亡》，车槿山译，凤凰传媒集团，2006年，第69页。
② 波德里亚：《象征交换与死亡》，车槿山译，凤凰传媒集团，2006年，第70页。

誉度,自然也就没有市场。

进入大机器的工业时代之后,属于"手工操作"的作坊式的仿造,不再适应新的形势。大机器的轰鸣和高速运转的背后潜藏的是利润最大化的冲动,而不再是简单的认同冲动。作为新时代标志的生产这种模式就应运而生了。

生产的模式完全超越并且摒弃了仿造模式中的那种个体操作和谨小慎微。因为在机器的大规模生产过程中,表象和真实完全被吸收和清除了,一切都被简化了,不再有真实的坐标,不再有相似性的考量。因此,生产"建立了一种没有形象,没有回声,没有镜子,没有表象的现实"。在生产的模式中,"人们离开价值的自然规律及其形式的游戏,以便进入价值的商品规律及其力量计算"①。

鲍德里亚以仿造模式中的代表作品自动木偶和生产模式中的代表产品机器人为例,对两种模式作出了本质的区分。他认为,自动木偶是对人的戏剧性、机械性、钟表性的仿造,在这里,技术完全屈从于类比和仿真效果;最大限度追求与人的形象、动态甚至智力的相似性,是自动木偶存在的最基本的前提。因此,自动木偶其实就是人的类比物。由于自动木偶自始至终处在与人的比照中,因此,在这里,始终存在着差异性焦虑——因仿造与真实参照物之间存在的无法消除的差异性而焦虑;机器人则不同,它在本质上还是机器,完全受技术原则支配。随着机器而建立的是机器与人的等价关系,而非仿造与原型的类比关系(绝不追求相似性);是机器效率,而非表象的相似性。因此机器人其实就是人的等价物。由于机器人代表的是整个工业系统,而且不关注来源,不参照真实坐标,不关注表象,因此它与自动木偶不同,可以大量繁殖,而且是系列性等价物的大规模生产和繁殖——这些产品没有也不需要原型,产品之间还可以互相复制。所以鲍德里亚说:生产是"仿真世系中的一段插曲。确切地说,这段插曲就是通过技术来生产无限系列的潜在同一的存在(物体/符号)"②。

仿造是原型的延伸。因此,仿造的前提是必须有原型,而且是有种姓传统的那种原型或符号。只有这样,仿造才能够在一个由自然法则操控的世界中,上演存在和表象的形而上学大戏,玩弄形式的游戏。

生产是等价物或同质物的无限增殖。因此,生产的前提是原型消隐之后,技

---

① 波德里亚:《象征交换与死亡》,车槿山译,凤凰传媒集团,2006年,第75页。
② 波德里亚:《象征交换与死亡》,车槿山译,凤凰传媒集团,2006年,第69页。

术、机器与等价原则的在场和运作。只有这样，生产才能在一个力量和张力的世界中，上演能量和确定性的形而上学的大戏，玩弄功能的游戏和等价原则的游戏。

生产作为人类创造和建构大戏中的一段插曲，到后现代时期，很快就被仿真的模式所取代。

鲍德里亚的所谓仿真，就是一种模式性的复制生产和替换性增殖。它建立在客体可复制的二元模式基础之上。由于仿真的出现，"从此所有的符号相互交换，局部与真实交换"，许多"不可能的交换"也转化为可交换的了。

仿真既是一种循环的二元信号模式，一种信息无限增加的繁殖模式，也是一种似真幻觉的构拟形式。仿真在建构高效的、超级真实的现实与社会的同时也终结了原有的那种常态的、本真的现实与社会。

在当代这个所谓的代码时代，权力系统、社会结构、文化场域……举凡信息可能渗透的所有精神领域和实体空间，仿真的模式已然犹如基督教中的上帝一样无所不在。由于仿真的普遍介入，公众被迫成为徘徊在真实和虚拟之间的可怜的漂泊者。而上帝、人类、进步和历史都为了代码的利益而相继死亡，固有的价值体系和参照系统因代码的崛起而全然终结。

鲍德里亚对仿真时代数字技术给人类带来的速度愉悦、交流愉悦以及消费愉悦毫无兴趣，他看到的更多的是仿真和信息的无限增殖给人类和社会带来的极为严重的后果。

鲍德里亚认为，仿真引起的第一大恶果，就是当代人类因此而陷入了一个信息越来越多，而意义越来越少的窘境；第二大恶果，就是仿真越来越多，真实越来越少。我们的时代，被迫进入了一个严重的意义危机、真实危机、确定性危机和参照危机时代。

鲍德里亚认为，由于进入仿真时代，当代整个交流系统都从语言的复杂句法结构过渡到了问/答这种简单的二元信号系统，不断测试的系统。因此，测试和全民公决就成为仿真的完美形式：答案是从问题中归纳出来的，它事先就被设计好了。因此，"全民公决从来都只是最后通牒：这是单向问题，它恰巧不再是发问，而是立即加强一种意义，循环在这里一下子就完成了"①。

也就是说，在仿真的时代，或者说，在仿真的境遇中，测试和全民公决只是一

① 鲍德里亚：《象征交换与死亡》，车槿山译，凤凰传媒集团，2006年，第89页。

种精心策划的狡猾的民主骗局和政治表演,它其实只是装着向测试者发问,因为它已经预先设计和安排好了答案。它需要的是一种程序,即经常用作民主遁词的所谓程序公正——通过这种程序来加强这一政治策略的完满性和意义。鲍德里亚尖锐地指出,作为问答游戏,民意调查是政治游戏的替代性等价关系之镜:它参照的是公众舆论的镜像或仿真,由此,它充其量只是为公众舆论穿上民主的外衣,而实施的则是权力系统绝妙的社会控制。正因为此,鲍德里亚以反讽的语调断言,测试和全民公决乃至于作为生产力的想象之镜的国民生产总值,都是仿真最完美的形式。当问/答的循环模式延伸到所有领域时,仿真的表演也就如影随形地侵入同样的领域。于是,问题就凸显出来了:对一个像民意调查这样的诱导性问题而言,我们是否有可能得到不是仿真的回答?换句话说,在这个代码时代,即使我们向那些最诚实、最不会作假和作秀的生命如动物和植物提问,我们是否能够获得不做作、不仿真的回答?

在对仿造、生产和仿真三种模式进行认真区分的基础上,鲍德里亚重点解剖了仿真模式;通过剖析仿真,鲍德里亚为我们勾画了一幅悲凉的甚至带点绝望的人类社会和城市空间的图景:

我们的宇宙不再是一个和谐的宇宙,而是一个被仿真的仇恨(恐怖主义)所操控的宇宙;我们的城市不再是一种文化空间,而只是一种冷漠的代码空间;不是一种生活空间,而只是一种死亡空间;我们的建筑不再是一种富有审美价值的建筑,而只是对他者和自我的狂热的仿真。至于我们这个仿真在在皆是的社会,则完全变成一个不可救药的问/答循环的二元对话世界,一个权力系统以仿真之间来策动和操控公众的仿真之答的不真实的世界,一个权力和义务在仿真的象征交换中同归于尽的世界,一个以仿真的交换形式让权力自我摧毁并且自我埋葬的世界,当然,也是一个被技术所戏弄、所异化的扭曲的世界。

二、城市空间即代码空间与贫民窟之寓像

鲍德里亚同他的老师列斐伏尔一样,确信近代以来西方城市经历了一个从在空间中生产到对空间本身的生产的转化。不过,鲍德里亚所理解的空间的生产,与他的老师有所不同。他所说的空间的生产,主要是指仿真时代代码空间或曰数字空间的生产,而非实体的城市空间的生产。

鲍德里亚认为,过去,城市是工业空间、生产空间、剥削空间、警察空间、阶级

斗争空间，是政治工业的多边形；那时候，城市和社会具有密切的关联性，我们至少可以通过工厂和传统贫民窟那样的地理场所来揭示城市的本质与真相；但是，今天的城市与过去已经迥然有别，成了代码空间，处理和操作符号的空间。城市不再是实现和确证生产力的场所，而是实现差异性、进行符号操作的场所，甚至连冶金学（钢铁企业）也变成了一种符号制造术①（充当国民生产总值的符号）。当今一些新兴的城市，其城市规划蓝图的实现，都直接来自对需求和功能/符号的分析和操作，即对环境、交通、工作、休闲、娱乐、文化等符号/功能的分析和操作，这些代表需求和功能的符号在整体环境被视为同质空间的城市棋盘中进行着即时而频繁的转替与交换。这就使得城市景观学和人种学具有了密切的关联性。因此，今天的城市是符号、传媒与代码的多边形，它的真相不再像过去那样由工厂和传统的贫民窟这类地理学场所来表征，而是由形式/符号的生产与再生产，代码的循环并对城市空间的围困这一普遍的现实来表征。因此，"城市、市区，这同时也是一个中性化、同质化的空间，是冷漠的空间，是贫民窟不断遭到隔离的空间，是城区、种族、某些年龄段被流放的空间，是被区分性符号分隔的空间。每一种实践，每一个日常生活时刻，都被大量代码分配到确定时空。郊区或市中心的种族贫民窟只不过是这种城市形态的极端表达：这是一个巨大的分类禁闭中心，这里的系统不仅在经济上、空间上自我再生产，而且通过符号和代码的分化，通过社会关系的象征摧毁，在深度上自我再生产"②。

在鲍德里亚看来，今天的城市不仅是一种代码空间，更是一个意义极度匮乏的巨观贫民窟。在这个贫民窟中，在在皆是喧闹的电视节目和炫目的广告，到处都是忙碌的设计者和被设计者，编码者和被编码者，他们既消费又被消费，既娱乐又被娱乐，既运输又被运输。"城市生活的每个时空都是贫民窟，所有人都被相互连接。今天的社会化，或者更准确地说，今天的非社会化，正在穿过大量的代码，正在经历这种结构性的分配。"在今天这个时代，"系统可能会放弃生产性工业城市，即放弃商品和商品社会关系的时空……但系统不会放弃作为代码和再生产的时空的城市，因为代码的集中性正是权力的定义本身。"③

<hr />

① Jean Baudrillard, Iain Hamilton Grant, Mike Gane(trans). Symbolic Exchange and Death. Sage Publications, 1993: 77.

② 鲍德里亚：《象征交换与死亡》，车槿山译，凤凰传媒集团，2006 年，第 112 页。

③ Jean Baudrillard, Iain Hamilton Grant, Mike Gane(trans). Symbolic Exchange and Death. Sage Publications, 1993: 78.

在这个每个时空都是贫民窟的代码空间和权力空间中,活跃着涂鸦运动、大众传媒(广告与电视)和作为阅读原件的主体——他们在总体上的二元对冲的代码结构中体味着模式化的生活(比特或上传与载入生活)。正是这一切改变和定义了当代城市空间的本质。

20世纪70年代初纽约昙花一现但影响深远的涂鸦运动,曾经给艺术史家和先锋派艺术家带来长久的心灵悸动,但是,鲍德里亚却并不看重这一运动带来的任何与艺术和审美相关的价值。相反,他把涂鸦视为一种改写和颠覆旧有的城市坐标,重构新的城市空间的文化暴动。他对这一运动不只是一般的赞许,甚至有点欢呼雀跃,还带着一点幸灾乐祸,他说:涂鸦是"对城市的新式干预,不是把城市当作经济和政治的权力场所,而是当作传媒、符号和主导文化的恐怖主义权力时空"①。因此,从某种意义上说,涂鸦也是从一个特定角度(反向角度)对当代城市代码空间的确证。

鲍德里亚认为,新时代城市的新的价值结构以及权力运作方式,建立在代码的集中化、中性化和代码操作的差异化基础之上。涂鸦要重点对付的正是这种专制的符号政治,冷漠的代码模式。鲍德里亚列举出涂鸦的一个实例:SUPERBEE SPIX COLA 139 KOOL GUY CRAZY CROSS 136,指出:"SUPERBEE SPIX COLA 139 KOOL GUY CRAZY CROSS 136 根本没有意义,甚至不是一个专名,而只是一种意在搞乱公共指示系统的象征性注册号。这些词语根本不具有原创性,它们全都来自那些原本禁锢在小说中的连环画。然而,它们像一声尖叫、一声叹息、一种反话语一般,爆破似地冲破了禁锢,闯入现实,它们是一种包含句法、诗歌和政治谋划等各色内容的垃圾,是任何有条理的话语都无法理解的最小最基本的基元。它们因为自身意义的贫乏而玄奥难解,它们抵制一切阐释,一切含义的引申,不再意指任何人,也不再意指任何物。由于既无内涵又无外延,它们因此而逃离了意指原则,作为空洞的能指闯入城市的密集符号圈,在一触之间消解这些符号。"②

作为一种符号暴动,涂鸦以代码对代码的形式,不仅混淆和打乱了城市公共指示系统和代码体系,同时,在领地拓展和征服的意义上,颠覆了固有的城市空

---

① 鲍德里亚:《象征交换与死亡》,车槿山译,凤凰传媒集团,2006年,第112页。
② Jean Baudrillard, Iain Hamilton Grant, Mike Gane(trans). Symbolic Exchange and Death. Sage Publications, 1993:79.

间秩序和属地编目。涂鸦者就像某种冲进挂着"禁止入内"指示牌的他者的领地的动物，以涂鸦（如同动物的尿液）的方式，将已经解码（被领域化）的城市空间变为自己的领地，那些本来已经被定义、有归属的街道、墙面和小区，因涂鸦而被重新瓜分，重新定义，重获生命。换句话说，涂鸦把原来那些狭窄、肮脏，处于城市边缘的贫民窟延伸到了城市中心和交通要道，"它侵入了属于白人的城市空间，并且昭示，这才是真正的西方世界的贫民窟"①。涂鸦者以从边缘向中心渗透的方式，使城市整体上变为一个巨大的贫民窟寓像或仿真。

当涂鸦者以它们特有的符码形式把空间的贫民窟扩展到城市中心空间的时候，它们也把语言的贫民窟偷渡进了城市繁华带。因为涂鸦代表的始终是社会最底层群体的独特语言，是厕所文学的等价物或最能表征最下层平民最隐秘最淫邪的性想象的图腾文本。这种文本在城市繁华区冒险的散播和狂放的游动，为涂鸦者叛逆的狂欢赋予了一种晦涩而又淫邪的诗性，也给庄严而堂皇的城市空间增添了某种游戏性和反讽性。

涂鸦者不仅通过涂鸦为城市建筑文身，同时也为城市交通和移动载体文身。他们以独有的方式，把城市墙面、地铁车厢和公共汽车车厢变成了"身体"，"一种无始无终、完全被文字性欲化的身体"。"涂鸦者通过给各种墙面文身，把它们从建筑中解救出来，使它们回归那种仍然具有社会性的活跃物质，回归功能和体制标记之前那个运动的城市身体。当各种墙面经过文身成为古代模拟像时，它们的面积确定性就终结了。当地铁列车像炮弹或者像纹身至眼睛的蛇妖般一闪而过时，城市交通的镇压性时空就消失了。城市的某种东西重新变成文字之前的部落和岩画，带有非常明显的象征标志，但意义却丧失了——空洞符号肉体上的切口，这些符号述说的不是个体同一性，而是群体的秘传和参与：'第一场生物控制论自我实现的预言世界的纵欲狂欢'。"②

鲍德里亚极为欣赏涂鸦的进攻策略。他认为，由于市区是再生产和代码的场所，传统的力量关系在这里已经不再重要，因为符号运作依赖的不是力量关系，而是差异。因此必须用差异来进攻。涂鸦正是采用了以代码对代码，以差异对差异的策略——以涂鸦这种不可解码的绝对差异来摧毁代码的网络，粉碎被

---

① Jean Baudrillard, Iain Hamilton Grant, Mike Gane (trans). Symbolic Exchange and Death. Sage Publications, 1993:79.

② 鲍德里亚:《象征交换与死亡》，车槿山译，凤凰传媒集团，2006年，第112页。

编码的差异网络。鲍德里亚多么希望涂鸦能够摧毁这个讨厌的代码空间,然而,鲍德里亚显然过高地估计了涂鸦的力量与功能。今天,这个庞大的代码世界并没有"崩溃",照旧运转如故。冷酷的数码世界照样吸收隐喻和换喻的世界,仿真原则照样战胜了现实原则和快乐原则。资本照旧在定义人们的身份,星巴克照旧在定义城市生活。

鲍德里亚通过涂鸦者的涂鸦,反向阐释了当代城市空间的代码属性,不过,他对涂鸦这种恐怖主义空间暴动有了过高的期许,代码空间没有因涂鸦而崩溃,相反,它从一个独特的角度,确证了代码空间的无所不在。

三、现代城市空间即死亡空间

鲍德里亚曾经考察并且研究过许多欧美城市,比如巴黎、苏黎世、悉尼、里约热内卢、里斯本、罗马、威尼斯、巴勒莫、纽约、洛杉矶、拉斯维加斯、盐湖城、圣巴巴拉等,总体来说,他对当代城市空间,尤其是美国城市是极不满意的。他似乎非常乐于把被他蔑称为文化沙漠的美国的都市作为最糟糕的空间样板来解剖。他曾经以不无恶意的讽刺语调批评说:

> 如果说墓地不存在,那是因为现代城市在整体上承担着墓地的功能:现代城市是死亡之城,死人之城。如果说实用性大都市是全部文化的完成形式,那么很简单,我们的文化就是一种死亡文化。[①]

人类建筑和城市在其发展过程中,曾经经历过一个从重死(或非人)轻生(人)到重生(世俗化)轻死的过程:在古代,最辉煌最别致的建筑总是献给死者或神(非人)的,如古埃及金字塔和古希腊神庙。当人类普遍地感觉到自己也有权享用最美最好的建筑的时候,却是中世纪之后的事情了。但是,到了现代乃至后现代,随着城市的扩展,城市空间似乎开始了新一轮的循环,走向了人性的对立面,成为一种异化的空间。因此,鲍德里亚有理由认为:

> 目前低租金住房看上去很像墓地,而墓地则很正常地呈现出住房的形式(法国尼斯等地)。反过来,令人感叹的是,在美国的都市,有时也在法国的都市,传统的墓地构成城市贫民窟中唯一的绿地和空地。死人的空间成

---

① 波德里亚:《象征交换与死亡》,车槿山译,凤凰传媒集团,2006年,第196页。

为城市中唯一的适合居住的地方。这意味深长地说明了现代城市公墓的价值颠倒。在芝加哥，孩子在公墓玩耍，自行车手在公墓骑车，情人在公墓拥抱。哪个建筑师敢从目前城市布局的这一真理中获取灵感来根据墓地、空地和"被诅咒"的空间设计一座城市呢？这将真的成为建筑学的死亡。①

鲍德里亚揭示了当代社会和文化意识中的价值颠倒：活人失去了自己的生命活动空间，只有身体的居留空间；工作空间、娱乐空间和居住空间甚至交通空间(汽车)只不过充当着棺材的功能(收缩性的压缩生命和容留身体的功能)；死人反倒占据着巨大的生命空间，盘踞着"城市中唯一的适合居住的地方"。

城市空间，或者说人的空间，总体上被塑造成一种拥挤空间、封闭空间、焦虑和烦躁的空间，因而也就是死亡空间。而死人的空间却被塑造成开敞空间、绿色空间、景观空间，因而也就是生命空间。

鲍德里亚说：

> 在过去，物品被它们的替身(复制物)所威胁，现在，在某种意义上，物品被它们的第二家园所威胁。博物馆是艺术品的第二家园。大型购物中心和公共场所是商品和交换价值的第二家园。动物园是动物的第二家园。自由空间是自由活动的第二家园。色情聊天室是性的第二家园。总之，所有的屏幕是图形和想象的第二家园。建筑本身不也变成空间的第二家园了吗？②

自然空间是生命的第一家园。城市(建筑)是生命——从而也是自然空间的第二家园。正像博物馆对艺术品构成巨大威胁，商场对商品构成巨大威胁一样，建筑和城市对空间——自然空间和生命空间也构成了巨大的威胁：城市空间不再是生命最理想的栖息地，尤其不是近些年来人们津津乐道的荷尔德林式的诗意的栖息地(需要特别指出的是，中国开发商对荷尔德林产生了严重的误读)，而是充满了肃杀之气的拥挤、嘈杂和污染的死亡之所。

以此类推，在某种意义上说，曾经对人类文明作出巨大贡献的建筑学和城市学，现在已经背弃了它们曾经的美好理想和崇高使命，堕落成生态学和人类学

---

① 波德里亚：《象征交换与死亡》，车槿山译，凤凰传媒集团，2006年，第196页。

② Francesco Proto (ed.). Mass, Identity, Architecture: Achitectural Writings of Jean Baudrillard. Wiley-Academy, 2003：73.

（和人类）的敌人。

鲍德里亚认为，今天的时代既然已经变成了一个物的时代，那么，我们的世界就没法不变成一个物的世界，我们的城市自然就不可避免地要成为物的城市。因此，城市空间就只能成为物的空间，而非人的空间。

在今天这个消费社会，人类完全被物所包围，这些物不仅包括名车名表时装，也包括建筑空间。过去，为我所用的那些物，今天变成了人类的主宰：我们必须看物的眼色行事，我们必须按照物的韵律和它们不断的循环来生活。

鲍德里亚试图告诉我们，城市空间的生产和增殖，加速了物的蔓延和自然空间的萎缩，颠覆了生命的主体位置和文化的基本价值。因此人类不得不面临如此尴尬的现实处境：身为物役，心为魔役，人为鬼役。城市空间无非就是人类巨大的坟墓而已。

鲍德里亚对欧美城市表现出截然不同的态度——几乎对所有的美国城市都怀着深深的敌意。他对美国城市的这种激进的批判难免偏颇，但是，必须承认，不只是美国，其实许多现代或者说当代城市设计中确实存在太多的问题甚至危机，这些问题和危机不独美国为然，在中国尤然。

四、消失（隐/现）与诱惑：鲍德里亚的建筑美学逻辑

鲍德里亚对西方建筑的批判与他对西方城市空间以及对现代文化的批判是紧密联系在一起的。

尤其值得我们注意的是，大凡受到普通公众"注意"（attention）的建筑，几乎无一例外地遭到鲍德里亚毫不留情的抨击甚至炮轰。

被视为后现代主义或高技派建筑的典范之作的蓬皮杜艺术中心（波堡），在鲍德里亚的眼里，不过是"储存价值的神圣的垃圾堆（第5层）""反神圣性的自由表达的垃圾堆（广场）""大众模拟游戏的纪念碑""吸收和吞噬全部文化能量的焚尸炉""反文化价值的杰作"。[①]

鲍德里亚尖锐地讽刺说：

> 波堡是一个文化威慑（deterrence）的纪念碑，在这个只想保持人文主义

---

① Francesco Proto（ed.）. Mass，Identity，Architecture: Achitectural Writings of Jean Baudrillard. Wiley-Academy，2003：54,112.

文化幻想的博物馆脚本中，它简直就是一个文化死亡的精细加工厂，它也是一场把兴高采烈的公众聚集来这里的真正的文化追悼会。

他们因此而涌来这里。这里包含着一个关于波堡的超级大反讽：大众涌到这里来不是因为他们拜服于曾经拒绝了他们几个世纪的文化，而是因为他们第一次有机会堂堂正正地参与这个他们最终深感厌恶的文化的盛大的追悼会。①

大众涌入蓬皮杜艺术中心来看表演，看展览，看文化的卖笑，这丝毫不能证明这里的展品和表演的文化价值。因为"大众涌到这里看所谓的艺术，和他们带着同样的难以抵抗的热情涌入灾难现场一样"。

在鲍德里亚看来，作为文化和艺术博物馆的蓬皮杜艺术中心，无论从其外观还是内部功能来看，都可以视为一个反建筑和反文化的仿真形象，由于有了这幢建筑，人们就看到了一座仿真的、具有反讽意义的艺术博物馆的活标本，同时，人们也就有了受时尚感染的走进博物馆这种仿真的或模拟的行为。这座巨型博物馆是如此古怪（鲍德里亚称之为"怪物"），如此荒诞，如此畸形，理所当然地变成轰动世界的奇景怪象，因此，大众涌向这个地方，其实只有一个非常暧昧的动机，就是满足人类惯有的见证和体验古怪的好奇心，而在客观上，在这一过程中，大众在无意之中就操作并且见证了这里的文化和艺术的死亡。所以鲍德里亚说："蓬皮杜艺术中心的结果是，文化和交流全然被消灭。由于大众的原因，它变成了一个可怕的受操纵之物。"②

鲍德里亚对屈米的拉维莱特公园也给予了不留情面的批评。他说，当我们在参观拉维莱特公园时：

我们得到的印象是，仿佛我们正在观看闭路电视立体影像中不断重复的、极度乏味的情节和特效。有太多的毛细血管，太多的渗透性，太多的过渡，太多的联通导管，太多的润滑油和太多的交互性。疯狂和谵妄的最小公分母。……拉维莱特公园……假装要驱逐正在毁灭和荒化城市的邪魔。但是真正的图像却还是被毁灭的城市图像，真正的戏剧在这座公园和理想城

---

① Francesco Proto (ed.). Mass, Identity, Architecture: Achitectural Writings of Jean Baudrillard. Wiley-Academy，2003：116.

② Francesco Proto (ed.). Mass, Identity, Architecture: Achitectural Writings of Jean Baudrillard. Wiley-Academy，2003：141.

(the ideal city)上演。①

鲍德里亚认为,这种追求疯狂的效果,追求广告效应,靠装模作样来吸引公众眼球的建筑是对城市公共空间的亵渎和践踏,它们破坏了城市的整体性和韵律感:

> 那些混杂在都市和其周围的都市怪物(波堡、拉维莱特、拉德芳斯、巴黎歌剧院、巴士底狱)到底有何意义? 它们不是纪念碑,它们是怪物。它们证实的不是城市的完整性,而是断裂性,不是它的有机自然性,而是紊乱性。他们并没有为城市和交换提供一种韵律,它们像掷落在城市里的外星物体,像一场恐怖灾难中坠落的宇宙飞船。既非中心也非边缘,它标示出的是一种虚假的中心,围绕它的是一个虚假的势力圈……

> 正是在这样的空间,诞生了纯粹的建筑之物,这是一种不受建筑师控制的物体,它全面地否定城市和其功能,否定集体和个人的利益,却一味坚持自己的疯狂。这种东西没有等价物,也许只有文艺复兴时期的城市的傲慢可与匹敌。②

全世界儿童最向往的儿童乐园——迪斯尼同样受到鲍德里亚的批判:

> 迪斯尼乐园和它的扩展版是一种广义的同质化移植,是对外在世界和我们的精神世界的克隆,这种克隆不是采取想象的模式,而是采用病毒感染和虚拟的模式。我们不再是孤独的和被动的观众,而是互动的临时演员;我们是这个巨大的"真人秀"中的温顺的、被冷冻的成员。③

在鲍德里亚看来,这些建筑故作姿态,相互克隆,功能紊乱,全都是消费时代产生的广告式时尚怪胎。所以,鲍德里亚有些沮丧地说:"当代建筑的悲剧就是全球范围内对同类型的活的空间(作为有功能性参数的功能)无休止的克隆,对某种典型的或如画的建筑的克隆。最终的结果是,这些建筑物不仅没有达到总体

---

① Francesco Proto (ed.). Mass, Identity, Architecture: Achitectural Writings of Jean Baudrillard. Wiley-Academy, 2003: 73.

② Francesco Proto (ed.). Mass, Identity, Architecture: Achitectural Writings of Jean Baudrillard. Wiley-Academy, 2003: 54.

③ Jean Baudrillard's "Disneyworld Company", published on March 4, 1996 in the Parisian newspaper, *Liberation*.

方案（设定）的目的，甚至离那些小的设计目标也还差得远。"①

鲍德里亚之所以如此猛烈抨击当代西方建筑，除了他对当代建筑中广为流行的克隆和仿真的强烈不满之外，还有一个重要原因：他在当代西方建筑中看到了一种严重地背离他的理想建筑范式和标准的趋向。拉维莱特公园那种过度跳跃的俗艳的红色，那种与公园固有的自然性和和谐性相冲突的狂野，蓬皮杜艺术中心那种翻肠倒肚的搞怪，对鲍德里亚这位有着精英主义审美趣味的批评家来说，是绝对不可接受的。

鲍德里亚所期许的建筑，是那种含蓄而又明快、大气而又谦逊、深刻而又简洁且富有某种神秘感的建筑。他说：

> 依我看来，完美的建筑就是那种遮蔽了自己的痕迹，其空间就是思想本身的建筑。这也适合艺术和绘画。唯有彻底摆脱艺术、艺术史和美学的桎梏的作品，才是最好的作品。这也同样适合于哲学：真正有创造力的思考，是那种彻底摆脱了意义、深刻性和观念史的桎梏的思考，摆脱了真理性诱惑的思考……
>
> 随着虚拟维度的到来，我们已经失去了那种同时展示可见性和不可见性的建筑，也没有了那种既玩弄物体的重量和引力的游戏，又玩弄其消失的游戏的象征形式。②

所谓"遮蔽痕迹"，其实就是鲍德里亚的所谓消失（disappearance）；而"同时展示自己的可见性和不可见性"，其实就是鲍德里亚所赞许的理想建筑的双重性：一方面融入环境——消失、缺席或被遮蔽、不可见；另一方面呈现于环境、在场，展示可见性。正因为它能消失，所以它就能够诱惑。

这就是鲍德里亚关于建筑的美学逻辑：在缺席中在场；在消失中呈现；在时隐时现中诱惑。

而鲍德里亚所批判的那些建筑，则是他所鄙弃的、体现浅薄的注意（attention）美学的标本。

---

① Francesco Proto (ed.). Mass, Identity, Architecture: Achitectural Writings of Jean Baudrillard. Wiley-Academy, 2003:135.

② Francesco Proto (ed.). Mass, Identity, Architecture: Achitectural Writings of Jean Baudrillard. Wiley-Academy, 2003:135.

这些体现注意美学的建筑,不仅一味追求呈现,而且汲汲于醒目地、赤裸裸地展现。高大的体量,夸张的空间,狂怪的造型,骇人的效果,是这类建筑最突出特征。

而体现诱惑(seduction)美学的建筑却完全不同,那是一种知觉的游戏。它含蓄而又内敛,神秘而又平凡,消失而又呈现,融入环境之内而又呈现于环境之上,虽然不想被注意,却时常能引人注目,具有一种内在的诱惑力。

前一种体现的是一种视觉霸权,"是一种透明独裁,在这种透明独裁中,每一事物都使自己可见、可以理解",这种注意的空间"不再是一种看(seeing)的空间,而是一种秀(showing)的空间,特制的被看(making-seen)空间",换句话说,是一种故作姿态的空间,一种绑架观者的空间,一种强制的、专断的空间。或者,用鲍德里亚的话说,"是一种驱除、引渡和都市狂欢的场所"[1],一种体现意象暴力的场所。

后一种空间体现的却是一种整体的、具有历史感的思想空间。它既是具有特定意义的符号,又是一种具有某种神秘感的象征形式。正因为如此,它能够把公众转换为它的同谋;而在神秘的消隐和缺席中,在秘密(secret)的策略中,它又把自己变成大众的"情人"。

一个张扬而浅薄,另一个则内敛而深沉。一个在物理空间中填满,却毫无美学内涵;另一个以消失的方式在场,却满蓄着艺术的情韵。

曾经对诱惑作过精深的研究的鲍德里亚,不仅对诱惑别有会心,而且将诱惑视为理想建筑的核心。要诱惑,就必须有消失或缺席,同时也必须有出现或在场,正是在这种躲避与现身的并置和交替之中,在谜语与解谜的游戏之中,生成了建筑内在的、持久的魅力——诱惑的魅力。

鲍德里亚说:

> 诱惑不是简单的呈现,也不是纯粹的缺席,而是一种遮蔽的在场。它的唯一的策略就是同时出现/缺席,从而生成一种忽隐忽现的闪烁……在这里,缺席诱惑出现……[2]

---

[1] Francesco Proto (ed.). Mass, Identity, Architecture: Achitectural Writings of Jean Baudrillard. Wiley-Academy, 2003: 75.

[2] Jean Baudrillard, Brain Singer Trans. Seduction. Montreal: New World Perspectives & Ctheory Books, 2001: 85.

缺席是对出现的呼唤，出现又常常戴上缺席的面具。如此建筑，真的有中国传统美学所称道的空谷幽兰的味道。

鲍德里亚认为，法国建筑师让·努维尔的作品就是这种体现消失美学和诱惑美学的典范。

鲍德里亚最为赞许的，是努维尔设计的两幢建筑。一座是努维尔 1990 年设计的无极之塔；另一座是 1991—1994 年设计的卡迪亚基金会大楼。

无极之塔高 425.6 米，堪称当时的欧洲之最。当年本来已经在拉德芳斯凯旋门旁边破土动工，但是，由于技术和经济的原因，在花掉了 2 000 万法郎之后，这个工程最终还是夭折了。因此，这座巨塔其实只是一个纸上建筑，是一个乌托邦设计。可是鲍德里亚偏偏对这座建筑推崇备至。他说："虽然这个建筑只是一个方案，只有一种建造构想，它作为一个（诱惑）对象却是成功了，它不仅使自己变成事件，而且也使自己消失。由此观之，它是一个能够发挥诱惑力的对象，而且它能够发挥诱惑效能，部分的是通过消失的策略。这种策略，这种缺席的策略，绝对属于诱惑的序列，虽然，它事先根本没有任何刻意诱惑的企图。因此，对我来说，好的建筑，就是那种能够消失、隐没的建筑，不是那种假装知道如何满足主体需要的建筑。"[1]

鲍德里亚一直强调，建筑应该融入而不是有意地超拔于周围环境。努维尔的这个设计正好全面地满足了鲍德里亚的美学趣味。这座圆柱形塔楼的基底上包裹着一层未抛光的黑色花岗岩，中部则包裹着灰白色的抛光花岗岩，随着塔身向上空的延伸，颜色越来越浅，到上部时，由于外层采用了抛光铝、丝网印和透明玻璃，就形成了一种绝佳的空无透明效果。因此，由下往上看，就形成一种建筑消失于天空的知觉假象。这座建筑虽然十分高大，建筑师却设法将它的高大巧妙地遮蔽掉、消解掉。鲍德里亚的消失美学、诱惑美学，通过这座能够机智而巧妙地消失的建筑得到了完美的诠释。有些建筑拼命想要突出自我，想要超群绝伦，结果是大煞周遭风景。这座建筑却采取巧妙的隐身策略，既和城市环境展开对话，又对公众产生持久的审美诱惑力。[2]

---

[1] Francesco Proto (ed.). Mass, Identity, Architecture: Achitectural Writings of Jean Baudrillard. Wiley-Academy, 2003: 140.

[2] 糟的建筑到处是，好的建筑设计却不能实施，这使鲍德里亚极为失望，他甚至有些悲观地问建筑师努维尔："建筑师还有可能建造出成功的建筑空间吗？"Jean Baudrillard and Jean Nouvel, Robert Bononno (trans). The Singular Objects of Architecture. University of Minnesota Press, 2002: 51.

努维尔曾经向鲍德里亚表白过，他要设计的建筑，是那种有点难懂的、可以拓展我们视觉的"心理的空间，诱惑的空间"。卡迪亚基金会大楼是另一个诱惑空间。它不是一个像无极之塔那样的庞然大物，而是一个占地只有 69 965 平方英尺的中型建筑。努维尔通过在大楼的两边各加一层超出主体建筑露台好几米的巨型玻璃幕墙，保护了那棵据说是由著名浪漫主义作家夏多布里昂栽种的雪松，同时，通过玻璃的透明性和反射作用，创造了一种迷人的视觉游戏：消隐与呈现的游戏、遮蔽与袒露的游戏。通过玻璃的透明性，不仅消除了建筑本身内空间与外空间的障碍，而且创造了另一种消失和融合关系，称得上是鲍德里亚所说的诗性建筑。

鲍德里亚在诱惑建筑或消失美学之外，曾经提到诗性建筑这一概念。他说：

> ……我们可以相信，由于建筑也从场所精神出发，从场所的愉悦出发，并且考虑到通常会出现的偶然因素，因此我们可以创造另外一些策略和独特的戏剧效果。我们可以相信，只要我们反对这种对人类、场所和建筑的普遍的克隆，抵制这种普遍的虚拟现实的侵入，我们就可以实现我所说的环境的诗性转换，或转化的诗性环境，走向一种诗性建筑，一种戏剧建筑，一种文学建筑，一种根本性的建筑，当然，这是我们所有人仍然怀有梦想的那种建筑。[①]

鲍德里亚没有对诗性建筑这一概念作更进一步的解释，但是，从他有关建筑和城市空间的论述中，我们可以看到，所谓诗性建筑，不过是对消失美学和诱惑建筑的一种补充或升级罢了。诗性建筑最本质的东西，依然是消失/出现，设谜/解谜，融合/示现……这样的双极并置或交替的游戏。

鲍德里亚自己承认，他并不是一位建筑行家。建筑到底应该怎样发展，城市到底应该怎样发展，他是不可能贡献出具体的方案的。但是，在上述的分析中，我们可以看出，鲍德里亚确实从审美和生态的角度，为当代城市的发展、当代建筑的发展，提供了新的视野和思路。

总之，鲍德里亚深刻揭示了仿真时代真实性和意义的丧失，城市空间的衰朽和空间消费的悖谬，并且在仿真的肆行与空间的衰朽之间建立起一种因果逻辑。正因为如此，他迷恋于自己的诗性美学和诱惑哲学，希望以此作为解药

---

① Francesco Proto（ed.）. Mass, Identity, Architecture: Achitectural Writings of Jean Baudrillard. Wiley-Academy, 2003: 137.

来拯救在仿真和代码中迷失的城市环境和文化空间,并修复城市建筑应有的美学效能。

鲍德里亚对现代城市空间的诊断对城市管理者和设计者无疑具有警醒意义,他的抽象而又玄妙的解药在理论上说也许也颇具神效,可是此药非彼药,并不是谁都能够轻易掌握施药之法的。

鲍德里亚：建筑美学
关键词（一）*

鲍德里亚的建筑（或城市空间）美学思想在他的整个思想体系中占有重要地位。这不仅是因为他通过大量论文（和著作）①直接地深入地介入了建筑美学问题的讨论，更重要的是，他在论著中提出的许多重要概念，都或多或少地涉及空间和建筑问题；其中有些观点和概念，必须借助于这些建筑美学关键词，才能获得深刻而全面的把握，比如他最重要的仿真理论、诱惑理论等，如果单纯从论述这些理论的专著本身入手，要想进入鲍德里亚理论的堂奥，是相当困难的。

鲍德里亚创立的建筑美学概念多而杂，而且对有些概念，鲍德里亚自己也语焉不详，这里只能撮其要者，略加申论。

一、空间与本源性

鲍德里亚所谓的空间，在不同的语境中具有不同的含义。

当他从实存论的视角谈论空间的时候，空间就是作为建筑和城市的第一现场的空间。鲍德里亚在其著名论文《美学的自杀》中开宗明义的第一句话就是：

> "让我们从空间开始，这毕竟是建筑的第一现场；让我们从空间的本源性（radicality）开始，即从空无（void）开始。"②

但是，当他说要从空间的本源性考量空间的时候，他在很大程度上是将空间还原到最原初的自然性，还原到一种"空无"空间（empty），"什么都没有的"

---

* 本文原载于《现代哲学》2013年第2期。

① 如《独异的建筑体》（英文版2002）、《大众认同建筑》（英文版2003）、《模仿与仿真》（英文版）、《艺术的阴谋》（英文版2005）、《冷记忆》（英文版1990）和《美国》（英文版1988）等。

② Francesco Proto（ed.）. Mass Identity Architecture：Architectural Writings of Jean Baudrillard. Wiley-Academy，2003：125.

(nothingness)的空间。

如果说空间的本源性就是空间的原始自然性，宇宙的未被触动的状态，未被人类搅动的状态，那么，在鲍德里亚这里，建筑的本源性则是建筑的初始性，或者说原始性，即劳吉尔所还原的最原始的建筑原型，有点类似于树屋或棚屋原型。

鲍德里亚的本源性还有另外一层含义，这就是在回归建筑最原始的现场的同时，回归到前建筑理论和前艺术理论状态，也就是说根除我们所执著的一切建筑的和艺术的甚至美学的历史的观念，进入一种绝对的、无任何理论框框限制的"自动写作"，或"反建筑"（反现存的平庸建筑观）写作，使建筑真正回到鲍德里亚所称许的那种"无意识的本源性"。鲍德里亚说：

> 有一种建筑一直存在着，而且已经存在了上千年，却并无任何"建筑的"概念。人们自发地、随心所欲地设计并营造其居住环境，他们以这种方式创造空间，全然不是为了被人凝视。这些东西根本没有任何建筑学的价值，甚至更准确地说，也没有任何美学价值可言。甚至当下，我喜欢的一些城市，特别是美国的一些城市就包含这样一些因素：你在这些城市转来转去，却从不在意任何一座建筑。你来这里就如同在沙漠旅游一样，你不会沉迷于任何关于艺术和艺术史、美学和建筑这种精细的观念之中。应该承认，这些建筑是为了多种目的而建造的，但是，当我们偶然与它们相遇时，这些建筑很像是一些纯粹的事件和纯粹的物体，它们使我们又重新回到了空间的原初现场。在这个意义上，它们充其量只是反建筑的建筑①……

鲍德里亚的话语通常包含着一种二元对立的修辞风格。要么是明确的对照，如真实与虚假的对照；要么是隐晦的比较。当鲍德里亚在强调空间和建筑的原初性和本源性的时候，其实就是对当今这种没有足够的"空"的拥挤的城市空间的讽刺，和对城市缺乏"消失"感的炫耀性的"垂直秀"建筑的批判。

鲍德里亚对美国圣巴巴拉城市空间的评价，可以作为他固执地要把我们拉回到空间的原初现场的注脚：

> 在圣巴巴拉芳香四溢的山坡上，所有别墅都像殡仪馆。在栀子花和桉树之间，在植物的多样性和人种的单一性之间，是乌托邦之梦被现实终结的

---

① Francesco Proto (ed.). Mass Identity Architecture: Architectural Writings of Jean Baudrillard. Wiley-Academy, 2003: 131.

悲剧……所有的住宅都具有坟墓的特征，但是，在这里，伪造的宁静是彻底的。绿色植物可耻地四处蔓延，像极了死亡的纠缠。落地玻璃看起来就像白雪公主的玻璃棺材，苍白矮小的花丛像得了硬化症似的延伸开来，房屋里面、下面、四周是数不胜数的技术装置，仿佛医院里的输液和复苏管线，电视机、立体音响、录像机保障了与外界的交流，小汽车（或好几辆小汽车）保障了与殡仪馆式的购物中心，即超市的连接，最后还有妻子和孩子，作为成功的光彩夺目的象征……这里的一切证明事物最终找到了它的理想的家园。①

这里的空间、建筑、环境，包括室内布局，一切都看上去很美，但是，在鲍德里亚看来，却已经完全失去了空间和建筑应有的本真性和原初性。

其结果就是，城市空间变成了一种富有反讽性和悲剧性的矛盾空间：居住空间变成了死亡空间，而死亡空间反而成了最理想的居住和生活空间。

鲍德里亚就曾不无反讽地评价欧美现代城市：

如果说墓地不存在，那是因为现代城市在整体上承担着墓地的功能：现代城市是死亡之城，死人之城。如果说实用性大都市是全部文化的完成形式，那么很简单，我们的文化就是一种死亡文化。②

又说：

目前低租金住房看上去很像墓地，而墓地则很正常地呈现出住房的形式（法国尼斯等地）。反过来，令人感叹的是，在美国的都市，有时也像法国的都市，传统的墓地构成城市贫民窟中唯一的绿地和空地。死人的空间成为城市中唯一的适合居住的地方。这意味深长地说明了现代城市公墓的价值颠倒。在芝加哥，孩子在公墓玩耍，自行车手在公墓骑车，情人在公墓拥抱……③

鲍德里亚借用并发挥了巴塔耶的"过剩"观念，认为当代城市的人造空间已经过剩，而且从个体建筑物来说，也都过于夸张，大大超越了正常的需求。正是

---

① 鲍德里亚著：《美国》，张生译，南京大学出版社，2011年，第50-51页。
② 鲍德里亚著：《象征交换与死亡》，车槿山译，译林出版社，2006年，第196页。
③ 同②。

由于这种过度，城市空间走向了人类的反面。

与此同时，在虚拟的和心理的意义上，鲍德里亚又定义了另外两种空间：一是代码空间，一是错觉空间。这两种空间也正好从正反两个方面深化了实体空间所存在的困境。

代码空间是另一种过剩，是信息的过剩。在这样一种过剩之中，我们进入了所谓数字化的符号（代码）空间。在代码空间，一方面我们利用符号——差异的符号来操作，一方面我们又被这些符号——差异的符号所操纵。这里有的是"自动控制、模式生成、差异调制、反馈、问/答"[1]，有的是虚拟、仿真和过量的符号增殖。

在看似先进的数字技术时代，在看似美妙高效的代码空间中，我们却遭遇了技术对人类自身的反讽。在无数被编码了的预定选择中，我们却被剥夺了选择权；在海量的真实信息中，我们却无法筛选出需要的信息。即使像全民公决这样严肃而重大的事件，在当代整个交流系统都从语言的复杂句法结构过渡到了问/答这种简单的二元信号系统和不断测试的系统之后，现在已经变成了仿真的完美形式：答案是从问题中归纳出来的，它事先就被设计好了。因此，"全民公决从来都只是最后通牒：这是单向问题，它恰巧不再是发问，而是立即加强一种意义，循环在这里一下子就完成了。每个信息都是一种裁决，例如来自民意调查统计的信息"[2]。也就是说，在仿真的时代，或者说，在仿真的境遇中，测试和全民公决只是一种精心策划的狡猾的民主骗局和政治表演，它其实只是装着向测试者发问，因为它已经预先设计和安排好了答案。它需要的是一种程序，即经常用作民主遁词的所谓程序公正——通过这种程序来加强这一政治策略的完满性和意义。[3]

代码空间在另一种意义上，在科技和智能意义上，把人类和真实的生活隔绝开来。代码空间使人类进入了"信息越来越多，而真实越来越少"的尴尬境遇。

在这里，鲍德里亚证实了意义过剩、技术过剩是如何将人类推进了仿真的深渊。

而在论及错觉空间时，鲍德里亚看到的却不再是一种过剩，而是一种不足、

---

① 鲍德里亚著：《象征交换与死亡》，车槿山译，译林出版社，2006年，第80页。
② 鲍德里亚著：《象征交换与死亡》，车槿山译，译林出版社，2006年，第89页。
③ 万书元《空间的衰朽》，《文艺理论研究》2012年第5期。

一种缺乏，人们在城市空间中感到的一种诗意的匮乏，一种审美心理体验的缺失。当代城市给人的印象不是壅塞，就是填满。因此鲍德里亚希望城市建设更多地使用减法，甚至缺损法，消失法，错视法。城市和建筑设计要更多些空灵。唯有运用空灵，城市空间才会富有诗意，才能兑现诱惑效能。关于这一点，后文还将进一步论述，此处不赘。

二、秘密与诱惑

鲍德里亚认为，真实的有品味的空间或建筑，是那种潜藏了秘密的空间或建筑。因为有秘密才能诱惑。诱惑是空间或建筑的本质效能。

空间（建筑）要有秘密，就不能一味地强调其示现功能，甚至眩惑或炫耀功能，用鲍德里亚的话说，这种做派，只能算是单纯体现"秀"（show）和注意（attention）的动作，是一种粗野的广告效能，与城市美学无关。

那些炫耀性的所谓"注意性"建筑之所以被视为令人厌恶的空间暴力，是因为它粗野地挤占了城市应有的审美空间，而且是以直挺挺的、沉默的、僵硬的冷面，傲慢地拒绝并且连根拔除了观者对话的冲动。

鲍德里亚说：

> 我是在审美化意义上讲到文化问题，我反对那种毫不回避损失的审美化，不回避目标的丧失、秘密的丧失的审美化。秘密是艺术作品和创新产品所蕴含的东西，是比美学还要重要的东西。秘密不能以审美的方式被揭破。①

因此，赤裸裸的表现，透明的展示，甚至卖弄，都是与秘密，从而也是与诱惑风牛马不相及的东西。

秘密需要有同谋；要有同谋，就必须使秘密处于不被触动不被揭破的状态。在设计者、空间设计（或建筑设计作品）与观者三者之间，存在着一种有待开发的潜在的同谋关系。当然，只有高明的设计者可能并且有能力坚守他和观者之间的密约，保持一种持久的同谋关系。

但是，同谋并不意味着审美主体和客体（包含客体与客体）的齐心协力与和

---

① Jean Baudrillard and Jean Nouvel，Robert Bononno（trans）. The Singular Objects of Architecture. University of Minnesota Press，2002：19.

谐一致。诱惑空间就其本质而言，根本就不是一种和谐的、统一的或一致（consensus）的空间，而是在某种程度上具有竞争性的"双极空间，它必须把一个对象置于与现实的秩序——包围它的可见秩序——相对抗的境遇。如果这种双极性不复存在，如果双方没有发生交互性，没有这种境遇，诱惑就不可能发生。在此意义上，成功的建筑体存在于自己的现实之外，它是一个创造了双极关系的对象，这种双极关系，不仅要借助于（视觉）偏移、矛盾和运动方式，而且还要将所谓真实的世界和它基本的幻觉直接对立起来，才能实现"[1]。

此外，建筑或空间的秘密必须处于一种激活的状态。只有处于一种激活状态，它才能充分发挥诱惑的审美效能。

鲍德里亚认为，要做到这一点，建筑或空间作品就必须表演同时出现和消失的游戏，同时在场和缺席的游戏。

鲍德里亚说：

> 随着虚拟维度的到来，我们已经失去了那种同时展示可见性和不可见性的建筑，也没有了那种既玩弄物体的重量和引力的游戏，又玩弄其消失的游戏的象征形式。[2]

因此要恢复已经失去的这种审美游戏，展示维里利奥所说的那种"消失的美学"。[3]鲍德里亚说：

> 诱惑不是简单的呈现，也不是纯粹的缺席，而是一种遮蔽的在场。它的唯一的策略就是同时出现/缺席，从而生成一种忽隐忽现的闪烁……在这里，缺席诱惑出现[4]……

单纯的消失和单纯的出现一样，都是对诱惑的一种毁灭。只有在显与隐，即与离的交互运动之中，即在秘密的、优雅的闪烁之中，或者说，在所谓之间（between）之中，诱惑才会有所依傍，并可获得充分展现。同时，建筑客体和审美主体，建筑客体和环境，才能在巧妙的运动中建立起一种真正的对话关系。

[1] Francesco Proto (ed.). Mass Identity Architecture: Architectural Writings of Jean Baudrillard. Wiley-Academy, 2003: 25.
[2] Francesco Proto (ed.). Mass Identity Architecture: Architectural Writings of Jean Baudrillard. Wiley-Academy, 2003: 135.
[3] 鲍德里亚只是借用了维里利奥的这个概念。
[4] Jean Baudrillard, Brain Singer (trans). Seduction Ctheory Books, 2001: 85.

鲍德里亚认为，完美的建筑就是那种遮蔽了自己的痕迹，其空间就是思想本身的建筑。[①] 所谓"遮蔽痕迹"，其实就是体现鲍德里亚的所谓消失（disappearance）美学的建筑，也就是能够"同时展示自己的可见性和不可见性"的建筑：一方面，建筑融入自身的环境——消失、缺席或被遮蔽、不可见（一种收敛性）；另一方面，建筑呈现于环境、在场，展示可见性（也是一种竞争性）。正因为它能消失，所以它就能够诱惑。

这就是鲍德里亚关于建筑的美学逻辑：在缺席中在场；在消失中呈现；在时隐时现中挑逗、诱惑。

但是，鲍德里亚的诱惑美学，在当代这个广告泛滥的媒体时代具有相当大的空想性，甚至可以说，这是他构拟的又一个美学乌托邦。

因为多数建筑师、开发商甚至城市管理者所考虑所追求的，恰恰是一种固执的，甚至是粗暴的非消失的注意美学，或者说广告美学。

鲍德里亚的诱惑美学思想形成于 1980 年（*De la séduction*）至 2000 年（*Les Objets Singuliers: Architecture et Philosophie*）之间。而在他出版《论诱惑》时，欧美已经开始进入媒体时代，建筑师也正在绞尽脑汁地寻找如何在媒体的喧嚣中突出（而绝不是消失）自我的妙法。

著名解构主义建筑师，同时也是解构主义哲学家德里达的建筑设计合作者埃森曼在 1980 年代后期就曾表示，"一切都在向我们证实，现实已经媒体化了。现在，人们甚至不再愿意花一分钟时间来观看商品广告了……一分钟之内，你就可以看四个广告。这就是凝聚（condensation）[②]，弗洛伊德的另一个术语。强大的凝结力，使一个广告只需 15 秒即可播完"[③]。在这种情况下，原本属于强的形式的建筑，现在就变成弱的形式，被铺天盖地的广告所遮蔽。如何从广告的包围中突围，就成为摆在建筑师面前的一大难题。

所以，建筑师屈米等人提出，要通过建筑创造"事件"（event）[④]，同时创造本

---

① Francesco Proto（ed.）. Mass Identity Architecture: Architectural Writings of Jean Baudrillard. Wiley-Academy，2003：131.

② 凝聚，或称凝结（condensation），是指在同一个梦境中多个或多种心理欲望往往被综合地组织在一起。

③ Peter Eisenman. Strong form，Weak Form. Archtiture in Transition: Between Deconstruction and New Modernism，ed. Peter Noever，Munich：Prestel，1991：37.

④ Bernard Tschumi. Event Architecture. Archtiture in Transition: Between Deconstruction and New Modernism，ed. Peter Noever，Prestel，Munich，1991：37.

雅明所说的"震惊(shock)效果"①。这可以部分解释形体狂怪的建构主义建筑在 20 世纪 90 年代前后突然兴盛的原因，也可以解释当今东方国家热衷于创造世界最高楼的原因。

建筑不仅要在实体空间中与户外广告争奇斗艳，而且要在虚拟世界——媒体世界与广告一决雌雄。因为，像埃森曼一样，建筑师们相信，现实中不再存在看客，只有电视观众。对电视观众来说，实体的建筑是虚假的、不可靠的；虚拟的建筑，或者是被媒体化的建筑，才是真实的。而要被媒体化，唯一的办法，就是创造事件：建造最高或最怪楼之类，或者创造破碎或狂怪的形体。

所以鲍德里亚不免有些失望地感叹：

> (当今)建筑最狂野的冲动不是别的，就是建造怪物；不是确证城市的完整性，而是分裂性；不是确证城市的有机自然性，而是非反生态性。它们没有赋予城市和城市的更新以应有的节奏；它们只是一些从莫名的太空灾难中掉落的碎片……它们的吸引力不过是那种使观光客惊异的方式……②

建筑师的出位冲动已经并且还将继续挑战鲍德里亚的诱惑美学。这在消解鲍德里亚的美学的同时，似乎从一个特定角度确证了这一美学的真理价值。

三、错觉与诗意(poetic)

错觉，在鲍德里亚这里，是诱惑的一个要件，也是诗意的一个要件。

鲍德里亚对"仿真"和"内爆"怀有很强的戒心，为了不使读者在他所褒扬的错觉和所鄙弃的虚拟现实之间产生相似的"错觉"，他对二者进行了区分。他说：

> 错觉与虚拟现实不同。虚拟现实，在我看来，是超度现实(hyperreality)的同谋，即是一种强制的，透明的可见性，是一种屏幕空间，心理空间③，等等。错觉是意指其他东西的符号。在我看来，你(指设计卡迪亚基金会大楼的建筑师努维尔——引者)所设计的最好的东西，就是那种可以透过玻璃屏幕欣赏的建筑(也是能够产生错觉的建筑——引者)。正是因为你创造了这个有点

---

① 这也正是鲍德里亚说的那种危险的"挑逗性诱惑"。

② Francesco Proto（ed.）. Mass Identity Architecture：Architectural Writings of Jean Baudrillard. Wiley-Academy, 2003：75.

③ 鲍德里亚称虚拟现实为心理空间，显然也混淆了错觉的概念——引者。

像颠倒的宇宙的东西，你就必须彻底摧毁这种完满感，充分的视觉感和你所强加于建筑之上的意义超载。①

错觉其实是无中生有。无中生有的前提，就是空间设计上的空灵或不足或策略性的缺失。因此，错觉是实觉的美学分泌物，是空间"留白"的剩余价值。就主体方面而言，就是可以从建筑客体中接收到似乎比实觉更多的信息，也就是建筑师努维尔所说的那种"有点难懂的、并非一览无余的空间，那种可以拓展我们的视觉心理空间的作品"②。

错觉也可理解为在话语的战术性停滞（或中断，沉吟）之后听者对言说者的创造性的误解。

虚拟现实却完全是另一种东西。它是建立在数字技术基础上的仿真。它一方面比错觉显得更真实、更细腻，一方面更虚假更具有欺骗性。在建筑中，虚拟现实往往意味着虚假的美学许诺。一个屏幕里的美轮美奂的虚拟建筑，往往就是一个难以实现的乌托邦。但是它通常用作绑架业主的美丽借口。正因为如此，鲍德里亚警告说，随着建筑的虚拟时代的到来，建筑的危险也显现出来了——"这个危险是，建筑不再存在，根本不再会有建筑这东西"③。

鲍德里亚通过将虚拟现实和哲学进行类比，总结道：

> 将现实置于视角中是一种哲学直觉，因而没有任何"否定主义"的味道。至于虚拟，在对现实的技术性清除举动中，它才是真正的否定主义。④

也就是说，虚拟是真实的死敌。因为它以真实的许诺的形式——美丽的许诺的形式终结了真实。

如果说虚拟现实只是代表一种暗含否定性的真实的许诺或愿景，那么，Trompe l'oeil，即错视画，就是一种暗含戏谑性的逼真的假象。古希腊画家宙克西斯的葡萄和塞壬女王的歌声一样，都属于一种妖法，而且是要命的妖法。宙克

---

① Francesco Proto (ed.). Mass Identity Architecture: Architectural Writings of Jean Baudrillard. Wiley-Academy, 2003: 26.

② Francesco Proto (ed.). Mass Identity Architecture: Architectural Writings of Jean Baudrillard. Wiley-Academy, 2003: 23.

③ Francesco Proto (ed.). Mass Identity Architecture: Architectural Writings of Jean Baudrillard. Wiley-Academy, 2003: 132.

④ Jean Baudrillard, Cool memories V, trans Chris Turner, Polity Press, 2006: 32.

西斯的葡萄差点要了因贪嘴而上当的鸟儿的命①，塞壬女王则不知要过多少贪耳的"音乐听众"的命。不过，错视画玩的是视觉或审美心理的游戏，它主要是以模仿战胜或替代现实或真实的方式，确证艺术创造的潜力、极限的潜力。但错视画只能诱惑眼睛，却无法征服精神；塞壬女王玩的却是政治学游戏，她用音乐打造了一座温柔而至美的陷阱，所有追求美的人最终都无法逃脱她恶的圈套。

错觉，建筑或城市空间中的错觉，如果说有什么承诺，那只能是审美的承诺。它不以取代实觉或真实为目的。它只是在实体空间中循环并且作为实体空间的美学拓展，或用鲍德里亚在《物体系》中的说法，作为空间的"氛围"的烘托，增加空间的灵动感和诗性。

鲍德里亚说：

> 错觉是一个世界特性，它通过物质的二律背反结构，保留着消除能量和使能量非物质返回的可能性。错觉是那种通过强制回复……保留化为乌有的及超越"物质"客观的可能性的意识的特点……②

这里的二律背反，在视觉和心理上的表现，显然就是出现与消失的互动。所谓"消除能量"就是对象在空间中的消失，"能量的非物质返回"，就是对象在空间中的"再现"（reappearance）。

消失与出现的替换形式，就是错觉与真实（实觉）的对话。一般而言，在空间中，真实睡眠之际，也就是错觉出现之时。但错觉不是对真实的遮蔽，而是对真实修辞、升华和诗意的转换。

因此，错觉是空间诱惑力的主要来源，或者，是空间诱惑产生的原因。而"诗意"，则是诱惑的结果。

鲍德里亚说：

> ……我们可以相信，由于建筑也从场所精神出发，从场所的愉悦出发，并且考虑到通常会出现的偶然因素，我们可以创造另外一些策略和独特的戏剧效果。我们可以相信，面对这种对人类、场所和建筑的普遍的克隆，面

---

① 悖谬之处在于，宙克西斯的拿葡萄串的小孩却不能吓跑鸟儿，这成为宙克西斯拟真功夫不够的证据。帕尔哈奥斯遮盖画布的绘画却迷惑住了宙克西斯本人，正如三国画家曹不兴的苍蝇迷惑住孙权一样。
② 鲍德里亚：《完美的罪行》，王为民译，商务印书馆，2000年，第61页。

对这种普遍的虚拟现实的侵入，我们依然可以实现我所说的环境的诗性转换，或转换的诗性环境，走向一种诗性（poetic）建筑，一种戏剧性建筑，一种文学建筑，一种本源性的建筑，当然，这是我们所有人仍然怀有梦想的那种建筑。①

很显然，所谓诗性或诗意建筑，不过是对消失美学和诱惑建筑的一种补充或升级罢了。诗性建筑最本质的东西，依然是消失/出现、设谜/解谜、融合/示现……这样的双极并置或交替的游戏。

但是，鲍德里亚诗意的转换或诗意的操作最核心的东西，还是在空间设计中对"空白"（nothingness）的妙用。鲍德里亚说：

> 要让一个建筑物有一个存在的理由，也就是说它不会勾起破坏它的欲望，即使是想象中的欲望，它必须自身懂得赋予空白的直觉，以及一种有别于玻璃的透明直觉。②

这里，鲍德里亚强调了两个关键点：一是坚决反对满盈的空间设计，倡导类似于中国画的"留白"，计白当黑，因为空白是想象力，也即错觉的源头活水；二是要创造一种有别于玻璃的透明的直觉，要透明，而不要玻璃式的透明。这里可以看出他对现代或后现代建筑的玻璃幕墙的反感和拒绝，因为玻璃的空白依然是一种虚假的空白，正如错视画中的屋中窗户，只是僵硬的墙体的一种掩饰而已。鲍德里亚需要的是真正的透明，真正的属于"无物之阵"的空无。他说，"诗意的操作就是使空白（nothingness）从符号的权力下升起"③。

只有在空无之中，缪斯的猫头鹰才会起飞。

鲍德里亚在考察美国城市洛杉矶后感慨道：

> 在这个国家中，城市与村庄并不是抵御沙漠的避难所，而是给沙漠提供了保护地。它们并不筑起堡垒来抵御沙漠，而是把沙漠纳入房屋的网格中，或纳入房屋庭园中，那里有着同样的沙尘，在一片夯实的土地上，骆驼、驴子、孩子和女人自由地来来往往。空间从未被分配给住宅。任何建筑物难

---

① Francesco Proto (ed.). Mass Identity Architecture: Architectural Writings of Jean Baudrillard. Wiley-Academy, 2003: 137.

② 鲍德里亚：《冷记忆 5》，张新木、姜海佳译，南京大学出版社，2009 年，第 41 页。

③ Jean Baudrillard. The Conspiracy of Art. Semiotext(e), 2005: 28.

道不应该从空隙中汲取灵感，并使空隙以这种方式循环起来，而不是把空隙驱逐到一片今后被占领的城市空间里吗？我们不需要去穿越空间，而是空间应该穿越我们，就像庄子的刀穿越牛骨节的间隙那样。①

人类空间应该积极地拥抱自然空间，回归自然，让自然来穿越我们，而不是让城市或人造空间屏蔽自然。这就是鲍德里亚的空间辩证法。

鲍德里亚对沙漠表现出一种挥之不去的迷恋，他甚至有一种死也要死在沙漠中的执著。他说：

> 无法想象在寂静的沙漠以外的地方死去。尤其不要消失在嘈杂和狂热中。重新找回唯一的自由，即空间的和空白的自由。②

从这里，我们看到，鲍德里亚又回到了他思想的原点。因为消失—错觉—诱惑—诗意，所有这一切，还是基于对现代文明的反自然性的反思和批判。而沙漠本身不仅是空白的标本，更重要的是对现代文明的对照和反讽。

鲍德里亚说：

> 美国文化是沙漠的继承者。这里的沙漠并不是大自然的一部分——并不是被定义为城镇的对立物的大自然的一部分，相反，它们充当了整个人类社会环境的虚空的表征和极端裸露的表征。同时，它们也将人类社会视为虚空的隐喻，将人类的全部成果视为沙漠的延续，将人类文化视为幻境和永恒的仿真（即假象——引者）。
>
> 自然的沙漠把我从符号的沙漠中解放出来。它们教我同时阅读表面和运动，地质和静止。它们创造了一种全新的界面，在这个界面中，城市、关系、事件、媒体等所有一切全部被清除了。它们使我对符号与人的沙漠化产生了激情澎湃的想象。它们确定了文明活动失效的心理边界。它们处在欲望的范围之外。我们应该始终呼吁沙漠来抵抗意义的过剩、文化意图和追求的过剩。沙漠是我们的神秘的操盘手。③

当代城市空间疯狂的蔓延，水平的和垂直的蔓延，其实就是典型的"意义的

---

① 鲍德里亚：《冷记忆 5》，张新木、姜海佳译，南京大学出版社，2009 年，第 47 页。
② 鲍德里亚：《冷记忆 5》，张新木、姜海佳译，南京大学出版社，2009 年，第 67 页。
③ Jean Baudrillard. Amerique. Paris：Editions Grasset & Fasquelle, 1986：126-127.

过剩""文化意图和追求的过剩"，当然也是文明的过剩。而沙漠，在这里则成了现代文明的解药或阻隔器。

　　鲍德里亚的美学价值取向偏向于原始主义和精英主义。他对当代城市（与建筑）和空间的诊断，是空间过于满盈（所以人造空间过剩），技术过于追新（文明过剩，所以有仿真和代码过剩），空灵的诱惑空间或错觉空间却严重匮乏。所以他主张摒弃一切理论，回到空间的本源性，回到建筑的本源性，回到总体的原始性（颇类席勒所描绘的素朴状态），以挽救因追求过满而堕落的（过度技术化）的空间，创造富有诗意的错觉空间和诱惑空间，重建城市的和谐与灵动，丰富与生机。

8 鲍德里亚：建筑美学关键词（二）*

我在《鲍德里亚：建筑美学关键词》（《现代哲学》2013年第2期）一文中，主要介绍了鲍德里亚论及的与建筑有关的三组关键词，即空间与本源性，秘密与诱惑以及错觉与诗意。写完之后，感觉意犹未尽，因此，在这里再介绍几个关键词。我相信，这会帮助那些对建筑美学有兴趣的读者对鲍德里亚的建筑美学观获得更全面的了解。

一、真实

真实（vérité，形容词性 réel）是鲍德里亚理论中极其重要的概念。

在鲍德里亚的著述中，真实所指涉的对象和范围远远不限于建筑，举凡社会、文化、历史、艺术、政治等等，都无不与真实相关。

一般人很难想象，建筑这种直观、具体、实实在在的东西，怎么还存在真实不真实的问题呢？但是，如果认真阅读鲍德里亚著作，你就会明白，建筑这种与国家政治、经济和文化密切关联的东西，确实存在着需要我们认真思考和严肃对待的真实性问题。

鲍德里亚曾经在多篇（部）文章（著作）中论及建筑的真实性问题。在《美学的自杀》一文中，鲍德里亚问道：

> 当我们面对最本源的空间（即空无——译者）时，我们还有可能创造一种真实（truth）的建筑吗？①

---

* 本文原载于《艺苑》2013年第1期。

① Francesco Proto（ed.）. Mass Identity Architecture：Architectural Writings of Jean Baudrillard. Wiley-Academy，2003：125.

鲍德里亚一直对社会进化论和人类进步观抱着谨慎的怀疑态度。从原则上说，他认为当代科技与文明的进步大大超过了人类所应享受或所能承受的限度，也就是说，超过了正常的、自然的需求。另一方面，他对当下的各种理论，包括建筑和艺术理论都表现出强烈的怀疑甚至不屑。因此，他总是劝说人们回到最原初的状态来考量我们的生活、建筑和艺术。

在考量空间和建筑时，鲍德里亚认为，我们首先就应该回到空间的原初现场，回到文明之前，回到宇宙还没有被人类打上自己的印记时的那种原始的自然状态，在此前提下，再考量如何规划空间和设计建筑的问题；另一方面，他又要求在抛弃所有建筑理论的前提下，回到建筑的原初现场，回到原始人类最初建立的那种最原始的棚屋状态。他认为，在这种情况下所规划的空间，所设计的建筑，才有可能是真实的，才有可能是合乎人类本真需求和建筑的本质的。否则，则很有可能是虚假的(fausse)。①

图 8-1　纽约世界贸易中心

这样，我们就不难判断，鲍德里亚所谓建筑的真实，其实就是建筑与人性和环境的自然的契合，建筑与美学规律的自然的甚至是先验的契合。现代与后现代的建筑，无一例外地体现了"多"与"过"。正是这种不断增殖的"多"与"过"，加剧和激化了建筑的不真实（这里还包括不务实与不切实，缺乏针对性和效率的问题）。

受到鲍德里亚严厉批评的许多建筑，如巴黎蓬皮杜艺术中心

---

① Francesco Proto (ed.). Mass Identity Architecture：Architectural Writings of Jean Baudrillard. Wiley-Academy，2003：131.

图 8-2　巴黎蓬皮杜文化艺术中心

图 8-3　巴黎拉维莱特公园

图 8-4 生物圈 2 号

和拉维莱特公园，纽约世贸中心，亚利桑那生物圈 2 号[①]，甚至迪斯尼乐园等，都属于鲍德里亚所厌恶的需求过剩，从而产生了不真实效果的建筑空间。

鲍德里亚虽然承认自己对上述建筑确实抱有比较浓厚的兴趣，但是却对它们的真实性提出了质疑：

我们这个伟大时代的大多数建筑物——这些类似于天外坠落物的建成物，它们有何真实性（truth）？如果我考虑像世贸大厦这样的建筑的真实性，我会想，即使在 20 世纪 60 年代，那时的建筑就已经在生成那个超级真实社会和时代的侧影了，尽管那时实际上还没有数字化，这座建筑就已经有了两条极像计算机的穿孔纸带（punched tape）的双塔了。但就其双晶形式而言，我现在可以说，世贸双塔早就被克隆过了，因此这座建筑确实有点像一个"原创性"死亡的预言。那么，这个双塔会不会是我们时代的预言呢？莫非建筑师们不是居住在现实里，而是生活在社会幻梦中？莫非他们生活在某种预期的错觉中？或者说，他们只不过表达了我们这个世界已经初露端倪的东西？正是在这个意义上，我才问"建筑存在真实性吗"这个问题，我这么问的意思是想知道，建筑和空间中是否存在着某种靠超感觉设定的目的呢？[②]

鲍德里亚认为，我们时代大多数建筑物都类似于"天外坠落物"，是一种异形；这种异形的东西，对我们的时代来说，就是一种不真实。因为它们不符合时代的功能需求和审美需求。它们只片面体现了夸张和过剩，或者说体现了某种

① 生物圈 2 号（Biosphere 2）是美国建于亚利桑那州图森市以北沙漠中的一座微型人工生态循环系统，因把地球本身称作生物圈 1 号而得此名，它由美国前橄榄球运动员约翰·艾伦发起，并与几家财团联手出资，委托空间生物圈风险投资公司承建，历时 8 年，耗资 1.5 亿美元。1991 年建成，3 年后宣布实验失败。

② Francesco Proto（ed.）. Mass Identity Architecture：Architectural Writings of Jean Baudrillard. Wiley-Academy，2003：126.

耸人听闻的"事件性"或广告性。此外，从原创性角度来说，尤其是就世贸中心来说，那种自相缠绕的自我复制和自我克隆，在克隆技术尚未为世人所知之前，就已经预先透露出这种克隆与复制的负面信息。因此，鲍德里亚有理由断言，纽约世贸中心既是原创性死亡的预言，又是真实性衰亡的预言。

建筑真实性的衰亡，与建筑中的仿真和虚拟紧密相关。为了不至于出现过多的重复，我将在下述关键词——"仿真"与"虚拟"的讨论中，对真实（或真实性）问题作进一步论述。

二、仿真

"虚拟"（virtual）是鲍德里亚批判理论中的一个非常重要的观念，其所指和真实的概念一样，也比较广泛，但重点是用来指称信息技术、新媒体、克隆和人工智能等现象。鲍德里亚原本把人类自文艺复兴以来的整个社会经济活动（主要体现为图像的生产）划分为三个大阶段，即模仿（simulation，一作仿造）、生产（production）和仿真（simulacre 仿像）。又称为三大序列，仿真被称为第三序列，虚拟则被称为"第四序列"或"积分现实"（integral reality），类似于后仿真阶段，或仿真的最新的阶段。①

鲍德里亚说，模仿是文艺复兴到工业革命的"古典时期"的主要模式，遵循的是价值的自然规律，即以真实的模型为摹本，以真实性为原则，按需产出仿造品；生产是工业时代的主要模式，它遵循的是价值的商品规律，即争取利润的最大化，它虽然似乎也有模型，但是它决不追求与模型的相似性，而是等价性，因此，它主要是批量生产；第三阶段的仿真干脆就彻底抛弃了模型，它遵循的是价值的结构规律。鲍德里亚在《仿真与模仿》中讲述了博尔赫斯小说中的地图测绘员完成的那幅令人叫绝的完美的国家地图在沙漠上朽烂之后，对仿真作了非常精彩的论述：

> ……现在，被抽象出来的不再是地图、副本、镜子或某种概念。（仿真）所仿的也不再是国土、指涉物或实物。仿真是用一种没有本源或现实的真实模型生成东西，即超真实。国土不再先于地图，它没有地图长寿，故此地

---

① 鲍德里亚在 1981 年出版的 *Simulacres et Simulation* 中，对 1976 年出版的 *L'échange symbolique et la mort* 中的观点略有修正，把仿真视为第四阶段。

图先于国土,仿真先行,地图生成国土。如果今天必须重回这则寓言之中,那情形就颠倒过来了：是国土的碎片在地图上慢慢腐烂了。烂掉的是真实,而非地图。残存在沙漠中的是我们的遗迹,是真实自身的沙漠,而非帝国的废墟。①

图 8-5　迪斯尼乐园——城堡

在这里,鲍德里亚指明了模仿和仿真之间的一个重大区别：模仿是先有原型或模型,后有摹本；仿真正好相反,是先有仿真,后有原型。在模仿中,是摹本模仿原型。在仿真中,却是原型模仿仿真。换句话说,在模仿中,摹本(或艺术)模仿真实；在仿真中,真实(或现实)模仿仿真(或艺术)。

鲍德里亚说：

在迈进一个不再存在真实曲率也不再存在真理曲度的空间时,当所有的参照物都被清除时,仿真时代就开始了。更为严重的是,由于这些参照物在符号系统中被人为复活,材料(matériau)比意义更具可塑性了：它能适应所有的对等系统、所有的二元对立和所有的组合代数。这已不再是模仿或复制问题,甚至也不是戏拟的问题,而是一个关于用真实符号代替真实本身

---

① Jean Baudrillard. Simulacres et Simulation. Galilée，1981：10.

的问题,就是说,用双重操作阻止一切真实过程。这是一个程序化的、亚稳态的、完美的描述机器,提供一切真实的符号,阻隔一切真实的变化。真实永远不再有机会生产自身了,这是模型在死亡系统里的根本功能,甚至是预期的复活系统的致命功能,但是不会给死亡留下任何复活的机会。因而,超级真实离开了想象的庇护,离开了真实与想象之间的全部差异的庇护,只为模型的轨道重现和仿真的差异生成留出空间。①

按照鲍德里亚的观点,唯有在真实和相关参照物消隐之际,才是仿真登场之时。仿真"已不再是模仿或复制问题,甚至也不是戏拟的问题,而是一个关于用真实符号代替真实本身的问题"。仿真犹如物体的影子,它完全抹除了物体本身,却用物体的影子来代替物体的真身。

鲍德里亚认为,迪斯尼乐园就是仿真序列中最完美的样板。它引以为骄傲的、最具有吸引力的篇章——迷幻村、魔山、海洋世界、海盗、边界和未来世界,作为愉悦儿童的魔法世界和幽灵游戏,其关键要素就是异度空间的仿真和陌生体验的仿真(游戏)。迪斯尼创造的所有这些仿真空间和仿真境遇乃至仿真游戏,全都没有来源,没有历史。它虽然是失去了真身的影子,却比真身显得更真实,更让人兴奋和更具有刺激性。

迪斯尼不仅创造了完美的仿真空间,创造了系列性的横跨全球的仿真宇宙,最终把它变成了全球化的仿真空间,而且,更重要的是,它创造了仿真的经验和仿真的激情。鲍德里亚不无反讽地说:

> 迪斯尼乐园这个想象的世界既非真也非假,它是一个延宕机器,试图以逆反的形式恢复虚构现实的活力。于是便有了衰微的想象力,童稚性的退化的智力。它要成为一个儿童世界,它要使我们相信,成年人的世界在别处,在"真实的"世界里。它试图掩盖孩子气无处不在的事实;有些成年人自己尤其想到迪斯尼乐园当一回孩子,以便激活自己童心未泯的幻觉。②

当儿童以自己的方式进入迪斯尼乐园的仿真境遇的时候,成年人也没有闲着,他们也试图到这里来唤醒自己已经沉睡了的童心,来体验一下迪斯尼世界特有的仿真激情。鲍德里亚在评价巴黎蓬皮杜艺术中心时,曾经说过,大众进入蓬

---

① Jean Baudrillard. Simulacres et Simulation. Galilée, 1981: 11.

② Jean Baudrillard. Simulacres et Simulation. Galilée, 1981: 27.

皮杜艺术中心这一行为本身，就具有某种仿真性。那么，我们同样可以说，无论是儿童，还是家长以及其他成年人，他们来到迪斯尼乐园，来到这个巨大的仿真空间，其行为本身是否也具有相当大的仿真性呢？

三、虚拟

虚拟即虚拟现实（virtual reality），是人们利用计算机对复杂数据进行可视化操作与交互处理的一种全新方式。虚拟现实利用电脑模拟生成一个三维虚拟空间，可以使观者或使用者通过视觉、听觉、触觉等感官的模拟，体验身历其境的感觉。

鲍德里亚很早就注意到，虚拟使我们进入了一个完美的克隆和拷贝我们世界的过程。虚拟的技巧预示了无止境地复制的前景。[1] 虚拟在某种意义上说是一种终极控制系统，因为它不是试图控制世界，而是试图生产一个替代品、复制品或克隆物以便抛弃世界。[2]

鲍德里亚承认，虚拟具有某种潜在的积极意义，它至少会给人们带来新的自由。[3]

但是，另一方面，鲍德里亚也注意到，虚拟使人类面临着巨大的危险。虚拟作为一种以"高清晰度"为特征的"单纯消失的加速运动"，"在启动世界自动消失码时也耗尽了所有可能性"。[4] 虚拟"是对思维、场景、爱情的原始幻觉的终结，对世界及其愿景（而不是其再现）的幻觉的终结，对他者、对善、对恶、对真和对假的幻觉的终结，对死或不惜任何代价生存的原始幻觉的终结：所有这些都在远距离实在中，在实时中，在最新技术中消失了"[5]。"带着虚拟的实在及其所有的后果，我们走到了技术的尽头"，"在星辰熄灭之前，我们就会在实时和虚拟的实在之中被分裂。"[6]

在鲍德里亚看来，虚拟已经成为人类用最先进的技术终结自身的完美形式。

虚拟对建筑与空间设计会产生怎样的影响呢？对此，鲍德里亚的态度有时

① Jean Baudrillard. The Vital Illusion. Columbia University Press，2000：8.
② Richard G. Smith. The Baudrillard Dictionary. Edinburgh University Press，2010：237.
③ Richard G. Smith. The Baudrillard Dictionary. Edinburgh University Press，2010：237.
④ 鲍德里亚：《完美的罪行》，王为民译，商务印书馆，2000年，第28页。
⑤ 鲍德里亚：《完美的罪行》，王为民译，商务印书馆，2000年，第36页。
⑥ 鲍德里亚：《完美的罪行》，王为民译，商务印书馆，2000年，第36-37页。

候显得有些暧昧。

图 8-6　西班牙毕尔巴鄂古根海姆博物馆（弗兰克·盖里）

比如，当他在论及弗兰克·盖里设计的西班牙毕尔巴鄂古根海姆博物馆时，似乎并没有一味地反对。他认为，这座建筑完全可以称为虚拟建筑的原型。"建筑师把许多备选的元素和模度汇聚在计算机上，以便通过微调程序或改变计算比例，创造出上千个同样的博物馆。它同它的内容，即艺术作品和收藏的联系完全是虚拟的。这个博物馆既有着令人惊奇的动感结构和非逻辑的线型，也有毫不出奇的、几乎是常规的展示空间，它只不过象征了一种机械表演，象征了一种应用性的脑力技术。现在，不可否认，它绝不仅仅是任何一项旧技术，也绝不仅仅是物（object）的奇迹，而是一种实验奇迹，可以与那种探索身体奥秘的生物遗传学匹敌（这种科学探索将会造出一大堆克隆物和妖怪）。古根海姆博物馆就是一个空间妖魔，是一种以技术优势战胜建筑形式本身的机械产品。"①

至少在盖里的这个设计中，鲍德里亚承认了虚拟手段给建筑带来的多种可能性，它包含了一些"令人惊奇"的东西，"是一种实验奇迹"，但是，他同时指出，这件作品是"一个空间妖魔，是一种以技术优势战胜建筑形式本身的机械产品"，是一种有可能根除原创性的"机械表演"，正如他自己谈及这座博物馆之前所坦言的，"所有建筑形式也可以通过电脑储存的图片库或以常规形式或以别种形式'复活'，剩下的唯一要做的，就是为这些复活的建筑形式配上功能。结果，建筑不再与任何形式的真实性或原创性相关，只不过是一种单纯由形式和材料拼合而成的技术效能"②。

① Francesco Proto (ed.). Mass Identity Architecture: Architectural Writings of Jean Baudrillard. Wiley-Academy, 2003：132-133.

② Francesco Proto (ed.). Mass Identity Architecture: Architectural Writings of Jean Baudrillard. Wiley-Academy, 2003：132.

但是，从总体来看，鲍德里亚对建筑中的虚拟，同他对建筑之外的虚拟的看法是一致的。他认为，虚拟不仅会使真实终结、世界终结，同样也会使建筑走向终结。

鲍德里亚说：

> 我们在现时代面临着另一种维度，在这个维度里真实性和本源性的问题不再出现，因为我们已经进入了虚拟现实（virtual reality）。然而这里存在着极大的危险，这个危险是，建筑不再存在，根本不再会有建筑这个东西。①

鲍德里亚认为，艺术、建筑这些东西之所以能够存在，并且能够健康地发展，最重要的原因有三点：

第一是它们具有原创性。原创性是艺术和建筑的生命。

第二是它们有秘密，有秘密就是有魅力，能诱惑，能给人带来审美的享受。

第三是真实，没有真实，原创和秘密就没有存在的价值和意义。

运用虚拟技术的所谓虚拟建筑之所以"存在着极大的危险"，其主要原因即在于它与上述三个要点的冲突。也就是说，由于它是一种可以被无数次调用的数据形式和编码形式，它已经完全丧失了原创性魅力，它有的只是充满惰性的重复，丧失的却是创造的活力；由于"只是视野中一种运算符（operator）"，只是"一种屏幕建筑（screen-architecture）"②，因此，它已经"是一种不再有任何秘密的建筑"③；而由于它过多地运用科技手段，以提前预支的形式过早地兑现承诺，以虚拟的真实取代事实或现实，因此，它包含着深刻的不真实和不诚实。如此一来，它就已经变成或堕落为一种没有存在的根据和理由的建筑了。

虚拟建筑到底是否存在着鲍德里亚所说的这么严重的问题和危险，今天我们暂时还无法作出准确的判断或结论。但是，我们必须承认，建筑和艺术中过多的科技的侵入，确实形成了技术对艺术（包括建筑）和审美的剥夺。科技在为艺

---

① Francesco Proto (ed.). Mass Identity Architecture: Architectural Writings of Jean Baudrillard. Wiley-Academy, 2003: 131-132.

② Francesco Proto (ed.). Mass Identity Architecture: Architectural Writings of Jean Baudrillard. Wiley-Academy, 2003: 132.

③ Francesco Proto (ed.). Mass Identity Architecture: Architectural Writings of Jean Baudrillard. Wiley-Academy, 2003: 132.

术和建筑带来新的活力和美的风格的同时，也确实极大地削弱了艺术和建筑固有的品质，也极大地削弱了人性的东西，甚至也从消极的方面改变了艺术与建筑创作的方式。鲍德里亚对虚拟建筑，包括仿真手段，也许有一点反应过敏或反应过度，但是，他对当今艺术和建筑创作中技术过剩的担心，对建筑的真实性缺失的担心，对我们今天的建筑设计乃至城市设计和艺术创作，还是很有警醒意义和启示意义的。

9 时尚与建筑

——兼论鲍德里亚的时尚理论*

一

时尚是时间的游戏。

但是，时尚并不像我们想象的那样，有多么久远的历史。按照鲍德里亚的说法，时尚是和文艺复兴一起出现的。[①] 因为在这个时期，新兴资产阶级的崛起和旧贵族阶层的衰落引起了社会结构的剧变。其结果是，贵族的种姓制和与之伴随的特权符号已经丧失了过去那种神圣不可侵犯的封闭性，所有代表贵族地位的符号，倏忽之间，变成了新兴贵族阶级竞相仿造的对象。这就是为什么鲍德里亚断言，仿造和时尚在文艺复兴时期同时出现的原因。

在文艺复兴时期，新兴资产阶级不仅在服饰和一般生活方式上（例如假牙）仿造贵族风格（贵族时尚），而且在建筑上模仿更古的贵族乃至帝王宫殿风格。

可以说，整个文艺复兴时期的建筑（包括雕塑）活动，就是一场模仿古希腊罗马建筑的时尚活动。但这一活动实际上包含了三种既具相似性又颇具差异性的方面：

第一是摹古以创新的时尚。

这一种时尚，主要是在建筑的形制、整体风格上彻底地去哥特化，去直高性，去神圣性，从而对古希腊罗马风格进行严格的模仿，同时在建筑中输入一种世俗性和人文性。在终结旧风尚的同时，开创新时尚。在这一方面，圣马可广场可称为最经典的例子。

＊ 本文原载于《艺术百家》2012 年第 6 期。

① 鲍德里亚著：《象征交换与死亡》，车槿山译，译林出版社，2006 年，第 68 页。

图 9-1　威尼斯圣马可广场

第二是更具有当代性的科技时尚。

建筑的发展不仅与文化和艺术的发展紧密相关，同时，也与科技的发展密切相关。文艺复兴时期，不仅建筑的结构技术获得了长足的进步，建筑材料科技也获得了较大的进展。其中的一个标志，就是仿大理石的出现。天然大理石本来是古代帝王和贵族特定的符号，人造大理石的出现，为这一符号的交换和流动提供了便利。鲍德里亚曾经激动地欢呼"这是世俗造物主的抱负，即把任何自然都转变为唯一的、戏剧性的实体，以此作为资产阶级价值符号下的统一社会性，超越各种各样的血统、等级和种姓。仿大理石是一切人造符号辉煌的民主，是戏剧和时尚的顶峰，它表达的是新阶级粉碎符号的专有权之后，完成任何事情的可能性"[1]。鲍德里亚不仅揭示了文艺复兴时期的时尚先驱们在用新材料（仿大理石）模仿古典建筑时体现出来的科技智慧，同时也提示了时尚冲动背后的民主和解放意味。

第三是具有当代性的文化时尚。

一般人认为，建筑主要是一种与艺术和审美相关的物质性的，或者说经济性的活动，它至多只是在审美或艺术趣味方面与时代的思潮发生关联。但是，至少

---

[1]　鲍德里亚著：《象征交换与死亡》，车槿山译，译林出版社，2006 年，第 70 页。

对文艺复兴时期的建筑而言,情况远不止于此。

文艺复兴是一个大概念,在建筑领域,整个文艺复兴时期,以西班牙和意大利(英、法的情况大为不同)为例,主要经历了三次重大的变革,或者说时尚的交替:第一次变革,是取代哥特风格的文艺复兴风格(或者说古典主义风格);第二次是取代文艺复兴风格的巴洛克风格;第三次是取代巴洛克的洛可可风格。

在文艺复兴后期,当新材料和新工艺——例如仿大理石、水晶吊灯——被大量运用于建筑之中的时候,尤其是当打破和谐和对称的线脚、断面以及涡卷被大量运用于建筑立面的时候,一种新的时尚就开始登场了。这就是著名的巴洛克。但是,巴洛克的形成,在很大程度上说,不是像一般人所误解的那样,仅仅是缘于建筑本身或美学本身的变革动因。事实上,在相当大的程度上说,来自宗教内部的迫切需要,来自天主教改革(著名的"反宗教运动")的迫切需要。由15世纪末16世纪初在西班牙和意大利发起的天主教改革,急切地需要重新树立天主教的权威,塑造教会的新形象。在经过了差不多一个世纪的宗教改革的话语实践和体制实践之后,改革家们的注意力逐渐转向更具有直接的视觉冲击力的教堂上。

于是一种更具有立体感和空间感,同时更具有运动感,更富有宗教幻觉效果和戏剧效果的建筑风格就应运而生了。

巴洛克教堂建筑通过把建筑的眩晕效果推向极致,在教堂空间与氛围中释放出一种穿越世俗灵魂的魔力,这使得罗马教皇一统天下教宗的宏大抱负找到了美学的支撑。像哥特教堂一样,在经历了几个世纪的反抗和变革之后,巴洛克使建筑美学再度回到了宗教的怀抱。

但是,当巴洛克发展到中后期,变成了跨越包括建筑、雕塑、绘画乃至音乐……整个艺术领域的时尚之后,它就真的变成了一种自主的美学运动,

图9-2 圣卡罗教堂(波洛米尼)

甚至是充满血腥、暴力性的文化了。

这大概可以说是时尚和建筑的第一轮邂逅。

二

差异是时尚的原因，也是它的效果。

时尚本来就是一种分类学。时尚要使自身从大众之中分出，从而变成一个具有差异性的他者。当它真正实现了他者的宏愿之际，也就是实现了它的差异效果之时。

但是时尚绝对不是消费社会或符号社会的隐士，绝不会让自己在喧嚣的尘世间隐没（当然，隐士其实也不是真正要隐没）。它的策略是用差异来诱惑，来驾驭，甚至来奴役所有愿意为差异殉情的牺牲者。它需要表演，需要流行，更需要大量跟风的乌合之众。

时尚是差异意识和差异形式的先占者。惟其擅先占之名，挟先占之威，方可掌流行之道，控时尚之势，在速朽、多变的时尚游戏中，立于不败之地。

鲍德里亚说："时尚令人惊异的特权来自这样一个事实：在时尚中，世界的消解是最终的消解。能指唯一的差异游戏在这里加速，变得明显，达到一种仙境——丧失了一切参照的仙境和眩晕。从这个意义上说，时尚是政治经济学的完成形式，是消除商品的线型性的循环。"[①]正是差异性的蛊惑和眩晕，诱惑了追随流行的大众，正是大众对时尚这剂甜蜜的迷药的迷恋，使得时尚在差异的新旧游戏中变成了市场以及政治经济学的完成形式。

时尚的最佳载体是服饰。时尚的英语 fashion 这个词，本意就是"服饰"。在服饰领域，时尚的游戏更加精致，更具身体性，自然也就更具有感官的魅力。

但是，文艺复兴之后，当贵族和新兴资产阶级的地位进行了难以逆转的置换之后，时尚不仅从服装扩展到建筑领域，甚至进入了思想领域。

三

建筑和时尚自从在文艺复兴时期有了第一轮的邂逅之后，在其后几乎每一

---

① 鲍德里亚著：《象征交换与死亡》，车槿山译，译林出版社，2006 年，第 125 页；同时参照 Jean Baudrillard. Symbolic Exchange and Death, Translated by Iain Hamilton Grant. Sage Publications, 1993：87。

个时期都会以不同的规模重演,比如,新古典主义、折中主义、新艺术运动等等,但是,影响最大也最为深远的,是晚近的一个长轮次的邂逅,或者叫做世纪的邂逅(也可以看成数次的时尚变幻):从现代主义到后现代主义(解构主义)的几次风格转换。

如果说服饰领域的时尚更多的是一种审美趣味的游戏,那么,建筑领域的时尚却要复杂得多。因为建筑如果是时尚,它就是人类所有时尚中最昂贵的时尚。因此,单纯从审美趣味上来解释,显然是缺乏说服力的。

西方,尤其是欧洲,在19世纪中期确实发生了许多重要的、具有革命性意义的事件,比如印象派对经典绘画的挑战(马奈等),奥芬巴赫对传统爱情歌剧的解构,波德莱尔对传统道德和价值观的反叛等。但是,所有这一切,还不足以撼动西方传统建筑美学的根基。从19世纪中后叶到20世纪最初的十多年,是现代主义形成的最关键的时期。而这一时期真正影响建筑的,是两次大的社会灾变。

第一次是1871年10月8日美国芝加哥由一头奶牛引起的一场通天大火,把市区8平方千米的地区烧成灰烬。这场大火直接催生了高倡功能主义的芝加哥学派和接近现代风格的简约主义建筑。

隐藏在功能主义背后的是灾后重建的紧迫性(时间性)和经济性(节约)。紧迫的时间和窘迫的经济都不容许建筑有任何多余的装饰趣味和铺张浪费,而短期内提供尽量大、尽量多的空间的要求,则直接促进了最早的向空中垂直发展的摩天大楼。

第二次则是1914年在欧洲爆发的世界大战。如果说芝加哥学派已经使现代主义在美国初露端倪的话,那么,第一次世界大战的爆发(其实大战之前两年,战争已经在巴尔干半岛燃烧不息了),则使芝加哥学派的功能主义大举进入欧洲,成为战争之中和之后欧洲城市建设的基本准则。第一次世界大战一方面造成大量的城市建筑被毁,经济极度衰落,城市平民流离失所;另一方面,又促使大量的难民涌入城市。一方面,城市空间需求猛然增大;另一方面,城市空间在战争炮火下又不断减少。欧洲对建筑空间的急切的、刚性的需求,迫使城市管理者和建筑师选择简约之道,皈依沙利文的功能主义。

因此,包豪斯最后能够扬名立万,使建筑的国际风格成为时尚,成为欧美乃至全球建筑的主流话语和风格,其实应该追溯到这两次重大的社会灾变,并追溯到芝加哥学派。

图 9-3　慎行大厦（Prudential Building，路易·沙利文）

图 9-4　波特兰市政厅（格雷夫斯）

现代主义建筑（国际风格），如果它是时尚的话，那就是在灾难之中崛起的时尚。这是一种代表国家表情的宏大叙事和超级时尚。作为时尚，它在不经意之间，又成为城市或国家的政治与经济的同谋。在这里，我们就不难理解何以鲍德里亚说"时尚是政治经济学的完成形式"了。

作为一种时尚，国际风格在世界范围内流行了相当长时间，几乎有半个世纪之久。直到20世纪70年代后现代主义建筑突然登场，新的建筑时尚才又一次取代了旧时尚。

如果说现代主义（国际风格）是一种几乎

完全与传统文化断裂的美学和时尚,那么,后现代主义就是一种反断裂的弥合性和修复性的美学。在这个意义上,我们不妨把后现代的"后"读作"前",因为后现代建筑的实质,就是由后向前回溯,越过现代主义,回到更古老的过去。因此,后现代主义是一种新的复古主义和拟古主义。

图 9-5　古根海姆博物馆(弗兰克·盖里)

图 9-6　迪拜风中烛火大厦(扎哈·哈迪德)

自从后现代主义登场之后，多种
新的时尚，如新现代主义、智能主义、
生态主义、解构主义等也先后登场。
这些流派和后现代主义最大的不同，
是采取了一种反向操作的形式。当后
现代主义（包括新古典主义、新地方主
义、新理性主义等）回归历史，回到过
去的时候，它们却是昂首未来，瞻望未
来。它们和后现代主义之间形成的美
学张力，为当代建筑增添了活力和
魅力。

图9-7　氢化酶（卡勒鲍特）

时尚是时间的游戏，也是循环的游戏，上述两种互为反向的时尚是对时尚的
时间性和循环性最好的注脚。一边要建立文化与时间的连续性，玩经典与怀旧
的游戏；另一边则要建立文化与时间的跳跃性和非连续性，玩未来美学和创新的
游戏。自此之后，在建筑领域，时尚的冲动就变成了一种速度更快的周期性冲
动了。

因此，在当代建筑时尚中，你可以欣赏摩尔精雅的新古典主义，也可以欣赏
更具时尚号召力的哈迪德的解构主义，还可以欣赏卡勒鲍特更精致更具才情的
生态信息建筑。

四

从上述关于建筑时尚的回顾中，我们可以看到，时尚既是一种循环的形式，
也是一种破旧立新的颠覆力量。有时，它会是新潮美学和趣味的创造者，有时也
可能是美学的食腐者。在鲍德里亚所说的这个仿真无所不在的仿真时代，时尚
也从过去的模仿一跃而变成了仿真。不仅在身体美学领域，仿真的时尚已经大
行其道，在建筑领域，用仿真来创造或追踪时尚也已经相当流行。

你几年前甚至十多年前在日内瓦街头看到的青年女性鼻孔、眉头乃至肚脐
眼等处穿孔镶珠的时尚，在几年甚至十多年后，会在中国许多中小城市出现，这
多少还算是一种模仿；可是几年前在纽约或伦敦看到的一幢大楼，几年后居然出
现在首尔或沈阳的街头，这就不再是模仿，而是仿真了。这种情况，在小城市中

的建筑和上海、北京的建筑之间,经常让我们产生更多的也是更糟糕的联想。

但是,中国城市和建筑最糟糕的,还不在这里。

中国当代城市建筑所追踪的时尚,是农民思维下的过时的时尚,是一种夸富宴式的时尚。这是对老掉牙并且早已过时的旧时尚观念的仿真:每一座城市都热衷于修建顶级摩天大楼,甚至有的城市还在修建所谓的世界最高楼。

图 9-8　北京第一高楼"中国尊"

图 9-9　陆家嘴上海中心大厦

虽然是过时的追求,在中国许多城市,却似乎出现了一种"化腐朽为神奇"的功效,从而,城市与城市之间飙高,甚至与疯狂的迪拜飙高,成为新的时尚。

中信地产在 CBD Z15 地块建造的"中国尊",于 2017 年封顶,总投资达 240 亿元。该楼总建筑面积为 43.7 万平方米,总高度 528 米,建成后取代国贸三期,成为北京第一高楼。

西南重镇重庆不甘落后,也在打造西部第一高楼"重庆国际金融中心"。这座高楼将坐落于江北嘴中心地块,楼高约 470 米,总投资 100 亿元,建成后将成为重庆的"新地标"。

深圳的"平安国际金融中心",楼高达 592.5 米,总投资达到 90 亿元,2016 年竣工,现为华南地区的新地标。

陆家嘴的上海中心大厦,2008 年底就已开工,总投资 148 亿元,建筑主体为 118 层,总高为 632 米,2014 年竣工。现为上海高楼之最。

中南重镇武汉和长沙在当代中国城市飙高大合唱中,居然飙出了超出北上广的高音。

武汉的"武汉绿地中心",高 475 米

（原设计高度为 606 米），虽然不是中国最高楼，却成为中国最能烧钱的建筑，它的投资超过迪拜塔（15 亿美元）和台北 101 大厦（约合人民币 128 亿元）的总和，达到令人咋舌的 500 亿元！

长沙则更是牛气冲天，声称要用 40 亿打造世界第一高楼。这座名为"远望大厦"的大楼，预计 838 米，超越迪拜塔，共有 220 层，可容纳 3 万多人。

可悲的是，在信息如此发达的今天，在至少有五个国家已经宣布正在或准备修建超过千米的摩天大楼时，我们的城市却还在做着建造世界第一高楼的黄金大梦。在全球都在为城市生态恶化而忧心忡忡的时候，我们的城市却在毫无顾忌地为城市的反生态工程添砖加瓦。

中国的城市建设，真的体现了鲍德里亚所说的"专横的快乐"，一种荒诞的激情。因为它只要排名的快感，只求高空表演的快感。

鲍德里亚说："……时尚本能地具有传染性，而经济计算却让人相互隔离。时尚解除了符号的一切价值和一切情感，但它又重新成为一种激情——人为的激情。这是彻头彻尾的荒诞，是时尚符号的形式无用性，是系统的完美性，在这里什么也不与真实交换。正是这种符号的任意性，以及它的绝对一致性，它与其他符号的整体相关性约束，在带来集体快乐的同时，带来时尚的传染的危害性。"[1]

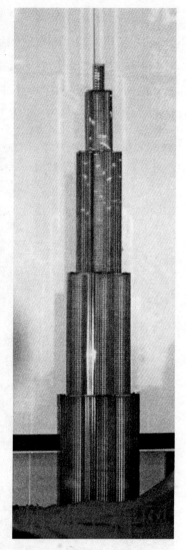

图 9-10　长沙远望大厦

中国当代城市建设的时尚，在仿真过时的观念的同时，抛弃了空间的真实和需求的真实，只留下虚幻的符号（显示气派和面子的高度和投资的数字）。城市

---

① 鲍德里亚著：《象征交换与死亡》，车槿山译，译林出版社，2006 年，第 136 页。

和城市之间在进行虚幻的数字博弈和符号交换。当然,在这种无聊的"惊人的垂直秀"①中,也夹杂着挑衅和应战的快感。

但是,体质学意义上的巨人绝非真正的伟人,脂肪性的肥胖也绝非肌肉的力量。

但愿这样浅薄的时尚早日中止。

① Francesco Proto(ed.). Mass Identity Architecture:Architectural Writings of Jean Baudrillard. Wiley-Academy,2003:137.

10 建筑艺术的审美价值

——兼谈中国当代建筑中的问题*

在相当长的时间之内，关于建筑艺术的审美问题，学术界（包括我自己）曾经有过太多的误解或者说误识。在当代中国高速发展的城市化进程之中，我觉得我们真的是到了要认真严肃地重新认识建筑审美的时候了。

在此，我想谈三个问题。

一、建筑的伦理维度：善与恶

建筑是人类文明最绚烂的曙光。各种品类繁多的所谓的世界 N 大奇迹，大多是建筑或园林，这足以证明古往今来的人类对作为艺术或工程的建筑是何等重视。维特根斯坦说："建筑创造了不朽的空间并使之获得永久赞誉。因而，但凡无建筑之处，便是贫瘠萎靡之处，便是昏蒙灰暗之处。"②维特根斯坦如此推崇和赞许建筑，也许与他年轻时期的建筑师梦有关③，但是，这也反映了人们对这种宏大、壮观、坚久的艺术的热爱或崇拜。与此类似的对建筑或建筑艺术的赞许，我们还可以找到很多例证。

对建筑进行负面的或否定性评价的理论家，相对来说就比较少，但也不是没有。巴塔耶和福柯就是典型的例子。

在 1974 年出版的《攻占协和广场》（*La prise de la Concorde*）一书中，巴塔耶公然抨击建筑，称建筑是一个与极权主义等级制度沆瀣一气的典狱长。建筑

* 本文原载于《美育学刊》2015 年第 5 期。

② Ludwig Wittgenstein. Culture and Value, edited by G. H. von Wright, translated by Peter Winch. Blackwell Publishing Ltd, 1998：74.

③ 维特根斯坦也曾经于 1928 年在维也纳为其妹妹玛格丽特设计过住宅。

是被社会授权的超我①；福柯则认为，那些具有全景敞视主义特征的建筑是现代社会实施其规训或惩戒策略的温柔陷阱。

以上对建筑或建筑艺术的两种截然相反的判断昭示我们，建筑，无论是作为艺术还是作为工程，都天然地带有一种伦理学维度。

在遥远的古代，中国的圣人和西方的贤者，有相当一部分人可以说是美善合一论者。美学和伦理学是你中有我，我中有你，两两不分的。苏格拉底认为美和善是一个东西，就是有用和有益，他明确表示，美就是有益的快感②，"任何一件东西如果它能很好地实现它在功用方面的目的，它就同时是善的又是美的，否则它就同时是恶的又是丑的"③。亚里士多德也主张，"美是一种善，其所以引起快感，正因为它善"④。孔子向弟子们诠释和推荐韶乐之妙时，盛赞韶乐之"尽善"与"尽美"，"不图乐之至于斯也"。而许慎《说文解字》释"美"时，也用"甘"和"善"来互证互释："美，甘也，从羊从大，羊在六畜，主给膳也，美与善同意。"美为何从羊、从大，为何羊大为美？因为它不仅满足了人们对稀有、珍贵和美味食物的量的需求，同时也满足了人们对食物的质（美味）的需求。这也从一个特定角度反映了中国这个以食为天的国度对吃的特殊爱好。

我在这里回顾善与美的密切关系，是想特别强调，对建筑这种特殊的审美对象，我们在任何时候都不应该忘记，善是处于第一位的，没有建筑的善，就谈不上建筑的美。

苏格拉底说："象牙和黄金也是一样，用得恰当，就使东西美；用得不恰当，就使它丑。"⑤建筑也是如此。不过，对建筑来说，建造得不恰当，还不仅仅是一个美丑的问题，有时甚至是一个善恶的问题。

司马迁说秦始皇建阿房宫，动用了"隐宫徒刑者"七十余万之众，"发北山石椁，乃写蜀、荆地材皆至。关中计宫三百，关外四百余"。不仅兴师动众，劳民伤

① Denis Hollier. Indroduction，Denis Hollier. Against Architecture：The Writings of Georges Bataille. MIT Press，1989.

② 《柏拉图文艺对话集》，朱光潜译，人民文学出版社，1963 年，第 209 页。

③ 克塞诺封《回忆录》第 3 卷第 8 章，朱光潜译，转引自《西方美学家论美和美感》，商务印书馆 1980 年第 1 版，第 19 页。

④ 亚里士多德《政治学》，朱光潜译，转引自《西方美学家论美和美感》，商务印书馆 1980 年第 1 版，第 41 页。

⑤ 《柏拉图文艺对话集》，朱光潜译，人民文学出版社，1963 年，第 185 页。

财，而且贪大求广，奢华无度，这种宫殿无论修建得有多美，其终极效果仍然是一种恶。①

图 10-1　普鲁蒂-艾戈（Pruitt-Igoe）居住区

　　1950 年，美国圣路易斯市为解决城区建筑破旧、人口过度拥挤的问题，邀请日裔美籍山崎实（后来设计过世界贸易大厦）在该市北部设计了 33 座 11 层高的建筑，即举世闻名的普鲁蒂-艾戈（Pruitt-Igoe）居住区。这个占地面积 57 英亩的居住综合体，造型简洁，风格统一，不仅在建筑外空间穿插了设计精巧的绿化带和安全适用的游戏场，而且还在内空间设置了带大面积窗户的公共走廊和隔层停靠的电梯以及全新的家具设备。这个建筑综合体无论是对市政府来讲，还是对那些从贫民窟搬来的新居民来讲，看起来都是充满了极大的善意的，建筑本身也是符合现代人的审美要求的。正因为如此，它获得了 1951 年美国建筑师论坛"年度最佳高层建筑奖"。但是，不到几年，这个居住区潜藏的社会问题就逐步凸显出来了：由于有钱的白人都纷纷离开了这个城市，而这个建筑综合体本身就是为低收入人群而建，因此，这里实际上成了一个种族隔离区，而且最终也成了一个无法根绝的犯罪窝点。因此，1972 年 3 月，圣路易斯市政府在花费 500 万美元整治无效之后，不得不将这个已成"不宜居住项目"的综合住宅区全部炸毁。而这个综合体的毁灭，也成了现代主义建筑死亡的象征。

　　虽然有人（如以该事件为题材的电影 The Pruitt-Igoe Myth：An Urban History 的导演 Chad Freidrichs 等）会认为圣路易斯市政府有种族隔离和把穷人从城市中心赶到城市边缘的恶意，但是，我个人还是认为，无论是圣路易斯市

---

① 关于阿房宫是否存在，历来存在争议，我们这里只是把它作为统治阶层空间消费过度的一种象征而已。

政府,还是建筑师本人,在普鲁蒂-艾戈(Pruitt-Igoe)居住区的建造过程中,基本上是出于善的动机,而不是相反。

这个综合体居住区之所以后来演化为一种臭名昭著的恶,以至于遭到自杀式毁灭的命运,主要是因为圣路易斯市政当局把建筑本身过度地简单化了,他们只是从建筑本身(或居住需求本身)来考量问题,而不是从社会学、经济学、犯罪学、心理学这样一些更复杂的层面来考量问题,因此,善的动机反而结出了恶的果实。

在中国的当下,我们是否也存在类似的问题呢? 限于篇幅,在此不作回答。我要强调的是,当下的中国城市建设,已经出现了严重的空间过度消费的问题,建筑的目的和效果,开始走向其反面。

我们承认,当代中国的许多城市,确实建造了一些不算难看的,甚至具有某种程度的审美价值的建筑。但是,由于地产思维的惯性冲动,再加上政绩工程的冲动,我们的城市已经出现了两大问题:

一是鬼屋和鬼城频现。鄂尔多斯是中国当代鬼城的缩影,而鬼屋乃至鬼区,几乎出现在每一座城市的一些角落。这是空间生产的产能过剩。

二是状元式建造冲动。在当下的中国,几乎没有一座城市没有表现出一种强烈的建造市标或城标的冲动,更有甚者,还有不少城市在拼命追求华东第一高楼、中国第一高楼、亚洲第一高楼、世界第一高楼等。我认为,这就是当代中国建筑伦理学衰落的最典型的表征。虽然我们可以相信或者期待,这些建筑也许会给我们城市带来某种壮观的美,但是一定不是我们需要的美。因为它们包含的不是一种善,而是一种与城市伦理学和建筑伦理学相背反的东西:它们不是出于一种自然的空间需求,而是来自一种夸富宴式的秀的冲动,来自一种自卑的虚荣,甚至有的还是来自一种病态的阳物崇拜(简言之,他们只需要"第一"或关注度,而并不需要空间)。

因此,我觉得,在当下,我们的城市空间消费要回归它应有的、自然的本质。要尽快地通过转变经济增长模式,通过宏观的伦理矫正,使建筑不再成为无意义的炫耀性的藻饰,不再成为个人政绩的符号,而只是源于一种日常化的、真实的需要。

二、建筑的美学维度：美与丑

在某种限定的意义上,建筑属于艺术,但是,此艺术非彼艺术,建筑艺术必须以建筑的实用功能为先导。因此,建筑的美学纲领是建筑的艺术性与建筑性的完美融合。

在西方建筑历史上,最富有艺术性的建筑,无疑是巴洛克建筑。但是,巴洛克建筑致命的弊端,是修辞过度、装饰过度,在某种意义上说,巴洛克建筑是艺术压倒建筑达于极致的恶例。

巴洛克建筑是富国和富人的奢华游戏。

图 10-2 梵蒂冈圣彼得大教堂内部

在中国,圆明园可能是规模最大也最富有艺术性的建筑群,但是也属于脱离建筑本性的这一类。美则美矣,但是装饰太过了。

总体说来,中国的宫廷建筑、园林建筑、坛庙与寺观建筑、陵墓建筑乃至民居建筑,也都具有极高的艺术性。宫廷建筑中的故宫,坛庙建筑中的祈年殿,陵墓建筑中的中山陵,民居建筑中的西递和宏村乃至福建的围屋等,都从不同的角度,完美地实践和体现了中国人的建造智慧和美学精神。

中国建筑的美,可以体现在建筑的数字象征之中,如天坛;可以体现在建筑形态的隐喻之中,如中国服饰(帽子和鞋子)和建筑之间的隐喻关系;可以体现在建筑的结构之中,如斗栱和花窗等;也可以体现在建筑的艺术设计之中,如艺术雕刻和铺地等;还可以体现在建筑的空间组织之中,如园林移步换景的空间穿插,对景、借景和障景等。

但我个人认为,中国建筑最独特的美,是一种更内在的句法之美。

中国传统建筑,往往是一个建筑综合体或建筑群,这个建筑群又往往有一套自成一体的句法。有些人喜欢泛泛地谈论中国建筑的轴线对称问题,但轴线对称不是中国建筑所特有的,因为西方建筑也讲轴线对称。然而,中国建筑的句法结构却是中国所独有的。

中国的宫廷建筑如故宫,陵墓建筑如明孝陵,书院建筑如白鹿洞书院,都有一套句法体系。单个的建筑综合体都有它独有的语法结构,但是,每一种类型的句法结构又多大同小异。比如书院建筑群,其基本结构往往是牌楼、泮池和泮桥、大门、讲堂、藏经楼或文庙、斋舍等,整个结构包含了一种起承转合关系,但重头戏是象征文/野或圣/凡分界线的泮桥与泮池。所以,书院经常会在牌坊上用"贤关圣域"来提前暗示,你即将在泮桥之后,进入一个脱凡入圣的新世界。和上述其他几种建筑类型一样,中国古代建筑综合体通过这样的句法结构,强化了一种礼仪性或仪式感。

由于中国当代建筑越来越快速地加入国际大循环,因此,大体上说,在中国当代城市中,建筑的审美品质基本上体现出两个两极分化:一是大城市建筑和中小城市建筑品质的两极分化;二是大城市中欧美建筑事务所设计的建筑和本土建筑师设计的建筑的分化。

也许我们应该温和地说,在较小的程度上说,这两种分化,其实就是建筑的审美价值在美丑上的分化。

虽然说,在当今这个网络时代,在主流城市和偏远城市之间,在大城市和小城市之间,谁也不再享有信息优先或信息独占的优势,但是,由于人才多,经济体量大,大城市在建筑设计资源和效能方面比之于中小城市,依然存在显著的优势。

与此相对应的是,发达国家的大都市比之于中国大都市,在建筑设计上又存在明显的优势。

因此，在外国大都市、中国大都市和中国中小城市之间，就难免存在着一条垂直的设计模仿路线，即，中国中小城市模仿中国大都市，中国大都市模仿发达的外国大都市。其结果是中国中小城市的建筑设计不如中国大城市，中国大城市又不如外国大城市。

虽然外国建筑师在中国搞了"大裤衩'闹剧，也在北京下了"巨蛋"，并且一度引发了有关建筑民粹主义的大论战，但是，总体而言，我们必须承认，我们本土建筑师的眼界、水准，比之于外国大的建筑事务所的建筑师，还有相当大的差距，尤其是在超高层建筑和生态建筑的设计方面。就建筑师的数量而论，我国恐怕要算世界之最，但就在发达国家争取建筑项目而言，我们却拿不出一份像样的成绩单来，因为我们太满足于我们的现状了。

如果你见识过当代中国那些匪夷所思的丑陋建筑，你一定不会因黑川纪章对中国城市建筑的恶评而感到丝毫的不快。

福禄寿三仙可以不作任何抽象处理而直接幻化为一幢酒店建筑（河北天子酒店），五粮液酒瓶可以直接放大成一幢办公大厦，孔方兄可以直接放大成为沈阳的方圆大厦等等，不一而足。有道是：虽说千奇百怪，全都俗不可耐。

建筑设计中的这种逐臭倾向，恰恰是当代商业文化在审美领域中的一种反映，不过，这种商业文化已经透露出了深重的腐朽气息。建筑不讲创意，不顾美丑，其背后支撑的东西，其实就是一种孜孜于逐利的穷凶极恶。

图 10-3　河北天子酒店

三、建筑的生态维度：时间与空间

建筑的生态维度，从一种意义上说，也是一种伦理维度，是一种建立在天公地道和远见卓识之上的开放的伦理意识。天公地道，是自然宇宙存在的一种不可违逆、不可更改的至道,是世间万物的宿命。无论是人类还是非人类,无论是有机物还是无机物,必须顺应这种至道,这种自然的规律。人类和非人类生物共处于地球之上,不仅人类之间要各安其位,人类和非人类之间也要各安其位,各顺其命。而要做到这一点,人类最需要反思的,就是要"存天理,灭人欲",节制我们过度开发的冲动、过度建造的冲动,回归一种大善。

人类的大善不仅意味着人对人的一种友善,更包含了人对非人类和自然的友善和呵护(至大无碍的空间的关怀)。如果人类有了足够的善意,就会推己及人,推人及物,意识到人类的任何生产和建造活动都有可能给其他人类带来不利的影响,给其他的生物带来不利的影响,给未来的人类带来不利的后果,给未来的生物带来不利的后果。

所以,人类在建造活动中既需要有敏锐的洞察力,也需要有深邃而超越的预见性;既要把握一种时间意识,又要把握一种空间意识。不仅如此,还要坚持共生与互助精神,让我们的建筑真正成为地球生物系统中的有机要素。

核电站可能有很艺术和很漂亮的外观,但是一旦它变成泄露的核怪物,它就有可能彻底地终结时间和空间,终结人类和非人类的一切生命。

壮观的摩天大楼是很给城市争面子的,但是,过于密集或单体过于高大的摩天大楼却会变成城市杀手:城市天际线的杀手——美学的杀手,城市交通、能源和环境生态的综合杀手,有时还是城市经济的杀手(城市时空的杀手)。

因此,建筑(城市)的生态学维度,应该是一种综合了城市规划、建筑设计、环境设计、经济考量、交通考量、生活考量、文化考量、艺术和美学考量的全方位视角的维度。在时间上,必须把握历史、现实和未来;在空间上,必须把握你、我和他多个区位。

当代中国城市建筑经历了一次可怕的推土机暴力的"洗礼",而且到现在还很难说已经结束了。这使我想到了格罗皮乌斯在近一个世纪前所说的一段话:

> 我认为规划师和建筑师最伟大的成绩是保护和发展人类的栖身地。人类与地球上自然形成依赖关系,而我们改造地球表面的能力已发展得如此巨大,这可能变成一种灾祸而不是幸福。我们怎能忍受一片片的原野为了容易盖房子而被推土机铲光,然后房地产商人盖起成百上千呆板的小房子?

它们永远形不成一个社区，随便砍光的树木换成了电线杆，漫不经心和无知毁灭了自然地貌和植被。一般房地产商把大地首先视为商品，并从中榨出最大利润。除非我们像宗教徒那样崇敬土地，否则毁灭性的土地退化还会继续下去。①

格罗皮乌斯深恶痛绝的推土机（还有其背后带有原罪的地产商业），在当今的中国，不仅造成了土地的严重退化，也造成了城市环境的严重退化；不仅对城市文化造成了巨大破坏，在有些地方，也造成了对城市地形学的严重扭曲和破坏，诸如为增加商业空间而进行的移山填湖等。当今中国城市一年一度周期性发作的内涝，虽然与我们城市长期忽视地下排水管网建设（我们只关注城市的可见性和景观性建设）有关，我们在开发过程中对城市固有的地形学的破坏（如沟渠和湖泊等），不能不说在事实上发挥了帮凶的作用。这是需要我们认真加以反省的。

当然，建筑的生态问题，与审美的考量相较，可能更多的还是空间的生态（设计）效能问题。而空间的效能则需要通过时间才能得到验证。

建筑生态设计包含的内容相当复杂，为了表达的方便，我们不妨从生态建筑的技术设计和材料的选择（妙用）两个方面来进入这一问题。

用生态技术来建构建筑的生态环境，其实是一项相当艰难的任务，因为我们必须用节能的方式解决能耗问题（低碳问题）。我基本认为，到目前为止，当今中国的所谓技术性生态建筑，并没有提供太多的值得我们模仿和推广的范例。在某种意义上说，许多技术性生态建筑，只是在玩生态的概念，有的甚至比非生态建筑更不生态。因此，理想的技术性生态建筑，目前离我们还相当遥远。正如我们成天叫嚣智能城市，其实智能城市离我们还相当遥远一样（何况，我们对智能城市的理解也存在诸多问题）。

另一种生态建筑，在我国已经有相当久远的历史——绝不是来自某个现代或当代建筑师的灵感突发。典型的比如福建的围屋，新疆的生土建筑，陕北的窑洞建筑等。这些建筑主要的特色，一是乡土性或地域性，也就是说，建筑的形制与风格是某个地方土生土长、自然形成的；二是建筑材料的可逆性；三是建造的方式，往往能依材就势，在保暖、通风、采光方面体现出最朴实也最节俭的智慧。

---

① 汪坦，陈志华：《现代西方建筑美学文选》，清华大学出版社，2013年。

上述几类建筑,大多具有冬暖夏凉的效果。由于材料直接取自自然,建筑一旦毁坏后,又可以直接在大地上降解,无污染地回归大地,所以虽然它们不如城市建筑壮观,生态效益却大大超过城市建筑。因为,城市的许多钢筋水泥巨构是难以重新回归大地的。当代城市不可逆转的垃圾化趋势,与我们城市建筑材料的这种不可逆性有着非常紧密的关系。

这些乡土性或自然性生态建筑,虽然在形式上未必都具有很高的艺术价值,但是,它们所包含的乡愁的因素、文化的因素、民俗的因素,尤其是它们和大地之间的这种亲和的关系,依然使它们保持着持久的、迷人的魅力。

当今中国的新一代的建筑师,偶尔也会在建筑设计中局部地加入这种乡土性或自然性因素,为当代建筑带来了一些新的气象。但是,从整体上说,我认为,当代中国建筑师似乎还没有形成自觉的生态建筑意识(主要还是由于主管部门的原因)。这也从一个角度说明,要把生态意识化为一种有机的审美意识,是一项多么艰难的任务。

可能有人会提出异议说,现在,有几类生态建筑形式还是比较活跃的。是的,我承认有这么三种形式:一种是项目式生态建筑,即国家拨专款的课题式或项目式生态建筑设计,这种建筑一般属于所谓积极的生态设计即技术性生态设计类型;一种是以树屋为代表,包括许多原木、原竹建筑或回收材料建筑等;还有一种是模仿国外的垂直农业建筑或诸如此类的东西。

这些探索,当然是有意义的,但是,我觉得需要特别警惕的是,我们绝不要让生态建筑演化成包装完美的反生态灾难。我们的生态建筑,比如树屋,本身就会给森林和自然环境带来污染,而且也会给承载树屋的树木带来巨大的伤害,如何有效地降低这种伤害?这是一个难题。

我甚至认为,树屋的理念,在很大程度上来自人类的一种更自私更贪婪的占有

图 10-4 树屋

自然(甚至为了这一目的而不惜破坏自然)的冲动，而不是一种真正意义上的生态自觉。通过树屋，人类占领了自然空间，享受了生态的恩惠，但是，在一定程度上却是在破坏生态、破坏自然，扰乱大自然和生存于其中的生物本来的宁静，因为这本来就不该是人类的领地。

图 10-5　JAPA 设计的香港大埔区农业动态垂直网络方案

即使树屋这种形式在其他国家能够以无害的方式流行，在中国，我认为是极不适合的，因为，一个不可否认的事实是，中国人的环保意识和公德意识相对薄弱。既然在 2010 年的上海世博会上国内游客能够毫不客气地把整个世博空间变成巨型的垃圾空间，那么，不难想象，我们的树屋屋主，也一定能够毫不客气地把空气清新的森林变成臭烘烘的垃圾场。

至于垂直农业建筑，国外前些年很是热火了一阵，目前似乎放慢了脚步。作为一种新的探索，我觉得小规模搞一两个实验也无妨，一哄而上就大可不必了。

由于这类建筑规模太大，造价太高，而且目前也鲜有成功的案例，我的意见还是以观望为妥。这种建筑，从创造城市奇观和轰动事件的角度，也许很有些吸引力，但是，从城市的可持续发展(时间)和城市空间优化组合(空间)的角度，从人的生存和发展的角度，都是颇有问题的。垂直农业建筑的基本理念，是通过建构居住、生活和工作与娱乐空间的同时，一举多得地解决居住、生产和消费以及城市景观问题，从而解决日益严重的土地流失(不足)问题。理想中的垂直农业建筑，试图通过一个容纳数万人的大型建筑综合体，在同一个建筑中解决居民的食物(包括谷物与面粉、禽类和其他肉类)、供电(生物发电)、休闲娱乐乃至于工作等问题，但实际上这是一个不可能实现的乌托邦。因为，垂直农业建筑的一个基本前提，是建筑综合体中的居民会把衣食住行玩乃至工作(娱乐)等所有活动都设置在同一空间框架内，从而一方面以循环利用的方式解决大楼的垃圾处理和能源消耗,另一方面以自给自足的方式解决大楼居民的生产和消费的互动,诸如食物的生产、养殖、供给和消费等,同时,最大限度地节省运输产生的能耗和交通产生的城市或小区秩序紊乱等问题,也就是说,居民的足不出户,也将成为另一种减轻城市交通压力和建构低碳生活方式的理想模式。不过,所有这一切构想,其实是很难真正实现的。我们根本无法想象这里数以万计的居民会安然接受这种足不出楼的生活构想(如果真是这样,生活和生命也将失去意义),我们也根本无法想象这里的人们真的可以从这种建筑中获得从物质到精神等一切方面的自给自足。我虽然也期待这种承载着人类新的生活理想的建筑获得成功,但我更害怕在不久的将来,会见证这种新乌托邦的戏剧性的破灭。

我希望我们的生态建筑朝着切实可行的方向,一步一个脚印地发展,并且,务必要防止任何形式的投机主义和机会主义。

在生态建筑的评价中,要始终围绕时间和空间这两大主轴。惟其如此,我们才能在保持建筑的可持续发展的同时,保持社会、自然以及非人类生物种群的可持续发展。惟其如此,我们才可能在此基础上,讨论真正意义上的建筑的审美,建筑的具有体验功效的审美。

综上所述,建筑的审美价值,首先要建立在合乎伦理要求、合乎生态要求,同时满足艺术的要求的基础之上。这是建筑审美的三个维度。不过,在当今这种特殊的境遇下,建筑的伦理维度和生态维度,已经变得更加重要、更加紧迫了。舍此,建筑的艺术性、审美性,就变成了无源之水、无本之木,失去了存在的依据。

11 寻找新的建筑伦理学

——论卡勒鲍特的生态建筑*

　　文森特·卡勒鲍特是近年来涌现出来的一位青年天才，1977 年出生于比利时。2000 年，23 岁的他以优异成绩毕业于布鲁塞尔的维克多·霍塔学院，并因毕业设计"巴黎布朗利码头艺术与文明元博物馆"而获勒内·塞鲁尔建筑大奖。此后，他得到欧盟的达·芬奇奖学金的资助来到巴黎发展。2001 年因作品"灵活性，可容纳 5 000 完全自给自足的居民的水城"（*Elasticity，An Aquatic City of 50 000 Inhabitants Entirely Autonomous*）获比利时皇家艺术学院授予的拿破仑·歌德恰尔建筑大奖（The Grand Architecture Prize Napoléon Godecharle）。2005 年，获创新建筑大奖（奖给比利时的法国社区中最优秀的 12 位建筑师），同年应邀在韩国首尔举办建筑个展。自此，卡勒鲍特作为一位卓越的纸上建筑师受到全球的关注。

　　卡勒鲍特设计的生态建筑或生态城市虽然多数属于概念设计，但是，在某种意义上说，他的那些富于想象力和艺术性且具有科学前瞻性的设计，对生态设计的引领作用，却非那些已建的生态建筑可比。

　　卡勒鲍特作品很多，这里只选取几件较具代表性的作品。

　　卡勒鲍特 2008 年设计的"睡莲，作为气候避难所的浮动的生态城"（Lilypad，A Floating Ecopolis for Climate Refugees）和 2010 年设计的鲸鱼型的浮动花园（Physalia — A Positive Energy Amphibious Garden to Clean European Waterways）是两个极富艺术性且不乏警世和反讽意味的作品。

　　这两个设计在技术的运用上颇有相通之处。前者将太阳、风和潮汐等自然能量巧妙地转换为生态城上的机构和居民所能利用的自足性能量，同时，生态城

---

* 本文原载于《艺苑》2011 年第 6 期。

在漂浮过程中又可利用海水和城中的植物产生自然的生态效能,使城市实现无污染和零排放,成为真正的逃避生态灾难的气候避难所。后者则是利用太阳能薄膜电池板和船底的流水产生自足性能源,利用生物过滤实现自主性代谢,减少水污染和有害排放。同样是漂浮性生态仿生建筑,前者运用了睡莲意象,后者则运用了诺亚方舟意象;前者采取明哲保身的逃跑主义思路,自循环、自代谢、无污染、零排放;后者则是心忧天下的思路,在保持生态自主性和自足性的同时,还增加了一种去污清污功能——它不仅是一座在即将来临的生态灾变中可以救赎贪婪的人类的花园式方舟,还是一艘巨型的河水除污机,既拯救人类,同时还将拯救世界。

图 11-1　睡莲,作为气候避难所的浮动的生态城

　　卡勒鲍特的许多设计都结合了信息技术、仿生学和生态疗法。他的设计既充满了诗意,也饱含着深刻的生态焦虑,同时,也暗含着对当代人类贪婪而残酷的欲望的嘲讽。

　　除了这类逃难式的生态建筑[包括为上海设计的"氢化酶"(Hydrogenase)]外,卡勒鲍特更关注的主题,是城市空间的生态性重建问题。他在 2005 年为瑞士日内瓦设计的"大地叙事"和两年后为香港设计的"香味丛林"（Perfumed Jungle）就是这方面的典型例子。

图 11-2　鲸鱼型的浮动花园

　　"大地叙事"（Landscript，Geneve，2005）是卡勒鲍特的一个参赛作品①。根据主办方要求，参赛者须对日内瓦的一个老工业区进行改编和重构，通过对被人类的生产和建造行为所破坏的空间的二度创作，重新叙写自然的诗篇。卡勒鲍特和前辈生态建筑师们一样，依然是从两个方面来进行设计的整体考量，但构思却极为新奇：一是充分利用科技手段降低能耗，实现永续利用，如通过生物气、光电管和风能使改造后的居住区具备产生自足性能量的能力，并且能够通过生物燃烧和细菌膜过滤的方式使废物得到循环利用，通过净水站和环礁湖的帮助使废水循环利用等；二是完成城市的自然化重建。

图 11-3　大地叙事（卡勒鲍特，2005）

　　如果说在科技层面的考量上还不足以显现卡勒鲍特设计的非凡之处的话，那么，在景观和建筑巧妙的结合方面，卡勒鲍特的想象力就不能不令人佩服了。卡勒鲍特利用分形学方法，建立了一个绿色山形建筑的巨观序列，这些可居住的植被之山，跨越了高速公路，遮蔽了水泥的丛林，连接了被斩断的自然，同时通过环湖礁的设计，贯通并活化了城市水体，使日内瓦变成了一座湖泊之城、森林之城、河水之城和风光无限的景观之城与生态之城。在卡勒鲍特这里，建筑被充分景观化了，而景观也被充分建筑化了，景观效益和居住效益获得共赢，相比而论，那种小打小闹的建筑绿化和景观修辞，就显得太局促、太小气了。

①　Geneva 2020 Open urbanism competition for the refitting and the densification of the Praille-Vernets-Acacias quarters.

图 11-4　香味丛林(中国香港)

"大地叙事"是通过起伏曲折的绿色建筑整体覆盖大地的方式,重建城市地形学和景观学;"香味丛林"不同,它是采用点式的垂直树塔建筑群,在维多利亚海湾中构建起一种绿色的丛林意象,既为这一人口密度居于世界前列的城市输入一种生态疗法,也为单调乏味的城市空间增添了满眼春色。这一座座濒海矗立的树塔,深深地扎根于海底,随着时间而自然繁殖、生长。渔网式的绿色覆盖的外壳,构成建筑绿色的衣衫,既是城市空间的过滤器,也是建筑内部空间的调节器。树塔布置了两种空间形态:作为私人住宅的树干型内部空间和作为办公与休闲娱乐区的树枝型外部空间。香港中环商业区令人头疼的夜摊问题,通过这里的外部空间,被巧妙化解了。

在树塔周围,那些开放的空间,诸如游泳池、散步道、沼泽、海滨大道、码头泻湖、水剧场、瀑布和台地等,构成了一种新的交互为用的生态学矩阵;在这种新的生态学矩阵中,人、动物、植物与海洋生物,获得了一种对话和互渗的奇妙而友好的界面。

"氢化酶"(Hydrogenase)是卡勒鲍特为上海设计的一个作品,其基本思路还是诺亚方舟式的危机与拯救,但是,比以前的作品增加了更多的现实感和忧患感。

卡勒鲍特的设计,来自他对石油资源枯竭和温室排放加剧的深度忧虑。卡勒鲍特注意到,2010年原油价格已超75美元,而未来十年内,人类开采原油将

图 11-5　上海氢化酶(卡勒鲍特,2010)

图 11-6　上海氢化酶底部的海藻农场与发电厂(卡勒鲍特,2010)

达到哈伯特顶点（Hubbert Peak）①，除了石油能源无法继续任由人类予取予求之外，温室气体二氧化碳的排放也是人类目前必须解决的主要课题。因此，全世界的权威大学正在如火如荼地进行第三代生物燃料的研究，朝向消灭工业产生之二氧化碳目标迈进。

正巧在 1990 年代，生物学家发现了一种微型海藻，这种海藻可以从生产氧气（光合作用）转为生产氢气。因此，科学家建议，人类可以借重这种微型海藻的特性，生产出可作为能源使用的氢气，这不仅解决了能源供应问题，而且由于在生产过程当中不排放二氧化碳，也同时解决了困扰人类的温室排放问题。

科学家们下面的这套计算，让卡勒鲍特极为兴奋：微藻类每 330 克的叶绿素日平均可生产 1 000 公升的氢气，远优于每公顷可生产 1 000 公升油的油菜籽；由此类推，每公顷微型海藻生产出来的有机燃料量是每公顷油菜籽、黄豆或向日葵的 120 倍。实在是太妙了。

卡勒鲍特正是基于科学家们的这个乐观的生态故事，设计了"氢化酶"这座飞行建筑。这个建筑上半部是一个螺旋花瓣飞行体，是人类居住的微城市；下半部基座则为能够产生氢气的微型海藻农场，同时又是一座电厂，可供应整个建筑体所需要的能源。而发电厂本身，则是依靠人类产生的废弃物作为燃料，吸收和分解二氧化碳，再转化为氢气。

螺旋花瓣飞行体由四个巨大空间组成，各以螺旋形半刚性结构支撑，外壳通过填充氢气以提供浮力，内部功能多样，有居住单元、办公室、实验室、农田及休闲娱乐空间；农田内采用先进的生物分解技术，在回收人类废弃物的同时又提供食物。

这座将基地放在中国上海的飞行建筑，在基座释放出上半部螺旋花瓣飞行体后，可航行于高度约 2 000 米的大气层，飞航速度最高可达每小时 175 千米，飞行体总高度为 400 米，体积 250 000 立方米，载重量 200 吨。

其实，卡勒鲍特为我们设计了一个具有双重反讽意味的坚守和逃离的故事：如果一切像科学家所料想和建筑师所期望的那样，人类将会在这个幸福的家园中坚守；反之，人类就只能御风而行，乘坐着这座螺旋花瓣飞行器逃离被污染的

---

① 指石油达到其出产之顶峰以后，石油出产缓慢地下降，一直到抽取石油、运输油桶、加工原油总计耗费的能量超越了抽取的石油能产生出的能量。

大地。

卡勒鲍特是一位新锐而又极具责任感的建筑师。2008年,美国哥伦比亚大学环境和健康学教授迪克逊·德斯帕米尔刚刚提出垂直农业建筑的概念,卡勒鲍特就敏锐地感到了这种具有更实际效用和忧患意识的生态建筑的优势。在当前世界人口爆炸、气候恶化、能源枯竭、生态失衡、疾病流行、灾变频仍的情况下,尤其是在城市大肆扩张与土地资源紧缺而人口又大大膨胀的情况下,粮食的供应将会成为严重问题。因此,垂直农业建筑势在必行。于是卡勒鲍特很快就开始了垂直农业建筑的设计,而且大获成功。这就是他2009年为纽约罗斯福岛设计的"蜻蜓"。

图11-7　纽约罗斯福岛蜻蜓(蝴蝶翅膀)
　　　　方案(卡勒鲍特,2009)

图11-8　纽约罗斯福岛蜻蜓内部(卡勒鲍特,2009)

从 2008 年迪克逊·德斯帕米尔教授提出垂直农业的概念开始到现在，美国、加拿大、法国、德国、阿联酋……可以说全世界大多数国家都纷纷开始了这类建筑的探索，有些建筑已经建成。但是，在所有建成的建筑或概念建筑中，"蜻蜓"可以说是同类建筑中最出彩的一个，可惜这个项目至今尚未实施。

与同类设计相比，卡勒鲍特的这个设计更加具有创新性。其创新性表现在：第一是外观造型的创新，外观采用他惯用的仿生学手法，将建筑设计为两片叠合着的蝴蝶的翅膀，使这座高达 600 米的建筑变成了岛上一座极富艺术性的巨型雕塑。第二是生态技术的创新。在两个翅膀即两座中心塔楼内分布着大量的温室，处理建筑内空气的循环：冬季可由太阳能加热，夏季则通过自然通风和植物蒸发的水份调节楼内的温度。第三是种植的创新。卡勒鲍特在墙壁和天花板上都设定了栽培植物和农作物的营养床面，可栽种 28 种不同类型的农作物，同时还可以饲养牛畜和家禽。除此之外，大楼还能同时满足居住、办公、娱乐和休闲等多种功能。

卡勒鲍特的设计，无论是单纯的生态建筑设计，还是垂直农业建筑设计，都是在为城市未来的健康发展寻找新的道路。这是新时代的新人类寻找新的文明的生活方式的可贵努力。这是一种觉醒，也是一种自觉，它不只是一种城市美学或建筑美学，更是一种新的城市伦理学。

12 略论书院建筑的语义结构 *

　　书院是最能体现中国本土文化精神和审美趣味的建筑形式。虽然,从一般的意义上说,建筑是最不具有叙述性和表现性的艺术形式,但是,书院建筑与一般建筑不同,作为中国文化、教育与审美精神的综合载体,书院建筑通过其严密而完备的符号系统,完全突破了建筑本身的局限。它的表情是如此丰富,它的内涵是如此深邃,它向人们叙述着也诉说着——从最世俗的功利诉求,到最虔诚的宗教情怀,甚至最高远的文化理想。

　　作为与文化、教育和礼仪最为密切的建筑形式,书院并不是凭空产生的,它至少与以下四种建筑形态有渊源:

　　第一是与古代宫廷官学,即与古代所谓辟雍有着深厚的渊源。《礼记》说:"天子命之教然后为学。小学在公宫南之左,大学在郊。天子曰辟雍,诸侯曰泮宫。"②《白虎通》则说:"乡曰庠,里曰序。"③这就是说,古代学府,不仅存在着一种从高到低的规制上的级差,名称(甚至功能)也是不一样的。从辟雍到泮宫,规模上就减少了一半——《白虎通》解释说"诸侯曰泮宫

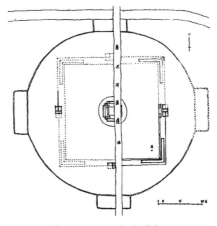

图 12-1　西汉长安明堂
(辟雍)形制①

---

*　本文原载于台湾《历史文物》2004 年第 14 卷第 1 期。

①　杨鸿勋:《从遗址看西汉长安明堂(辟雍)形制》,《建筑考古学论文集》,文物出版社,1987 年。

②　《礼记·王制》。

③　《白虎通·辟雍》。

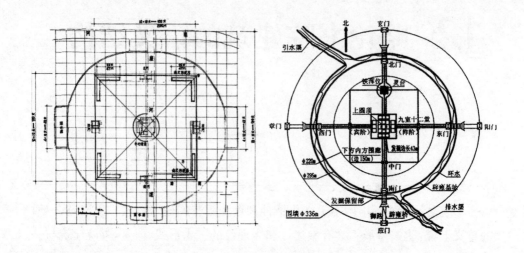

图 12-2　西安西汉辟雍遗址中平面图①

者,半于天子宫也,明尊卑有差,所化少也"②,然后是府学和县学,恐怕又要压缩不少,到乡一级以下的庠和序,自然又等而下之了。但是,这种官学(公学)等级形式,实际上也建构了一种在中国历史上屡试不爽的模仿模式:无论其等级是多么低下,它依然会尽可能地模仿上一级或更高的模式,这也是与这样一个垂直控制的集权系统紧相伴随的一种不可逃离的思维陷阱。所以,庠和序在布局的理念和组织上也必然会向辟雍和泮宫看齐。同理,民间的书院,也会向官方的这一个系统看齐。当然,这里也必须强调,官方的教育系统到后来有了另外一条线索,就是由鲁哀公时代创立的孔庙所建构的一种祭祀性文化建筑(群)形式。这种形式,其实也是辟雍的一种派生物。③ 所以,在某种程度上说,孔庙或文庙之类的建筑物,也是书院建筑的原型之一。

①　傅熹年:《中国古代礼制建筑》,《美术大观》,2015 年第 6 期。

②　《白虎通·辟雍》。

③　明堂和辟雍到底是二而一的关系,还是有所不同,目前尚无定论。蔡邕在《明堂月令章句》中说:"明堂者,天子大庙,所以祭祀。夏后氏世室,殷人重屋,周人明堂,飨功养老,教学选士,皆在其中。"说明蔡邕是把明堂和辟雍视为同一对象的两种说法的。本文姑采蔡邕之说。但是,必须指出《礼记·明堂第十四》明确指出,"明堂也者,明诸侯之尊卑也""大庙,天子明堂"。也就是说,明堂与"飨功养老,教学选士"并无关系,只是承载着纯粹礼仪性(秩序)的象征功能。

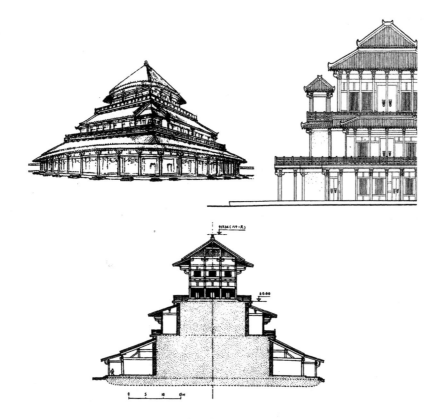

图 12-3　古代辟雍立面、剖面和平面图

图 12-4　辟雍解析图：泮桥和泮池的原型

图 12-5　乾隆四十八年(1783)建造之北京国子监辟雍，1900 年左右摄影，中国书店供稿

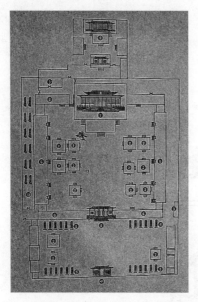

图 12-6　北京孔庙：先师门—大成门—大成殿—崇圣祠。这一套语法以更简约的形式被压缩在民间书院的文庙之中

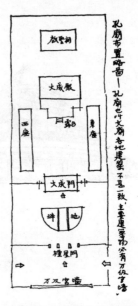

图 12-7　刘致平整理出的各地孔庙平面图的均值形式①：万仞宫墙—棂星门—泮池—大成门—露台—大成殿—启圣祠，这种结构也是书院建筑象征语义的另一渊源

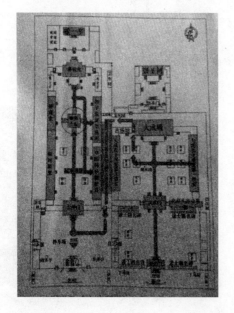

图 12-8　北京国子监和孔庙博物馆平面图：左学右庙。在国子监语境下，具体而微的辟雍变成了国子监大宇宙中的小宇宙，变成了这个仪式化世界的最中心

---

① 刘致平：《中国建筑的类型及结构》，中国建筑工业出版社，1987 年。

第二是与作为唐代官方机构的书院的关系。书院作为一种文化机构,始于唐代玄宗开元五年(717),以东都洛阳紫微城的丽正书院为滥觞。宋代学者王应麟《玉海》将书院诠释为收藏书籍的院子:"院者,周垣也。"从书院的初始功能上说,这个解释不无道理。丽正书院又名丽正殿书院,于开元十三年(725)夏改为集贤殿书院。[1] 但是此时的书院,与后来作为民间教育机构的书院并无关系。书院的主要功能是修书、校书、搜书、藏书,或侍讲。同时,广聚人才,既充当朝廷的人才顾问,又扮演皇帝咨政的"顾问"或"智库"角色。据《旧唐书》记载,蒋乂"在朝垂三十年,前后每有大政事、大议论,宰执不能裁决者,必召以咨访。乂征引典故,以参时事,多合其宜"。书院到宋代才真正脱胎换骨,变成以教育为主业、文化和教育融合的实体。所以,书院只是采用了唐人发明的这个名称而已。

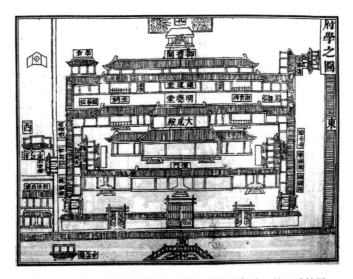

图 12-9 明嘉靖赣州府学图:辟雍在功能和仪式上的双重扩展

第三是与"精舍"和宗教的关系。精舍一词,最早出现于《管子·内业》:"定在心中,耳目聪明,四肢坚固,可以为精舍。"尹知章注:"心者,精之所舍。"[2]精舍指精神的居所,这是精舍最初的意涵。但是到了汉代,精舍的意义和功能发生了很大改变,它变成了与诵读、课徒、礼佛、修道、修身相关的一个相对幽静而隐蔽的场所。而且,在很多情况下,精舍是采用借鸡生蛋的方式,利用现存的寺庙或

---

① 《新唐书·百官志》。
② 《管子校释》,岳麓书社,1996 年,第 396 页。

道观或某个公共建筑来授徒、著述或诵经等，比如某个文化名家借用某个佛寺来读经、著述和修行，或弹琴悟道、修身养性，这座佛寺从此变成精舍。[①] 也有直接将自己的居所改造成精舍来授徒传道的，比如谢承在《后汉书》中就曾经提到"陈实……归家，立精舍，讲授诸生数百人"。著名的岳麓书院，也经历过这样一个"精舍前史"：岳麓山在西晋以前一直属于道教的势力范围，曾建有万寿宫、崇真观等。西晋武帝泰始四年(268)敦煌菩萨笠法护的弟子笠法崇创建麓山寺后，岳麓山又变成了释家的地盘。东晋时，荆州刺史陶侃来此建庵读书，因庵前遍种杉树，人称杉庵，其实也是一种不是精舍的精舍。到六朝时，佛教受到朝廷推崇，这里建起道林寺。唐代时马燧又建"道林精舍"。所以，岳麓书院就是按照从道观，到佛寺，再到精舍和学舍这样一条脉络，"因袭增拓"而诞生的。

也有一种说法，说是精舍主要是指僧人读经修行之所。梵语称为"Vihara"，又叫"伽蓝"或"僧伽蓝"，英文称为"Monsterises"，古印度就曾经有过著名的那烂陀精舍、祇园精舍等。以中国的释道儒三家的交互影响和混融的情况来看，将精舍定于释家一尊恐怕缺乏说服力。

总而言之，中国古代书院在其萌生和初兴的过程中，无论是从内涵上，还是建筑形式以及仪式性表达方面，很明显是受到了多方面的影响，其中尤以官学的影响为甚。

中国书院建筑由功能性空间和非功能性空间(元素)两大部分构成。功能性空间主要包括大门和门厅、讲堂、斋舍(食堂)和藏书楼等；非功能性空间一般包括泮池、泮林、泮桥、碑、文庙(或先贤殿)、纪念性祠堂等。正是这两类基本语汇，构成了书院完备而富有象征意义的话语系统。

讲堂是书院得以成立的初始的也是终极的建筑。如果把书院建筑省略到最低限度，那么，唯一不能被省略的就是讲堂。

从功能上说，藏书楼是讲堂的辅助建筑。讲堂是满足生徒听讲需要的；藏书楼则是满足生徒读书需要的。书院多以讲学为主，自学为辅，在学生自学方面，藏书楼发挥着十分重要的作用。

讲堂和藏书楼是满足生徒形而上的精神需要的建筑；斋舍和食堂则是满足生徒形而下的物质需要的建筑。讲堂是书院建筑的核心，藏书楼是书院的招牌；

---

① 孙彦：《精舍考》，《江海学刊》，2007 年第 2 期，第 119 页。

斋舍和食堂虽然是生活的必需,很重要,但是从来就不被看重,因为它满足的是任何普通人都有的基本需要,不具有特殊的精神意义。

值得注意的是,功能性建筑在书院中往往是表意性最弱的建筑空间,甚至连建筑的形式也相对地较少变化,较少引人注目。而非功能性空间,虽然实际用处并不大,它在整个书院建筑句法中的位置却非常显著,所包含的象征语义也最为丰富。

我们首先看泮池、泮桥和泮林。这些建筑元素同教学本身并无直接的关系,但是,从中国书院文化的发展看,它们对于书院却有着十分重要的意义。

泮池、泮桥(泮林),也叫泮水,是古时学宫前的水池,状如半月形。《说文解字》说:"泮,诸侯乡射之宫,西南为水,东北为墙。"泮与頖通。古时学宫称泮宫,也称頖宫。《诗经·鲁颂·泮水》有"思乐泮水,薄采其芹"之句,说的是鲁僖公在泮水之上修泮宫、建官学的事,称赞他能修泮宫,重视教化。

中国历史较为悠久、规模比较大的书院,一般都有泮池、泮桥和泮林(泮宫水边的林木。《诗经·鲁颂·泮水》:"翩彼飞鸮,集于泮林。")。如岳麓书院,泮池和泮桥与礼圣门相对;嵩阳书院,道统祠与泮池相对;鹅湖书院,泮池与牌楼相对……所有这些书院,不仅通过一些与泮相关的符号同正宗的官学产生了联系,同时也增加了书院的庄严感,烘托了书院所包含的淘洗心中杂念、跨越蒙昧鸿沟、走进智慧大门的象征意义。

稍后的一些书院,由于地理条件不同,对泮池作了比较灵活的处理,比如五峰书院、龙泉书院、南湖书院、紫阳书院等都是巧妙利用自然的水塘或溪流,把书院的文脉和周遭的环境巧妙融合,产生了更加含蓄的艺术效果。

这里尤其值得一提的是湖南湘乡的东山书院,书院严丝合缝地嵌入一个 C 字形的弧型河渠之中。一座石桥跨河而过,与大门和主轴的延长线连成一线。宽宽的河水更增强了跨越河流屏障、进入书院的神秘感和庄严感。在这里,河流和桥梁不是泮池和泮桥,但比泮池和泮桥似乎更具有进入贤关圣域的象征力量。

洗心池与方塘,其实也可以算作泮池的变体形式,但洗心池更多的指向生徒的人格修养和内在精神的提升。

祠堂,也叫先贤堂,是供奉和纪念学派宗师、文化名人和建院的功臣的建筑。如岳麓书院有濂溪祠,白鹿洞书院有朱子祠、春风楼等。当然,这些建筑除了纪念和感念的意义之外,显然也带有炫耀学统渊源之久远、学派和宗派地位之尊贵的目的,同时,也是为了给学子们树立一种更容易仿效、更容易接近和更感觉亲近的榜样。

文庙,或叫大成殿,是供奉儒家祖师孔夫子的建筑(有的文庙有孔子的著名弟子陪祀)。如白鹿洞书院的礼圣殿,岳麓书院的文庙(礼圣殿),嵩阳书院的先圣殿和道统祠等。祠堂与文庙虽然都是祭祀性建筑,但有着明显的等级差别。书院的祠堂主要供奉和书院有直接的血统和学统关系的先祖或先师,而文庙一般供奉最高级别的像孔孟这样的至圣先师。

祠堂和文庙都不是书院的功能性建筑,但却是书院最不可缺少的要素。早期的书院大多因袭官学传统,庙与学一体,庙与学缺一不可。后来,虽然有些书院省掉了庙,但其实是利用了较近地方的庙作为替代。而且,一般的书院都不愿丢弃庙学一体的传统。书院要想张扬自身的儒学正统地位,要想体现尊师重道精神和郁郁乎文哉的氛围,就必须有祠堂和文庙这样的建筑;书院要想赋予建筑一种纪念性的庄严,要想烘托先贤先圣神秘的文化感化力,就不仅要有这样的建筑,还要使这样的建筑尺度更高大、形制更宏伟,使之具有宗教建筑的暗示或象征效果。

在书院中,尼山书院的祭祀性建筑可能是规模最大、形制最隆重的。书院主体,可以说就是一个完备的祭祀系统,由棂星门、大成门、大成殿、碑亭、启圣王殿(供奉孔父叔梁纥)、毓圣侯祠(供奉山神毓圣侯)组成。祭祀的对象颇具爱屋及乌的特点,主要是祭祀孔夫子,连带他的父亲叔梁纥和母亲,还有出生地尼山的山神也一股脑儿地都祭祀了一遍。

碑、碑亭或碑廊,也是书院重要的非功能性建筑物。它们是收藏和保护或展示具有文化价值、艺术价值和史料价值的装饰性建筑(物)。碑、碑亭或碑廊在很大程度上昭示着书院历史的长短、文化底蕴的深浅、艺术品位的高低,因此它本身也承载着深刻的历史意蕴和文化语义。

上述所列书院语汇在几乎任何一个较具规模的书院中都可以找到,而且这些语汇也绝不是随意排列的,而是严格按照书院本身的语法规则组织起来的。

这个语法规则其实就是由中国礼乐传统宰制着的伦理法则和中国传统文化影响着的美学规则。

比如鹅湖书院,按南北轴线依次排列:

一进:头门、石坊、泮池、碑亭(左右各一)、泮桥(状元桥);二进:仪门;三进:

讲堂;四进:四贤祠(供奉孔子、朱熹、吕祖谦、陆九渊和陆九龄);第五进:御书楼,左边置祭祀文昌帝君平房一,右边置祭祀关圣帝君平房一,东西方向设斋舍、明辨堂、愿学堂等(学生、山长和教授宿舍)。

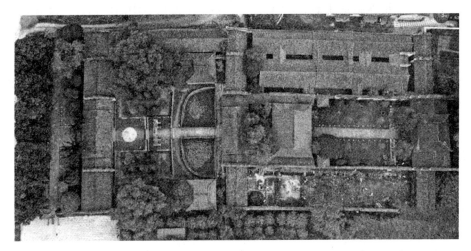

图 12-10   鹅湖书院平面

　　头门、石坊、泮池、泮桥都是极富有象征意味的符号。头门象征着书院世界与世俗世界的分野;石坊本身就是一个富有纪念性的文化意象,石坊南北的"继往开来"和"斯文宗主"扁额,以及石坊顶部倒立的鲤鱼雕塑,更烘托出一种浓厚的超越与升华的气氛,包含着对学子的鞭策、许诺和期许,也体现了书院对自己历史和学术的自信、自豪和自负;仪门设于鲤鱼跳龙门的石坊之后,显然带有登堂入室之意;讲堂是书院的中心,也是书院的心脏,是教师传授知识和学子获取知识的场所,是智能的殿堂。第四进和第五进从根本上说都属于祭祀性建筑,四贤祠是对与孔子和书院有关的先哲进行祭祀的殿堂;御书楼既是讲堂的延伸,也可以说是对皇上的祭祀和对皇恩的祭祀,当然,多少也包含着书院自身的一种文化自恋;而文昌庙和关帝庙,则是对主掌文运功名神和忠勇孝义神的祭祀。

　　整个书院建筑,按照准备、入门、受教、崇礼四个意义单元,使学子在跨越龙门、登堂入室、虚心受教、虔诚守礼的过程中,完成人格修养与知识习得的双重任务,具有明显的仪式性和象征性特色。

　　在书院建筑中,虽然讲堂总是居于中心位置,但是,它始终处于祭祀性建筑的统领之下。如果按照开端、发展、高潮、结局四个节奏的模式来解释鹅湖书院整体的语义结构，我们就可以很清楚地看到，第四进和第五进^①那些祭祀性建筑群才是整个书院的高潮部分。它们是学子以寻根和怀古的方式与圣贤神会的地方，是学子们获得超凡入圣和开运立业的神秘启示的地方。因此，讲堂虽然是书院的心脏，祭祀性庙堂却是书院的头脑，是整个书院乐章中的最强音。这就是中国书院建筑的文化特色：务虚高于务实。

必须指出的是，从另一个角度说，书院的祭祀性建筑也有其实在之处：通过在祭祀建筑中对先圣的瞻仰和祭祀，生徒可以受到感染和激励，可以获取精神的力量和学习的动力，从而促进学业的提升与人格的完善。

我们不妨再来看看杭州的敷文书院（万松书院）。据清代《杭州府志》和《浙江通志》记载，该书院位于凤凰山万松岭，依山而建，主体建筑沿轴线由山脚到山腰依次排列为：大门、品字形石坊（寓意做人要有人品，为学要有学品，为官要有官品）、仰圣门、"浙水敷文"（康熙题）堂、正谊堂（讲堂）、魁星阁、居仁和由义二斋、载道亭等。^②

从大门到品字形石坊，坡度比较平缓，两者距离也不大，像一个乐章的序曲，又像一出戏的开场，起笔陡峭，但也并不突兀；从石坊到"浙水敷文"堂，首先要经过人文气息浓郁的品字形石坊，感受"太和元气""德侔天地""道冠古今"的神秘而庄严的气氛（中间石坊正面书"万松书院"，背面书"太和元气"；东面的石牌楼，正面书"敷文书院"，背面书"德侔天地"；西面的牌楼正反两面分别书"太和书院"和"道冠古今"），从而进入一种敬畏而略带几分好奇的状态。从石坊到"浙水敷文"堂是一条较长的坡道，坡度较大，而"浙水敷文"堂台阶也很高，由两级台阶通达：一级是通往台基，一级是通往堂门。爬坡和登上台阶的过程，正是乐曲展开的过程，或戏剧发展的过程，而且使初来者充满期待，仿佛有一个悬念牵引着这颗胆怯而有着强烈求知欲的心。从"浙水敷文"堂到正谊堂（讲堂），也有不近的距离，也是一个坡道，坡度也较大，所以，依然有一个悬念牵引着这颗惴惴不安的心，等到来到正谊堂大门前，知道这里原来就是讲堂，以为已经到了目的地，心情稍安。可是往前再看，却发现在山的更高处，矗立着一座更高的建筑——魁星阁，生徒的心再度被提起来，禁不住要直奔故事的高潮部分，去向决定一个学子

---

① 该书院建筑格局自宋至清变化较大。

② 因现在修复的万松书院，除了院址仍然在原地之外，书院的整体布局以及建筑形式与历史上的书院已相去甚远，所以，我们依据的是明清时代万松书院的图片与文字材料。

未来命运的神灵作虔诚的参拜。但是,故事并没有结束,设计者在高潮之后,又安排了一个倒高潮:在魁星阁的东边山坡下,设置了几间供生徒居住的斋舍,在斋舍下边不远处,在更低洼的山脚,又安排了一组建筑,而且主要是祭祀性建筑,比如载道亭等。所以,从大门到讲堂,再到魁星阁,再到载道亭,书院向人们展开了一个完整的起承转合的过程,其中也不乏情绪上的起伏腾挪和抑扬顿挫,中国传统建筑美学的张力,在这里得到了完美的体现。

图 12-11　清代敷文书院(《浙江通志》)

万松书院原为报恩寺,本是一座佛寺,修建于唐贞元年间,后来以此为基础建成书院。其选址和布局,显然受到宗教文化的很大影响。从大门到讲堂再到最高处的魁星阁,形成一种向上攀登的模式、艰难求索的模式、神秘庄严的模式。这正是中国宗教文化中反复出现的那种在经历磨劫之后终获真经或真理的情境的简化的再现。

如前所述,从书院的终极功能来说,讲堂应该是最重要的,是最能展现书院价值的,是实的;而祭祀建筑相对来说应该是装饰性或摆设性的,是虚的。但是,实际上,几乎在所有书院中,祭祀性建筑成了最神圣也是最堂皇的场所。也就是说,在书院中最虚的东西实际上变成了最实的东西,至少是最受重视的东西,它占据的是最高贵的位置、最大的空间和体量(一般而言)、最佳的视觉位点(除了

图 12-12　清代敷文书院（《杭州府志》）

上面所举的例子之外，广州萝岗玉岩书院、安徽黟县宏村的南湖书院、重庆江津的聚奎书院都是如此）。这种功能的异化或者说错位，单纯从审美或文化气氛来解释是不够的。在这一现象的背后，实际上有着更深刻的文化原因。

中国是一个有着悠久的礼乐文化传统的国家。《礼记》说："君子曰：礼乐不可斯须去身。"①又说："凡治人之道，莫急于礼。礼有五经，莫重于祭。"②祭祀是实现礼的一种重要手段。《说文》的解释也是如此。《说文》说："礼，履也，所以事神致福也。"也就是说，礼就是通过祭神来求福，这是从实践角度来理解礼。从理论角度理解礼，或者说从范式角度来理解礼，礼是一种普遍的行为规范。孔子说："道之以德，齐之以礼。"③又说："博学于文，约之以礼，亦可以弗畔矣夫！"④

① 《礼记·祭义第二十四》。
② 《礼记·祭统第二十五》。
③ 《论语·中庸》。
④ 《论语·颜渊篇第十二》。

至于乐，《说文》说："乐，五声八音总名。象鼓鞞，木，虚也。"这是从音乐层面解释乐。乐与礼一样，也有其超越音乐本身的普遍的伦理意义。班固在《白虎通德论·礼乐》中指出："子曰：乐在宗庙之中，君臣上下同听之，则莫不和敬；族长乡里之中，长幼同听之，则莫不和顺；在闺门之内，父子兄弟同听之，则莫不和亲。故乐者所以崇和顺。比物饰节，节奏和以成文，所以合和父子君臣，附亲万民也。是先王立乐之意也。故听其雅颂之声，志意得广焉。执干戚，习俯仰屈信，容貌得齐焉。行其缀兆，要其节奏，行列得正焉，进退得齐焉。故乐者天地之命，中和之纪，人情之所不能免焉也。"音乐的情感召唤价值和共鸣特征以及由此而形成的统一性效果，才是乐的真正意义。这就说明乐的价值不在音乐本身，而在秩序与和顺。朱熹说："敬而将之以玉帛，则为礼；和而发之以钟鼓，则为乐。"也是强调礼和乐的实质在于敬与和。

礼与乐是一物的两面，互相依存，互相支撑。班固说："王者所以盛礼乐何？节文之喜怒。乐以象天，礼以法地。人无不含土地之气，有五常之性者。故乐所以荡涤，反其邪恶也；礼所以防淫佚，节其奢靡也。故《孝经》曰：安上治民，莫善于礼；移风易俗，莫善于乐。"①班固显然认为礼更多的是在制度上发生作用，乐更多的是在精神上发挥作用。

《礼记》则认为，礼是从外部调节和规范人的行为的法则；乐是从内心调节和规范人的行为的一种法则。两者互为表里，互相补充。

作为一个个体，要想成为受人尊敬的人，成为真正的君子，按照孔子的说法，那就要"道之以德，齐之以礼"，还要"博学于文"，按照现在的说法，就是要在专业和品行俱佳的同时，还必须有礼貌，懂礼仪。孔子说"不学《诗》，无以言……不学礼，无以立"②也是这个意思。

那么，作为培养君子和贤者的书院，培养懂得礼貌的道德君子的书院，在建筑设计和生徒培养方面应该如何考虑呢？不用说，优先被考虑的恐怕就是礼仪的问题。

礼仪的问题，说到底就是祭祀问题。因为，古人认为"凡治人之道，莫急于礼。礼有五经，莫重于祭。夫祭者，非物自外至也；自中出生于心也。心怵而奉

① 《白虎通德论·礼乐》。
② 《论语·季氏篇第十六》。

之以礼,是故唯贤者能尽祭之义"①。在古时(三代和三代以后),即使建一个国家,优先考虑的也是祭祀问题。《礼记》明确规定:"建国之神位,右社稷而左宗庙。"同时明确指出,在教化中,祭祀要发挥领军作用:"夫祭之为物大矣,……顺以备者也,其教之本与! ……是故君子之教也,必由其本,顺之至也,祭其是与!故曰:祭者教之本也。"②祭祀既然是教化之本,也就是书院之本。这就是为什么祭祀类建筑在书院中如此重要的原因。从这里我们可以清楚地了解到,作为礼的基本表现形式的祭祀,在古代整个社会中占据何等重要的位置。

---

① 《礼记·祭统第二十五》。
② 《礼记·祭义第二十四》。

13 表现主义建筑 *

对艺术史家来说,表现主义永远是一个充满了无穷魅力的话题;但对建筑史家和理论家来说,情况就很有些不同——它几乎成了一个可以忽略不计的问题。其所以如此,我想有这样一些原因:一是,在音乐、绘画、戏剧等领域,涌现出了一大批艺术巨擘,如勋伯格、康定斯基、斯特林堡等,对后世产生的影响巨大,而建筑领域的表现主义大师,在一般人的眼中,似乎影响还不够大、档次还不够高;二是,似乎有一种不成文的规矩,作为纯艺术研究,研究过去的"故事"天经地义,而同科技联系较为紧密的建筑则不然,似乎越紧跟时代越见水平,谈点陈年旧事,很容易遭到一些专赶时髦的杂志的冷眼;三是,有一种偏见认为,建筑与表现主义压根儿就没有关系[①],即使有,为时也极短,没有文章可做。

在进入正题之前,我觉得有必要对上述问题作一些澄清。首先,建筑中的表现主义代表人物绝非无名鼠辈,波尔吉格、门德尔松、陶特、海林等人都曾作为他们那个时代建筑领域的先驱,叱咤风云,名动一时。一些现代建筑的开拓者,如贝伦斯、密斯、梅耶和柯布西耶都曾尝试过表现主义手法。其次,表现主义建筑并不仅仅是西方现代建筑史上一个短暂的插曲。通观现代建筑的发展历程,从表现主义到新表现主义,还有各种名目的风格和形形色色的主义,我们不难看出,表现主义就像一股潜流,自始至终地汇聚于波飞浪卷的世界建筑发展的大潮之中。不管你承不承认,事实上,表现主义就像一段优美的旋律,恒久地萦回在

---

* 本文原载于《新建筑》1998 年第 4 期。
① 《现代艺术》的作者亨特和雅可布斯说:"表现主义在绘画史上已经是一个足够困难的概念,但是,这个概念在建筑上的运用更大成问题。而且,建筑上的表现主义在很大程度上是独立于其他艺术领域中的这一运动的。"见 Sam Hunter, John Jacobus. Modern Art:Painting, Sculpture, Architecture. Prentice-Hall,1985:199.

当代建筑师的心头，对当代建筑产生着深刻而持续的影响。

作为一场艺术革新运动，表现主义首先出现在绘画领域，或者，更准确地说，首先赋名在绘画领域。1908 年 12 月 25 日，野兽派画家马蒂斯在巴黎《大评论》上发表的《画家笔记》中，公开宣称他"所追求的，最重要的就是表现"，1911 年 4 月，文艺批评家在评论柏林"分离画派"的画展时，"表现主义"已成为青年法国艺术家绘画的代名词，同年 8 月，威廉·沃林格在柏林出版的《狂飙》杂志第二卷上还击 C. 威伦斯对法国印象派的攻击时，为表现主义下了一个定义，从此，表现主义作为一个运动的名称，在文艺领域被广泛采用。

虽然，表现主义产生的哲学基础可以追溯到康德甚至更为遥远的过去，但我们更倾向于认为，新康德派哲学家康拉德·费德勒（Konrad Fiedler，1841—1895）、唯意志论哲学家尼采（1844—1900）、艺术史家里格尔（Alois Riegl，1858—1905）诸人的学说，在这个失去了信仰、死掉了上帝的时代，对正在苦苦求索而又找不到出路的艺术家们，显然产生过更大的感召力和影响力。费德勒率先对艺术模仿自然的传统理论提出诘难，并提出"内在需要"是艺术创造的原动力的观点；尼采提出，艺术是权力意志的表现，艺术家是高度扩张自我、表现自我的人；里格尔在费德勒和尼采艺术哲学的基础上，进一步提出，每一件艺术作品都具有一个特定的目的、明确的艺术意志，所有的艺术史都不过是这种艺术意志表现过程的描述而已。[①] 所有这一切，为早期的表现主义探索者完成艺术创作由外（自然）向内（心灵）的转变，提供了坚实的理论基础。

追求心灵的表现，反叛传统的教条，拯救机械时代沦落的人性与艺术，这可以说是表现主义在所有艺术领域的共同特征。但是，由于艺术门类的不同，表现主义在各门艺术中的发展也表现出各自的特点。单从起源上说，在绘画上，表现主义可以追溯到凡·高和蒙克；在音乐上，可以追溯到瓦格纳和理查德·斯特劳斯；在戏剧上，可以追溯到斯特林堡；而在建筑上，则可以追溯到高迪。

高迪是新艺术运动时期建筑领域里的一员主将。[②] 他通过一系列风格别致的作品，以震撼人心的艺术力量，向世人证明：他不仅是一位新艺术的实践者和集大成者，同时也是一位传统文化的继承者。在建筑史上，很少有人能够像他那

---

① 赫尔曼·巴尔：《表现主义》，生活·读书·新知三联书店，1989 年，第 57 页。
② 高迪并没有参加新艺术运动，但他的作品代表了新艺术运动的成就，历来的建筑史和艺术史也常常将他作为新艺术运动的一位"列席"代表予以重点介绍。

样，以常规句法创造出别开生面的非常规形式和风格。在 1883 年设计的巴塞罗那萨格拉塔·法米利亚教堂中，高迪用自己独特的语言，对哥特式传统作了精妙的阐释。色彩明艳的塔尖、钟乳般高高耸立的塔身、植物花叶似的图案装饰，把人们带入一种如梦如幻的宗教境界。在这里，神秘的幻想、雕塑般的体块与加泰罗尼亚的文脉，是那样水乳般地融合在一起。高迪用变形构图，用粗犷的富有动势的曲线——或者准确地说，曲体，在这座教堂中塑造了一种富有灵性的怪异美。这种方法，几乎成为后来的表现主义建筑师灵感的重要来源。

高迪于 1906—1910 年设计的米拉公寓，1903—1914 年设计的居埃尔公园，在色彩的配置、空间的调度、立面的设计方面，似乎有意在典雅和怪异之间寻找一种中庸之道。居埃尔公园，正如阿纳森所说，"完全是一首梦幻曲，是标新立异的工程之作，是风景和城市规划超现实主义的组合。这个巨大的花园，是 18 世纪浪漫主义和英国哥特式花园的继承者。蜿蜒起伏的曲墙、坐席、洞穴、带柱的门廊以及连拱廊上，都覆盖着一层光灿灿的碎陶瓷片和玻璃片镶嵌图案，这一切组成一个庞大混合体"[1]。弯弯的小径、华丽的游憩场，状如圣诞树（或圣诞老人的帽子）般的奶酪色的屋顶，还有类似锯齿形的起伏的假山……这里不仅混合了优美与怪异、精巧与粗犷，更包含了高迪对与圣杯神话紧密相关的蒙特色拉的名山的隐喻。

高迪在 1905 年为巴特罗公寓设计的家具，在怪异方面似乎走得更远。所有的一切——柜子、椅子、桌子，从构图上说，全然是不规则形状的组合，这里没有直线，没有对称，更没有比例。从这些塑性十足的家具和陈设中，显然深藏着一种富有挑战性的智慧和幽默。

高迪的这种风格，在 1906—1910 年设计建成的米拉公寓中，获得了更为集中、更为充分的表现。楼顶的顶尖和烟囱，"犹如荷马诗篇中的独眼怪的姿态"[2]，奔放而又富有动势的檐线，既使这座建筑充满了雕塑的体积感和重量感，又使它充满了生命的律动感。在这里，高迪为观众虚构了一场充满了原始野性的压力与受力交互冲突的戏剧。这就是为什么高迪的建筑虽然不能说一定很美，却总具有一种激动人心的力量的原因。

---

① H. H. 阿纳森：《西方现代艺术史》，天津人民美术出版社，1986 年，第 78-79 页。
② 弗兰姆普敦：《现代建筑：一部批判的历史》，中国建筑工业出版社，1988 年，第 70 页。

虽然在高迪之前，尚有设计过莱比锡民族之战纪念碑的布鲁诺·施密茨等人对这类建筑作过探索，但真正将建筑设计引向一种美学变革的，无疑是高迪。首先，在造型上，高迪与他的前辈建筑师——包括巴洛克时代的建筑师——相比，更加彻底地突破了传统的线、面、体构造方式，大量采用曲线、曲体，从体量和雕塑性上赋予建筑新的生命；其次，突破传统的对称、和谐和稳定性的设计原则，在更大规模上追求不对称、冲突性和动势感，既使建筑因新奇与怪异而获得灵性与生机，又使设计者获得表现个性的充分的自由；最后，怪异的美学表现，使传统的建筑形式充满了戏剧性，也更加内在化、心灵化。

在新艺术运动时期崛起的高迪，以鲜明的个性向世人昭示了他独特而又怪异的设计美学。1914年，当表现主义运动的浪潮涌入建筑领域的时候，高迪显然成了年轻的表现主义建筑师的楷模。从1914起，门德尔松（Eric Mendelsohn，1887—1953）受到高迪和表现派画家雨果·巴尔等人的启发，开始了艰难而又富有成效的探索。他一方面对历来被人们奉为圭臬的传统建筑语言发起了进攻，一方面开始在图纸上通过一些幻想性设计，探索一种将建筑和环境揉成一体的塑性建筑。像高迪一样，门德尔松主要运用曲线、弧线，在体块和动势的合成中，寻求一种生命力和表情性，用布鲁诺·赛维的话说，门德尔松是"要让建筑说话，是要与建筑的源头决裂"[①]。20世纪20年代以前，门德尔松可以说是一个彻头彻尾的叛逆者和乌托邦主义者，他的设计，从材料到形式，全都是新的：形式——由曲线或弧线性塑性块体构成的富有动感的造型；材料——由钢铁、水泥、玻璃这样一些极为时兴的材料构成。这些设计，虽然不可否认地是从他最为钦佩的高迪那里获取了营养，但显然表现出门德尔松非凡的艺术想象力和创造力——它们显然比高迪更细腻、更精巧。

门德尔松最有影响的同时也是最容易让人把他和高迪的名字联系在一起的建筑，是1920—1924年设计的爱因斯坦天文塔。像以往的幻想设计一样，这座建筑依然采用了高迪的塑性句法。所不同的是，门德尔松在这座类似雕塑的建筑中，注入了更富有哲理性的隐喻内容和纪念性因素。建筑的主体，取象一个伸长脖子、艰难而笨拙爬行的动物，最底层是一个夸张的巨大爪子，它正鼓足干劲，缓缓前行。门德尔松显然要告诉人们，人类在探索宇宙奥秘的行程中是多么的

---

① 布鲁诺·赛维：《伊里奇·门德尔松》，伦敦：建筑出版社，1982年。

缓慢和艰难,又是多么自信而坚强!

许多人喜欢把门德尔松和勋伯格联系在一起,因为他们实在太相似了。这不仅意味着他们具有相同的文化背景和个人经历,更重要的是,他们都同样具有永不懈怠的探索精神和超越自我的进取精神。在建筑领域,门德尔松真可称得上是一位千面郎君,一座建筑一个样。1921—1923 年在卢肯瓦尔德建造的帽子工厂,门德尔松开始从建筑的可塑性转而追求材料固有的结构表现力;在1926—1927 年设计的科亨-爱泼斯坦(Cohen-Epstein)百货商店(还有 1921—1923 年设计的 Beliner Tageblatt 总部)中,门德尔松将达达派画家豪斯曼试验的拼贴技巧引入建筑的外部装饰,借以表达现代都市生活的多重性和非连续性。在这座建筑中,门德尔松大大弱化了从前设计中那种充满动势的句法。建筑的现代性,仿佛是在一种不经意中偶然地由设计者拼贴在这座现成的"旧式建筑"上的。在 1926—1928 年设计的肖肯百货大楼和同一时期设计的 WOGA 综合楼中,门德尔松又提炼出一种细致、明快的语言,形式更靠近抽象表现主义,或者说,更靠近密斯等人的风格。

卡西米尔·埃德施米德(Kasimir Edschmid)说:"表现主义是一种精神需要,而不是一种风格追求。它是一个灵魂的问题,因此也是一个人性的问题。"[1]这既是一种革除旧有形式、创造新形式的需要[2],也是心灵表现的需要。不错,在通常情况下,建筑的确是非叙述性的、非表情性的。可是,在表现主义建筑中,尤其在门德尔松的建筑中,情况就不同了。1967 年,在艺术科学院举办的柏林展览会上,人们就曾指出门德尔松作品具有如下特点:

> 一般认为,建筑不能表达诸如爱情、恐惧、悲伤、厌恶、热情、绝望等方面的情绪状况。门德尔松的作品却提供了令人信服的有力的证据:建筑可以说话、痛苦、歌唱、成长甚至倾听,它不仅可以作为人类感情的背景,而且也可以作为表达人类情感中最细微、最神秘、最深沉的东西的媒介。

> 门德尔松的建筑是"在运动中"的建筑,在这方面,超过了新塑造主义的分解装置(Device)。"第四维"不是否定,而是颠倒第三维,用一系列自由分

---

① 布鲁诺·赛维:《伊里奇·门德尔松》,伦敦:建筑出版社,1982 年,第 20 页。

② 布鲁诺·赛维说:门德尔松是"从无中创造某种东西"。见布鲁诺·赛维:《伊里奇·门德尔松》,伦敦:建筑出版社,1982 年,第 20 页。

布在空间中的能（Energy）使之生动起来。这种与莱特暗合的新编码是开放的、多价的，在处理每一主题和每一变化时，是无可争议的，也是不可否决的⋯⋯

在"简洁的符号""单个的轮廓"这类表述中，门德尔松唤起了对波罗米尼（Borromini）和高迪建筑的魔力的注意：这种建筑是用熔岩和喷溅的深绿玉髓（Plasma）做成的鼓凸的体块。它不是来自非理性本能。源于雕塑模型、工业产品和最先进的工程的爱因斯坦塔，其语言仍然是不可超越的。[①]

与门德尔松相比，陶特（Bruno Taut，1880—1938）对表现主义的热情似乎缺乏一种持久的连续性，但是，他显然比门德尔松更幸运。早在 1914 年，陶特那座受到薛尔巴特（Paul Scheerbart）直接影响并且受到这位诗人的热情称赞的玻璃展览馆，已经为他带来了巨大的声誉，并且为他在表现主义建筑史上奠定了牢固的地位。在这座建筑中，陶特没有像格罗皮乌斯和梅耶那样，在严整的几何框架中理性地探索那种纯粹的玻璃结构。相反，他在一种自由表现的"艺术意志"的召唤下，以一种反建筑、反文化的姿态，对建筑的形式作了大胆的同时也是富有新意的处理。这是一座用多面反光的有色玻璃做成的"城市皇冠"，外形类似松果，内部设置带水落的踏步。当阳光照耀时，不仅玻璃馆外部璀璨绚烂、光彩夺目，室内的光效设计也别具匠心——当阳光透过有着多层玻璃的小圆顶和墙体进入室内时，那种迷离惝恍的光影变幻，会造成一种难以言传的神奇效果。

有趣的是，陶特还在玻璃馆中刻下了诗人薛尔巴特的一系列格言："光需要结合""玻璃带来了新时代""我们向砖石文化致歉""没有玻璃宫，生活将成为负担""彩色玻璃消除敌意"等。显然，陶特像当时的玻璃建筑的鼓吹者薛尔巴特、贝恩一样，不仅把玻璃当成了现代建筑复兴的救主，而且当成了解除人类困境的万能妙药。因此，这座建筑不仅体现了陶特在他的《玻璃链》中兜售的建筑哲学，同时也表现了他的生活哲学和社会观念。

陶特显然是一位富有诗人气质的建筑师。他以玻璃取代砖石的观念和利用玻璃建造城市王冠的理想多少带有一些率性的天真；但是他却给当时的建筑师们带来了一种新的城市设计观念和美学理想。建筑师们比任何时候更深切地意识到，一座城市必须有它的主题和视觉中心。格罗皮乌斯在 1919 年为《不知名

---

① 布鲁诺·赛维：《伊里奇·门德尔松》，伦敦：建筑出版社，1982 年，第 12 页。

建筑师展览》所写的前言中呼吁：

> 我们必须协同提出、构思、创造一个新的建筑概念。画家们、雕塑家们一起来打破建筑界周围的障碍,向着艺术的终级目标——创造"未来的大教堂"而奋斗。[①]

这里的"未来的大教堂"就是陶特所谓的"城市王冠"(虽然前者的含义要丰富得多,但至少在美学意义上可以作如是观)。格罗皮乌斯道出了当时的建筑师的心声。

波尔吉格(Hans Poelzig, 1869—1936)于 1918—1919 年设计的柏林大剧院,被公认为是实现了陶特和格罗皮乌斯理想的典范之作。

这是一座设有 5 000 个座位的剧院。室内的圆顶和墙面由一层层递降的钟乳状下垂物装饰,地面深色的座椅一律饰以白色花边,并成环状排列,同顶部的装饰形成统一的韵律;当光线透过顶部下垂物的空隙射进大厅时,观众会有一种置身在原始洞窟的感觉。如果说伯格(Max Berg,1870—1948)1912—1913 年设计的世纪大厅主要是通过粗犷放任的巨型结构表现了一种罗马式的雄伟和宏阔,那么,波尔吉格通过这个设计,展示了建筑所能表现的更为内在的精神力量。波尔吉格的成功在于,他不仅通过自己的设计体现了对建筑艺术的熟稔的把握,而且,更重要的是,通过室内气氛的营造和渲染,体现了莱因哈特戏剧的宏阔场面和浪漫精神,从而也反映了他对戏剧艺术的深刻理解。谁也不能否认,这座剧院本身就是一个生动的、充满了戏剧性的舞台布景。它既是一座美的纪念碑,同时也是一首充满了诗意和童话色彩的梦幻曲。

陶特和波尔吉格的成功,使得连一度固守中世纪建筑语法的贝伦斯也按捺不住了,这导致了霍切斯特染厂办公楼(I-G-Farben Dye Factory Hochest,1920—1921 年)的出现。虽然这座建筑的外形因受阿姆斯特丹学派的影响,采用了富有体量感的穹顶、巨大的哥特式钟塔,在一定程度上表现了向中世纪的北德意志砖石传统回归的意向,但是,内部光感的处理却显然采用了表现主义的句法: 四层多面体承重墙,交替砌成带窗子的普通墙面和锯齿形墙面;透明的屋顶,像一柄装饰着蜘蛛网纹样的大伞,优美地向着天空展开,当阳光穿过"伞"面,

---

① 弗兰姆普敦:《现代建筑: 一部批判的历史》,中国建筑工业出版社,1988 年,第 137 页。

照进室内时,锯齿形的墙面会变幻出一种水晶般透明的黄色。贝伦斯通过对自然光源巧妙的处理,使这座建筑的内部既浸染上大自然的色泽,也隐然回荡着饱受战乱之苦的西方心灵恐怖的回声。①

霍格(Fritz Hoeger, 1877—1949)于 1923 年为某海运公司设计的智利大厦,历来被视为德国表现主义极盛时期的代表作。这座建筑利用一块孤立的三角形地带,运用极度夸张的构图、过分装饰的砖砌结构和充分扭曲了的哥特式句法,把一种流线型的活力带入建筑。在这座建筑的上部,是一个骤然翘起的锐角,活像一只船头。它是整座建筑设计中最具活力与创造性的部分。建筑内在的张力、隐喻性、体积感和形式美,因为它而得到强有力的表现。

20 世纪 20 年代,雨果·海林(Hugo Haering,1882—1958)发展了一种他称之为"有机性"的方法,借以对抗柯布西耶的几何学先验论和技术复制观。1922年设计的独家住宅(Single-Family House)和 1924—1925 年设计的加尔考模范农场,大概就是海林所谓"有机"论的演绎。加尔考模范农场是一个建筑综合体。海林采用坡屋顶、大体量的形制和疏密结合的布局,在一种开放的场所氛围中,表达他对自然的深切关注以及对纯粹主义顽强的反抗。海林说过:

> 我们需要考虑许多事物,并且允许它们去发现它们自己的形象。我们不可能从外部把一种形式强加在谷物身上……在自然界,"形象"是事物许多部分互相配合的结果。它们是以一种允许整体以及它的各部分最充分最有效的生存方式配合的……如果我们想要发现"真正的"有机形式,我们就要按照自然行动。②

在海林看来,自然是设计灵感的源泉,也是设计的立法者和仲裁者,因此,无论是传统的还是现代的所谓规范化语言,都是设计的敌人。这使得海林同门德尔松以及斯坦纳在设计思想上走到了一起。

斯坦纳(Rudolph Steiner,1861—1925)是瑞士建筑师,同时也是一位哲学家和神秘主义者。他于 1925—1928 年设计的哥地奴姆 2 号住宅,堪称表现主义作品中最为诡异也最具有视觉冲击力的一部作品。这是一座完全排斥了直角几何法的建筑怪物:大小不等、形状各异的窗户,如同中世纪城堡的炮孔;凹凸不平、

---

① David Watkin. A Hisory of Western Architecture. Thames & Hudson,1986：512.

② 弗兰姆普敦:《现代建筑:一部批判的历史》,中国建筑工业出版社,1988 年,第 143 页。

残缺不全的墙面,如同古代神话中的怪兽。斯坦纳在很大程度上直接运用了高迪的句法,但在反叛传统建筑美学原则和创造建筑的雕塑性特性方面,他显然比高迪走得更远。

1927—1928 年,霍格(Fritz Hoeger)设计了报业大厦与影剧院综合楼(Anzeiger Hochhaus)。在这座建筑中霍格依然沿用了他多年坚持的砖砌结构,而且再一次显示了他在继承传统、混纺出新方面的创造才能:德国中世纪城堡式砖砌墙体,罗马式穹顶,排列齐整的玻璃窗户,反向阶梯状的不规则的梯形门洞,这一切的奇妙融合,使这座建筑既充满了幽深的历史感,又具有浓厚的时代性,同时,通过那组古怪的门洞,表达了一种谨慎而又执著的反语言、反建筑倾向。

荷兰的阿姆斯特丹派,作为欧洲表现主义的一支劲旅,在运用砖体构造这一中世纪传统语言方面,显示出持久的热情和独特的匠心。1912—1916 年,约翰·凡·德尔·梅(John van der Mey,1878—1949)和助手皮亚特·克拉梅尔(Piet Kramer,1881—1961)及德·克勒克(Michel de Klerk,1884—1923)合作设计的海运公司办公楼(Scheekvarthuis),1918—1922 年皮亚特·克拉梅尔设计的阿姆斯特丹道格拉德公寓,1918—1919 年德·克勒克设计的埃更·哈尔德房地产公司,所有这一切,都可以称为这一时期砖砌式表现主义代表作。

海运公司办公楼采用 V 形立面,钢筋混凝土框架上覆以华丽的砖墙;顶层两排突出的、排列齐整的气窗与屋顶上兀然竖起的砖体碉楼,为整幢建筑增加了一种磅礴的历史感和肃穆的崇高感,既使这座建筑体现了与航船之间的隐喻性联系,也体现了在传统与现代之间的某种语意关联,同时也使建筑本身的纪念性得到了充分的显示。

皮亚特·克拉梅尔的阿姆斯特丹道格拉德公寓和克勒克的埃更·哈尔德房地产公司主要以手工成型的砖和挂瓦为材料,在体量调度和塑性把握方面,显示出独特的个性。皮亚特·克拉梅尔借鉴中东式古堡句法,通过弯曲的三角楣饰,展示了一种朴实的壮观;德·克勒克则通过运用角楼、烟囱管、双扇门式窗和从中世纪随手拈来的八角形沥青坡屋顶,展示了更为丰富的建筑理念。

杜多克(Willem Marinus Dudok,1884—1974)于 1924—1930 年设计的海尔珀森镇公所(Hilversum Town Hall)方案,从技巧的角度,对莱特的体积句法作了新的解释。总体布局采用水平与垂直对比,重点突出塔厅,使高耸的塔厅成为都市富有向心力的矢量聚焦点和视觉中心。杜多克是莱特的追随者,他在设计中摒弃了他的同胞们惯用的砖砌方法,而采用了更为纯粹、更为简洁的混凝土句法,这就使得他的纪念性寓意更接近国际风格派一路。

毋庸讳言,表现主义建筑主要是以强化的手段,通过对室内和室外的艺术处理,来塑造气氛,表达和呼唤内心情感的。但是,如果对表现主义的理解仅仅停留于此,显然是不够的。对表现主义的理解,应该围绕下面两点:一方面是建立在突破传统而又不排斥传统的基础之上的艺术形式上的苦心孤诣;另一方面是建立在形式与功能双重考虑基础之上的建筑的生命感和表现力的着意开掘。换句话说,表现主义是比较艺术化的,但绝不是传统意义上的艺术化,而是一种富有现代感和革命意义的艺术化——表现主义在对传统的继承与革新方面作出了重要贡献;同时,表现主义在通过艺术化方式表现人类心灵时,并没有忽视建筑的实用功能。如果硬要将建筑分为形式与功能两个方面的话,那么,表现主义在对这两者关系的处理上,即使称不上是普遍做到恰如其分,至少可以说多数处理得恰到好处。伯格的世纪大厅,波尔吉格的柏林大剧院,贝伦斯的霍切斯特染厂办公楼,陶特的玻璃馆,还有门德尔松的大多数作品,谁能否认他们在空间处理上所取得的成就?

总而言之,建筑中的表现主义,正如其他艺术领域中的表现主义一样,作为一场由“艺术意志”统帅下的艺术革新运动,在建筑史上具有十分独特的意义。它不仅是一次创作手法、设计思想和美学观念的革新运动,更重要的是,它还是一次审美革新运动。换句话说,表现主义不仅要求创作主体在艺术意志的指挥下完成从客体(自然)的表现到主观(心灵)的表现的转变,而且要求审美主体实现审美心理结构上的转变。如果说音乐上的表现主义要求审美主体用耳朵去“看”音乐;绘画上的表现主义要求审美主体用眼睛去“听”绘画,那么,建筑上的表现主义主要是通过动势感——非稳定性,流线型——不确定性,怪异性——反建筑性,要求审美主体不仅要用眼睛去看,用耳朵去听,还要用心灵去感悟、去追溯、去回应来自旷古、来自神秘的精神彼岸的灵魂的呼唤。

当我们全面审视现代建筑的历史演变,当我们反思现代建筑从现代到后现代再到新现代的几次转折时,我们不能不对表现主义在现代建筑历史中所付出的努力以及这种努力所包含的可贵的超前性表示由衷的赞美! 历史是无法假设的。但我们也不妨假设一下,假如现代建筑不是按照格罗皮乌斯和密斯等人所指引的路线前进,那将会如何?现代建筑经过半个多世纪的演变,从反文化、反建筑的现代主义又回到重文化、重形式的后现代和新现代,这本身也包含着一个令人深思的问题:建筑历史走向现代主义,到底是建筑的幸运,还是建筑的不幸?在表现主义产生的时候,现代建筑的发展,至少存在着三种可能性:一种是格罗皮乌斯和密斯的现代主义;一种是门德尔松的表现主义;一种是胡德(R. Hood)的新古典主义或传统主义。格罗皮乌斯和胡德基本处于两个极端,前者表现为一种以实用为基础的科学理性,后者表现为一种以文化为基础的艺术理性;表现主义正好处在格罗皮乌斯和胡德之间,既包含了艺术——当然还有文化,也包含了科学;既具有现代主义的革命性(反偶像、反语言),又具有传统主义的历史情结(complex)。然而,现代建筑并没有选择表现主义这一条中庸之道。艺术理性在科学理性的强大攻势下败北了。

值得我们注意的是,当多数建筑师纷纷走向现代主义的时候,依然有一些建筑师不惮孤独地坚持着另一种设计美学——与表现主义不谋而合的设计美学。阿尔托 1939 年设计了纽约世界博览会芬兰馆,1950—1953 年设计了芬兰珊纳特塞罗市政厅;尼迈耶 1943 年设计了巴西圣·弗朗西斯教堂;维拉努瓦 1950—1951 年设计了委内瑞拉加拉加斯奥林匹克体育场;柯布西耶 1950—1954 年设计了著名的朗香教堂;夏隆 1956—1963 年设计了柏林爱乐大厅(Berlin Philharmonic);卡斯蒂利亚尼(E. Castignioni)1957 年设计了锡拉丘兹朝圣方案;奈尔维和维泰罗奇 1956—1957 年设计了罗马小体育宫;1971 年奈尔维又设计了梵蒂冈会堂……当后现代主义在 20 世纪 70 年代初崛起的时候,表现主义就以另一种形式,寄居在当代建筑的历史发展中了,于是,文化理性,从而也是艺术理性,同科学理性握手言和了。

在这里,我们必须提到詹克斯在《新现代》中所说的"新表现主义"。20 世纪 20 年代的表现主义,在很大程度上是因为有哲学、戏剧、美术、音乐等领域的文化的、审美的风尚的影响,70 年代后期到至今的新表现主义,却显然源于一种建筑文化和建筑审美上的批判性的反思。新表现主义绝不是门德尔松式的表现主义的重复,但是在建筑的艺术造型、哲学观念与美学思想的表达方面,它显然同表现主义有着深刻的渊源。奥地利建筑师多米尼希(G. Domenig)的 Z 银行(1979—1982)虽然有些造作地表现了一种卡夫卡式的荒诞激情,但它强烈的隐喻性和表情性与高迪、门德尔松却毫无二致。菲利普·约翰逊和约翰·伯吉的匹兹堡皮板玻璃公司总部(1979—1984)、赫尔墨特·约翰(Helmut Jahn)的展览塔(1985)、西萨·佩里的世界金融中心大厦(1982—1987)，用新的材料和新的观念，以抽象的手法，对古典句法作了创造性的阐释；德国建筑师波穆(Gottfrid Bohm)的不来梅港大学(1982—1989)、意大利建筑师伽德拉(Ignazio Gardella)的新建筑所(New Faculty for Architecture，1990)，试图在各自的地域文化中寻找某种原始和朴野因素；盖里(Frank O. Gehry)在自己的作品中追求一种怪异的雕塑感和解构性；莫斯(Eric Owen Moss)极力在自己的作品中寻求一种创造的智慧和表达的自由；建筑工作室(Architecture Studio)的伙伴们则以极端和先锋的语言，戏拟了陶特的玻璃链建筑……新表现主义建筑的实践者在寻找建筑化和艺术化的结合点的过程中，虽然难免表现出某种程度的形式主义倾向，但他们在作品中表现出来的对历史、文化的尊重，对建筑的个性的追求，对美的形式的探索，对当代建筑的健康发展，无疑具有重要意义。

从表现主义到新表现主义建筑的演变历史中，我们得到一个重要的启示：任何艺术创作——建筑创作，不论它如何"先锋"、如何科学，绝不可轻视文化、忽视艺术、消泯个性，否则，必将在艺术和历史的自然选择中被淘汰、被忘却。平淡、单调、无个性，不仅是建筑景观和艺术审美的大敌，同时也是设计竞争的严重障碍。因为，随着当代建筑领域中功能的艺术化和艺术的功能化的双向交融，建筑审美本身不仅已成为建筑功能不可分割的组成部分，而且扮演着越来越重要的角色。这是当代中国建筑师应该特别关注的。

14 建筑与园林艺术的审美特征[*]

建筑是人类最早的艺术形式。尽管西方思想家们对建筑的看法反差较大——比如,叔本华把建筑置于所有艺术类型的最底端,黑格尔却把建筑置于人类艺术序列的首位——但是,建筑在人类生活和艺术中的重要地位,已是公认的事实。园林,作为建筑的延伸和扩展,和建筑一样,不仅成为人类物质高度发展的表征,也是人类精神高度发展的标志。我们通常所说的世界五大奇迹也好,七大奇迹也好,其中绝大多数,都是建筑和园林。这体现了人类对建筑的认同。一个城市、民族和国家,想要显示其文化个性和美学风格,最直观、最恰当、最具有表现力和最引人注目的载体,也只能是建筑和园林。正因为此,维特根斯坦说:"建筑使某些东西永恒并获得赞颂,因此,但凡无建筑之处,即为无可称道之处。"①

建筑和园林互相关联、联系紧密,而且最贴近人类生活,最具有审美的通俗性和群众性,因此,我们把它们放在一起,分别予以论述。

一、建筑艺术

如果说自然是造物主创造的最壮观、最宏伟的作品,那么,城市和建筑就是人类创造的最壮观、最宏伟的艺术。

建筑矗立在天空和大地之间,在作为内在的、真实的空间为人类提供"诗意的栖居"的同时,作为一种外在的、物质的、实体的巨观意象,建筑几乎是以强制性的方式,进入大众的视野。所以,建筑称得上是一种体量最大、公共性最强、最具侵略性的艺术形式。

---

* 本文原载于《艺苑》2010 年第 1 期。

① Colin St. John Wilson. Architectural Reflections: Studies in the Philosophy and Practice of Architecture. Architectural Press, 1992: 191.

图 14-1 西安大雁塔

图 14-2 颐和园十七孔桥

图 14-3 黑森林农庄

建筑，从终极本质来说，是一种协调了实用目的和审美目的的人造空间，是一种活的、富有生机的意义空间。利奥塔说："共同的时间，共同的意义，共同的场所，这就是住宅（domus）的含义，住宅所表现的含义。"的确，住宅，体现了时间、空间和意义的同在性。但是，建筑——作为公共场所的建筑也好，作为私人场所的住宅建筑也好，无论从审美上，还是从文化上，其实也包含了历时性的意义，也就是说，非共时性意义，尤其是对那些已经失去实用意义、类似于进入了建筑博物馆的那种建筑。对这样的建筑来说，它所承载的文化记忆和它所标示的审美价值，才是它的最大价值和最大的意义。

建筑是一定时期的历史、文化和社会的表征，也是聚焦和上演各种生活"戏剧"的舞台。最低俗与最高雅的，最简朴与最豪奢的，最放荡与最拘谨的，最残暴和最仁慈的……数不清的"戏剧"形式在不同的建筑里粉墨登场。因此，建筑在作为容器或遮蔽物承载人类社会生活活动的同时，其实也在塑造或建构人们的

图 14-4　福建永安客家住宅群

生活,改变着人们的生活方式;反过来,一定时代的生活方式,也在改变着建筑的审美形式和功能结构。

建筑和园林最根本的特性,不必说,就是其空间性,这一点既明确又毋庸置疑,因此无需论证。那么,作为一门以建构空间为终极目标的艺术,建筑的独特性又是什么呢?为了节省篇幅,这里主要从四个方面来谈。

（一）象征性

建筑的象征性,首先是古代人类对建筑的一种带有始源性的解释,或者说,是古人为城市或建筑构拟的一种宇宙起源论模式。这种带有神秘主义色彩的解释赋予建筑一种独特的精神气质。

在西方人看来,建筑或者说城市的创立,从纵向的时间上说,通常就意味着宇宙的起源、历史的开端。"每一座新城市都标志着世界的一个新的开端。"①比如罗马城的创立,就象征着罗马历史的开端。在犹太民族心中,甚至只是耶路撒冷庙的基石的竖立这样一种个别而单一的事实,就象征了世界的创生。

在古代,无论中外,城市就是宇宙的象征。一个城市就是一个世界。据西方古典学者考证,"obis"(城市)这个词和圆形物、球体有关,而球体,就是指地球,指世界,也就是宇宙。古罗马人就固执地认为罗马是位于地球的"肚脐"上的城

① 伊利亚德著:《神秘主义、巫术与文化风尚》,宋立道、鲁奇译,光明日报出版社,1990年,第27页。

图 14-5　耶路撒冷旧城

市，是坐落在宇宙中心的城市。①

　　在东方，印度人关于城市和庙宇的起源的解释，也具有明显的宇宙论印迹。在古代印度人看来，他们的城市中心，就是宇宙的中心。那座住着高级神祇的弥卢山(Mount Meru)，就是宇宙之山。因此，他们的城市就是宇宙之城。所以，这座城市的四大城门都有天神把守。

　　在这一点上，柬埔寨的吴哥城更具典型性。"吴哥城代表着一个被连绵的山峦和神秘的海洋环绕的世界。城市中心的主庙象征着弥卢山②，庙里的五座宝塔象征弥卢山高耸的五峰。主庙周围的那些附属神殿代表着围绕其运行的星座（它们在宇宙时间中按照各自的运行轨道运行着）。信徒被强制要求完成的主要仪式行为，就是必须按照预先规定的方向沿着建筑物周边绕行，这样才能连续通过太阳周期的每个阶段，换句话说，随着时间同步穿越空间。这座主庙实际上承担着天文钟的功能，象征并控制着神圣的宇宙学和宇宙地志学，在整个宇宙中，它是一个理念中心和指挥中枢。"③

① 伊利亚德著：《神秘主义、巫术与文化风尚》，宋立道、鲁奇译，光明日报出版社，1990 年，第 27 页。
② 弥卢山是古印度神话中其大无比的金山，被视为大地和宇宙的中心，日、月、星辰均围绕其运行。
③ Mircea Eliade Occultism, Witchcraft, and Cultural Fashions Essays in Comparative Religion. The University of Chicago Press, 1976：23-24.

在北美,印地安人举行入会仪式的神圣的棚屋,也是宇宙的象征。屋顶象征天盖,地极象征陆地,四壁象征宇宙空间的四方,而且四扇门、四扇窗户、四种颜色都表示着东南西北四方。

图 14-6　天坛轴线

图 14-7　祈年殿"九龙藻井"

图 14-8　天坛皇穹宇之圆形围墙

图 14-9　天坛皇穹宇对景

古代中国,建筑和宇宙存在着一种严格的对应关系。中国人管房屋顶部的窗户叫"天窗",把与蒙古人住的蒙古包类似的屋顶称为穹窿顶。北朝民歌有"敕勒川,阴山下,天似穹庐,笼盖四野"之句,这里,天又还原为蒙古包那种中间高、四围低垂的样子了。这个例子,足以说明两者之间的象征关系是何等紧密。

总之,城市也好,建筑也好,在古代人类的心目中,全然成了世界的镜像、宇宙的成像。

黑格尔说："我们可以把独立的建筑艺术叫做一种无机的雕刻,因为它固然建立起本身独立的作品,但是并不能因此就用恰当的躯体形象去达到自由美和表现精神的目的,而是一般只摆出一种象征的形式,来暗示和表现一种观念。"[①]黑格尔的意思是,建筑与雕塑这类倾心于精神性和自由的艺术不同,它无法以形式或意象的构造本身为目的,它必须受制于人类实用的目的。但是为了表达精神和观念,人类依然想方设法使建筑承载一些观念,于是只好采取象征手法。

从宇宙起源论角度内置总体的象征的观念,这还只是建筑的象征性表达的一种比较古老的手段。建筑的象征表达方式可以说多种多样,不过还是以细部修辞和构件(包括数字)寓意为主。

北京天坛公园中的圜丘坛和祈年殿,是具有丰富的象征意义的建筑经典。圜丘坛的平面,是里面的三个同心圆,加上外面的包围式正方形,是具有典型中国特色的内圆外方格局,象征"天圆地方"。

圜丘坛四周是覆盖着绿色琉璃瓦的红色宫墙,俗称"子墙"。子墙的东西南北各有一扇大门。北门叫北天门,也称成贞门;东门叫东天门,也称泰元门;西门叫西天门,也称广利门;南面正门叫南天门,也称昭亨门。"门"而名之曰"天门",而且还标志出东西南北,这正与天圆地方的宇宙空间和位向对应起来。而各门的另一名称,按序分别为元、亨、利、贞。这显然是根据《周易》的"乾卦四德"而来。按《周易》的解释,"元者,善之长也",元为百善之首,也是初始的意思,是创始万物的天地之大德;"亨者,嘉之会也",也就是"通"的意思,万事顺遂,万物生长繁茂亨通;"利者,义之和也",也就是天地阴阳相合,从而使万物生长各得其宜;"贞者,事之乾也",贞,也指万物的根本,万物生长顺利的保障。实际上,"元亨利贞"也暗含春夏秋冬之意,包含着对自然宇宙的象征意义。

古代中国人认为,上天共有九重天,即日天、月天、金星天、木星天、水星天、火星天、土星天、二十八宿天、宗动天(上帝的居所)。所以圜丘坛的台面采用了九重石板镶嵌的方式,以象征九重天。古代中国人认为天属阳,地属阴,同时又认为奇数属阳,偶数属阴。所以圜丘的天心石外围的扇形石,上坛总共九环,每一环的数字都是九或九的倍数,中坛和下坛也和九密切相关;圜丘坛所砌的石台阶和环绕四周竖立的石栏杆条石的数目,也是九的倍数。九既是阳数,又是十以

---

① 黑格尔著：《美学》第三卷上,朱光潜译,商务印书馆,1986年,第30页。

下最高的和最大的数,古代称皇帝为九五之尊,说明九包含至高无上、至大无外之意。因此,这里的数字,象征上天的无比尊贵、至高至大。

祈年殿也是如此。祈年殿是一座鎏金宝顶三层出檐的圆形攒尖顶建筑。蓝色琉璃瓦和穹窿顶,既象征着天,又有人望圆满的意思。殿中以圆柱结构筑成,在两个同心圆中,内外楹柱各采用 12 根楠木大柱,支撑着殿顶中央的"九龙藻井",表示一年 12 个月,每天 12 个时辰;中央为 4 根楹柱,叫通天柱或龙井柱,代表一年春、夏、秋、冬四季;支撑着整个殿顶重量的 28 根柱子,则代表天上 28 星宿。这座建筑和圜丘坛一样,对数字情有独钟,通过数字,表现了古代中国人与宇宙的关系、与自然的关系,体现了中国人的自然观、宇宙观和时间观。

柯布西耶的朗香教堂,也是一座非常有名的象征建筑的经典。关于建筑的外形轮廓,有很多种解释,有人说象征教士的帽子(暗示宗教意义),有人说像水中的鸭子,有人说像帆船等等,不一而足。由于这座教堂的墙壁上设计了许多大小不一、形状不同的窗洞,这既给教堂创造了融合宗教空间的神秘的光影效果,又创造了象征与暗示效果。有人认为,那些窗户象征着教徒虔诚倾听上帝声音的耳朵。不管柯布西耶的真实意图如何,这个建筑杰作能够引起人们这么多的象征联想,这本身就说明,这个作品为人们阐释其意义提供了无限多的可能性。

图 14-10　朗香教堂(柯布西耶)

建筑的象征意义,体现了爱好艺术的人类对建筑的表情性的期许。本来,建筑是非叙述性和非表情性的。它既不能像绘画那样自由地模仿客观世界,又不能像语言艺术那样自由地表达情感。按理,建筑属于客观的艺术,情感中立的艺术,创造真实空间的艺术。但是,建筑的设计者却往往并不甘心建筑的这种非精神性的、拘束的处境,因此,建筑师们总想突破局限,挑战极限,使建筑"升级"到一种甚至连绘画和诗艺也无可企及的象征境界。这就是象征在建筑中,尤其是在那些纪念性建筑中频频"露脸"的原因。

图14-11　对柯布西耶的朗香教堂隐喻意义的多种解释

但是,需要指出的是,建筑的象征性一旦超出了建筑自身所能容忍和容纳的限度,就会变成象征的滥用。须知,从建筑的本质意义和终极价值来说,建筑本不应该承载这样的精神内容。建筑为空间而生,与空间同在。这才是建筑真实的价值与意义。

图 14-12　富山县立山博物馆(遥望馆)(矶崎新)

图 14-13　法国里昂塞特拉斯火车站(卡拉特拉瓦)

（二）体验性

建筑的体验性，在很大程度上，就是建筑与身体的相关性。在古代人类心目中，建筑是人的庇护所，是人的身体的寄寓处，所以，房屋的通俗叫法是"窝"或"棚"。"窝"或"棚"这种尚未完全摆脱动物痕迹的建构，只是代表生命的极简的寄寓处。如果说建筑是宇宙的肉体，宇宙就是建筑的天然的庇护所；建筑是人的衣服，宇宙就是人的第二级次衣服。如果人是建筑的肉体，那么，他也就是宇宙第二级次的肉体。所以，竹林七贤之一的刘伶在裸体纵酒时，能够宣称："我以天地为栋宇，屋室为裈衣。"刘伶的话虽然在很大程度上体现了魏晋文人的狂放，但是，他却在无意中为古代中国人乃至整个人类的自然观和建筑观提供了有力的佐证。

建筑和衣服之间的紧密性和相关性，充分体现了建筑与身体的相关性，反之亦然。虽然我们还无法确定，到底最初是衣服模仿建筑，还是相反。但是，现在的事实是，建筑采取了服装的样式，建筑师采取了服装设计师的思路。

我们在很多国家的建筑中几乎都能够找到建筑和服装类似的例证。比如，古希腊士兵的帽子和建筑的屋顶，希腊柱式与人体，泰姬陵屋顶与印度人的帽子，蒙古人的屋顶和蒙古人的帽子，中国古代服饰中的笏头履与建筑的柱础、头饰与屋顶造型，泰国宫廷建筑的屋顶和泰国女人的帽子，甚至巴洛克时代建筑曲线和西服的样式，这些都非常相似。我们再联系到古希腊的那些完全象征人体的柱式系统，以及古希腊神庙的女像柱，就更能体验身体在建筑中的位置，从而也可以直观地了解建筑体验的身体性确证。

图 14-14　泰国建筑与服饰（头饰）之比较

图 14-15　印度建筑与武士头盔之比较

图 14-16　中国建筑与中国古代头饰之比较(右图为马王堆一号汉墓戴冠男俑)

　　所以在古代,人们不仅按照人的外貌特征,按照头、身体和脚来构建如柱式这样的建筑部件,同时,也建构整体建筑。而在整体建筑中,作为帽子的屋顶,通常被置于非常重要的位置。

　　在建筑与身体、与服装的这种关系中,当然不能排除建筑师的审美考量,但是,显然可以看出的是,当古代建筑师和建造者们在建造建筑时,他们必定意识到,始终有一个不在场的身体以虚拟的方式在场,始终有一个实际不在场的虚拟的使用者和观赏者在场。可见,建造者一直是(也必须是)以先期体验的方式,关注着、考虑着建筑这件"衣服"对使用者的适合度和视觉满意度的。

　　因此,建筑的这种身体性,除了这种比拟性意义和服装的形式感觉之外,还有更深层的意义,即:建筑是在体验美学统领之下的形式美学与功能美学的完美结合。

　　从旅游者的角度说,建筑在很大程度上,不是建筑,而只是一种景观。这种旅游主义审美观,在公众中颇有市场。这其实是对建筑的误解。建筑就是建筑。

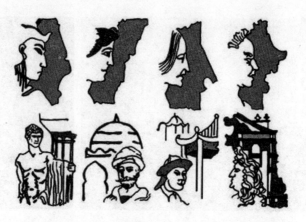

图 14-17　庞德对建筑所作的人种和社会学方面的解释

图 14-18　布拉格顿对建筑所作的拟人的解释

图 14-19　玛丽莲·梦露优美的
身体曲线对建筑设计的启示

建筑从来就不是也不应该是一种专供视觉欣赏的奢侈品。建筑首先就是一种充分表现其实用功能的人类的空间构造物，其次才是具有观赏意义的巨型审美形式。换句话说，建筑的价值，首先是它的善的价值，其次才是美的价值，而且，善的价值优于美的价值，功能的价值优于审美的价值。

所以，建筑师在设计建筑时，其终极目标，是空间利用的最大化和空间组织的最优化。具体地说，对于使用者来讲，要体现出空间效率的最大化和体验效度的最大化。

空间最大化了，建筑师就会自问：这些空间是否实用？是否好用？也就是说，对使用者来说，是否方便？是否舒适？在此前提下，是否富有视觉美

图 14-20　北九州市图书馆餐厅梦露式屋顶曲线轮廓（矶崎新）

的效度？环境的布局、色彩的搭配、细部的装饰是否到位？

建筑的体验，除了建筑师的预期体验之外，最后还要经受使用者的实际体验和确认。建筑内部和外部的各种尺度是否合适，比如台阶的宽度和高度，门廊的宽度和高度，窗户的大小和形制，天花的高度和色彩，乃至灯具与家具的布置等，都需要获得确认和验证，只有这样，建筑的质量才可以获得真正的保证。

（三）折中性

建筑是所有艺术形式中聚合并调节了最多的冲突类型的形式。

建筑首先是人与自然冲突的产物，因为建造本身就是人的一种摆脱自然状态的努力。建筑也体现了材料与重力的冲突。维特鲁威说建筑要坚固、实用、美观，其中的"坚固"，既包含了对重力本身的考量，也包含了作为建造物的建筑与自然的冲突。建筑一旦开始建造，就意味着它与风力、震动，与预料中的暴风雪、龙卷风、虎豹豺狼和地震这样或那样的冲突的开始。

建筑也是人与人冲突的产物。因为人间除了春花秋月，还有血腥暴力，建筑在承担最低限度的遮风挡雨功能的同时，还有防御的功能。这种防御功能，除了抵挡暴力的入侵之外，更多的还有一种心理的防御功能。建筑，无论作为住宅，还是作为公共的娱乐场所，其本身也具有相对的私密性，即使是夜总会的舞蹈，也不希望在露天的情境下进行，其原因也在于此。

建筑也是艺术冲动和实用冲动之间的冲突的产物。在相当大程度上，人类建筑的历史，就是这样两种冲动冲突的历史。卢斯曾经提到，在满足艺术家个人

189

图 14-21　艺术大举侵入建筑

趣味的艺术品和对每个人负责的住宅之间，体现了建筑的公共性和艺术的私人化之间的冲突。"艺术品要把人类从对世界的舒适的适应中搜出来，住宅则使我们感到舒适；艺术品是创新的，住宅则是守旧的；艺术品为人类指出了新的途径和关于未来的思考，住宅则考虑眼前。"[①]卢斯所说的是两种建筑观念的平行性的发展与冲突。这种情况确实存在。但是，在我看来，这两种冲突更多的表现在单个建筑师身上和建筑师对单个建筑作品的处理上。一般地说，建筑师在设计一座建筑时，常常处在节制强烈的艺术诱惑及审美诱惑和满足建筑的功能诉求这样的两难之境。这就是为什么人们把建筑形式和功能的协调统一视为建筑永恒的主题的原因。

建筑形式和功能的矛盾和冲突，可以演化为无数种考验建筑师智慧的对立形式，在大的原则方面，可以演化为经济实用与奢侈豪华的矛盾与冲突，传统与现代的矛盾与冲突等；在小的方面，可以演化为造型与空间的冲突和协调，或空间与结构的冲突与协调、配合；还有简单与复杂的选择，朴素与绚丽的选择，优美造型与怪异造型，或和谐造型与冲突造型的把握等。

所有这些冲突和矛盾的解决，在一般情况下，最终不可能采取一边倒的单向抉择方式，而通常会采取协调、统一或者综合的方法。如果一幢建筑只考虑实用功能，而完全否弃审美的考量，这种建筑就不可能成为我们所谈论的建筑艺术，而只可能是一种如穷乡僻壤的马厩、牛棚那样的低级的建筑物。

建筑的折中性不仅表现在形式与功能之间，以及建筑师与业主之间，还表现在不同的形式本身之间。在最早成熟定型的建筑之后，简单地说，在古希腊建筑之后，古罗马建筑就已经开启了这种折中的历程，而到文艺复兴之后，尤其在折

---

① ［美］卡斯腾·哈里斯著：《建筑的伦理功能》，申嘉、陈朝晖译，华夏出版社，2001 年，第 285 页。同时参见［奥地利］阿道夫·卢斯著：《装饰与罪恶 尽管如此 1900—1930》，熊庠楠、梁楹成译，华中科技大学出版社，2018 年，第 91 页。

中主义建筑崛起之后,折中更成为建筑最重要的手段,同时也成为一种风格、一种不断变换的风格。

(四) 技术性

建筑艺术和摄影、电影、电视等具有高度技术性的艺术一样,对科技具有很强的依赖性。尤其是在当代,建筑从材料到结构技术,从设计本身到施工过程,可以说,科技占据着越来越重要的位置。

建筑的技术性,从另一个角度看,就是时代性。因为只有时代性方能标示建筑技术或时代科技的新变化和新进展。而且,科技本身也已经成为标示时代和文化的一个新的向度。我们说建筑紧跟时代,在很大程度上,是说建筑充分体现了时代的科技发展动向和审美动向。

图 14-22　伦敦瑞士再保险大厦(2003)

英国高技派建筑大师福斯特说过:"我所看重的过去的建筑似乎都是那些以创造空间见长的,以及那些建造时既开拓、发展了当时的技术,又以结构的完善保持了传统风格的。"[①]建筑的科技性或技术性,不仅是当今建筑的一个普遍的特征,其实也是过去一切时代建筑的主要特征。任何时代的建筑,其空间构造和施工手段的改善和优化,绝对是与技术分不开的。古罗马人之所以能够在建筑的某些方面超过希腊人,正是因为罗马人在建筑技术上的发明和创造,比如天然混凝土和十字拱。

建筑的技术性一方面是一种非视觉性的隐在,在这种情况下,技术以一种似乎缺席的方式含蓄地存在着,我们往往看不出来,尤其是对那些历史建筑;另一方面,它也常常以一种显在的方式存在,也就是说,技术在建筑中可以作为一种审美呈现,诉诸我们的视觉和感觉。

如果在过去这种特征并不被人注意,那么,在当今,我们却无法视而不见,因

---

① 窦以德:《诺曼·福斯特》,中国建筑工业出版社,1997年,第36-37页。

图 14-23　福斯特设计的香港汇丰银行，
活像一座巨型变压器

为这已经是当代建筑最重要的特征之一。

建筑的这种技术性通常以三种方式显现出来：

一是塑造夸张的产品形象，凸显建筑造型的圆润和工艺的精致，由此表现建筑师的科技智慧，并且建构出一种工艺时尚。

这一种美学倾向显然与格林诺夫、柯布西耶和福斯特的机器美学理论密切相关。19 世纪 50 年代初，即帕克斯顿建造现代建筑史上第一座高技派建筑水晶宫的第二年，格林诺夫就开始呼吁建筑要向船舶学习；20 世纪 20 年代，柯布西耶提出"房屋是居住的机器"的观点；到 60 年代之后，福斯特又明确提出"建筑即产品"、建筑是"可变的机器"的观点。可以说，从现代主义萌生到 21 世纪初，这种产品主义美学理论及其创作实践，像一根红线，一直贯穿于始终。只不过，到 20 世纪 60 年代之后，这种产品美学或机器美学有了加速发展的态势。富勒设计的以巨大的球形为主体的大地穹窿（1962），福斯特事务所设计的变压器式的香港汇丰银行（1979—1984）和以球体为主体的意大利都灵球体会议厅（1992—1993），让·努维尔设计的以导弹或水柱为造型特征的巴塞罗那自来水公司大厦（2003），福斯特设计的以炮弹或橄榄球为造型特征的瑞士再保险大厦（2003），可以作为近半个世纪以来建筑的产品美学的代表。

二是采取超高、超大、超难造型，追求建筑技术表达的极限性和灵巧性。

当然，这样一种类型依然来自一种机器美学或技术主义的美学冲动，唯一的区别是，建筑师并不想在造型上玩产品的噱头，而只是想最大限度发挥技术在建筑构造和造型中的主体作用。皮亚诺与罗杰斯设计的蓬皮杜文化艺术中心（1971—1977）、格纳汉姆和 SOM 合作的巴塞罗那艺术馆（1992）、皮亚诺设计的大阪关西国际机场（1988—1995）、福斯特设计的巴塞罗那长途通讯塔（1992），都是很好的例子。这类建筑除了充分发挥建筑技术本身的构造和塑形作用之外,同样在建筑的构件处理方面,体现了当代结构工艺上的精确度和视觉上的完满性。

图 14-24　蓬皮杜文化艺术中心　　　　图 14-25　巴塞罗那长途通讯塔

三是数字技术在智能化建筑中的体现。

随着数字技术的飞速发展,建筑从传统的实体空间躯体,逐渐变成有肉体、有感觉、有思维和想象的活体。由于安装了智能"软件",建筑自身变成了一个能看、能听、能想的智能机器。也许这样一些从前不敢想象的功能,许多属于建筑的非视觉方面,诸如所谓 3A 或 5A,与审美无关。但是,这其中有不少新的东西,却显然与审美体验大有关系。最重要的一点,是智能建筑创造的无限大、无限远、多姿多彩和变幻万端的虚拟空间,在这个虚拟空间里,人们体验到了超时空的审美愉悦,这是传统的建筑空间无法提供的东西。比如,马特奥·沙恩设计的菲利普斯怪诞世界(1994),约翰·扎克(John Csaky)等设计的未来幻境(1996)等,这样的建筑,为人们提供了一种二次进入的无形空间,一种幻想的空间,一个另类世界。即使那些非娱乐性智能办公空间,比起传统的建筑空间,在身体和心灵的感受方面,显然与传统建筑大为不同。这种建筑,使信息的便利性、工作的迅捷性和环境的舒适性整体地融合为一体了。

图 14-26　菲利普斯怪诞世界(马特奥·沙恩)

所以说，当今建筑的技术性，在扩张和放大建筑感性方面，占据突出的地位。

二、园林艺术

园林，即有树木花草和山水，专供人们休息、游嬉、观赏的人造空间环境。

从建造单纯的建筑，到建造具有综合性功能的园林，可以说是人类经济发展和审美意识发展的又一次超越。因为园林不像建筑，不是生活的必需；但园林的出现，却体现了人类审美的自觉和内在精神的升华。

园林的审美意趣，主要体现在两个方面：

一是通过审美化的自然与人造空间，创造别一种新奇与宁静。人类从宇宙自然中找寻人性的"自然"，出离社会世界而皈依自然世界，远离尘嚣，返归自我。在这个意义上，园林建构的是另一世界，一个没有矛盾、没有争斗、没有拘束的自由自在的世界。这个世界可以祛烦、静性、养神、活气——养浩然之气，还可以获得审美的享受。孔子所谓的"知者乐水，仁者乐山"[①]，庄子所谓的"山林与，皋壤与，使我欣欣然而乐与"[②]，董仲舒所谓的"故仁人之所以多寿者，外无贪而内清

---

① 《论语·雍也》。
② 《庄子·知北游》。

净,心平和而不失中正,取天地之美以养其身"①,这些观点,虽然更主要的是表达中国古代文人对自然的基本态度,但也不妨视为园林的建造者和欣赏者的"游园之道"。

李渔对山水与人性的关系阐释,也可以作为园林所蕴含的精神功能的一个佐证。他说:"故知才情者,人心之山水;山水者,天地之才情。"②按照李渔的意思,人心是山水的镜像,山水是天地的镜像。山水既是人的人格的象征,又是孕育人的最佳空间。所以,园林和自然一样,可以使人从自然中获取灵气,实现人格的自我超越。

二是通过造园活动,建构诗意和画境,把一种平面的、虚拟建构的冲动化为立体的、真实的空间建构行为。这既是人类审美创造冲动的一种满足,也是对日常境遇的一种超越。

所以,园林给人的快乐,既包括一种发现自然的美(如大型皇家园林)或者再造自然美的快乐(如小型私家园林),也包括一种穿越深邃的意境的快乐,一种进入诗意和画境的快乐。当观者登临亭台、远观近取、俯仰自得之时,更会有欣赏如画美景的喜悦。

中国园林和西方园林其实在很多方面基本是相同的。只是造园的方式稍有不同而已。这种不同,由于一些学者的过度夸张,或者是误解,造成了对中西园林本身更多的误会,因此有必要在此稍作说明。

西方的园林,最早可以追溯到《旧约》中所说的伊甸园。按照一般人的见解,伊甸园只不过是宗教神话中一个虚构的景观而已,但是日本学者针之谷钟吉却认为,伊甸园是确实存在过的。所以,哥左尼的"乐园"(伊甸园)图、布洛凯尔等的"人间天堂"、巴肯索《人间唯一天堂》扉页的"伊甸园"插图,并非全然是虚构,是有其历史根据的。所罗门的庭园、古希腊的奥林匹亚祭祀场也是古代有名的园林,不过同伊甸园一样,它们都已经是"昔时金阶白玉堂,即今惟有青松在"了。我们只能从一些零星的材料中来想见它们昔日的风采。现在我们能够见到的西方园林,大多为中世纪前后所建。

中世纪园林主要有两类:一为修道院式,一为城堡式。

---

① 《春秋繁露·循天之道》。
② 李渔《笠翁文集·梁冶湄明府西湖垂钓图赞》。

修道院式园林一般以回廊园为中心，四围置菜园和药草园。菜园和药草园主要是为僧侣们提供必要的生活和保健方面的产品，但也具有很好的装饰作用。回廊园为一露天方形庭院，是整座园林的中心，带有很强的装饰性。庭院的周围是教堂和其他各类公用建筑。教堂与回廊园之间往往由一开敞的回廊连接。回廊的墙壁上刻有足以激起僧侣们的宗教激情的《圣经》题材绘画。庭院中由一条垂直交叉的园路将整个空间分为四个分区。园路交叉处广植树木，设水盘、喷泉、井栏，既可为僧侣提供生活用水，又增加了环境效果，同时也含有让僧侣们洗净灵魂中污垢的寓意。此类园林较著名的有坎特伯雷韦斯特盖特花园、圣高尔大教堂等。

城堡式园林原本为中世纪封建领主抗御外敌的堡垒，是一种周围布置木栅、土垒和壕沟的简易建筑。11世纪，诺曼人征服英国以后，堡垒的功能发生了变化，领主们将堡垒变成了豪华的住宅。堡垒的结构更为开放，地域也更为宽阔。坚固的围墙里面围着正方形或长方形的中庭，内部有用挂毯、雕刻、家具和甲胄之类装饰起来的华丽大客厅。此外还布置有厩舍、贮藏室、草坪、花坛、喷水池、庭园和果园等。此类园林较著名的有伯里城堡和盖尔龙城堡等。

文艺复兴时期为西方造园的极盛期。这一时期的园林以意大利风格的别墅为主，一般被称为高台式。号称罗马三大园林的法尔尼斯、埃士特、朗脱以及托斯卡纳地区的卡斯底罗和波波里花园代表了这一时期园林的最高成就。这些别墅的平面一般为严格的整形对称式，主要建筑的中轴线为园林的对称轴。围墙为规整的绿篱或墙壁，门柱上有形体各异的雕饰，入口有宽阔的铁门。园内有种

图 14-27　波波里花园东端纵向轴线

有花草树木的台地,有形状各异的台阶和栏杆,还有种有品类繁多、造型奇特的植物的植物园,有设计奇巧的喷泉、壁泉、飞瀑、池泉,有造型典雅的雕塑和花瓶,有图案简朴的铺路,有庭院剧场和俱乐部等。从总体上说,这一时期的园林以整齐和谐、简洁明快为特征。文艺复兴末期,由于受到巴洛克风习的影响,意大利园林也逐步摆脱简洁规整而走向烦琐华丽,过于卖弄细部技巧,喜欢用曲线的集群形成动感效果,以灰泥雕塑、镀金零件、有色大理石等材料作装饰,烘托豪华气派。米开朗琪罗和维尼奥拉等人在设计中,一改高台园林风格,通过对岩石作自然处理的方法,以幻想式装饰,把巴洛克宫殿内的洞窟再现在富有山野之趣的园林中。在随意修剪的花草树木之间,布置设计奇巧的"水魔术""水剧场""水风琴""惊奇喷泉"等。这些设计对周边国家的园林设计产生了重大影响。

在相当长一段时期里,法国造园一直受到意大利的影响。直到17世纪中叶,随着才华卓异的造园家勒诺特的崛起,法国才真正摆脱意大利的影响,开始了所谓的勒诺特式的造园时代,于是就有了享誉古今的孚-勒-维贡府邸和凡尔赛宫。

在凡尔赛宫之前,孚-勒-维贡府邸算得上是一座规模巨大的宫殿。全园东西600米,南北1 200米。宫殿位于东西轴中央偏北处,主庭院向南展开。主轴从宫殿前方直线放射,一路经过带格栅的花坛、林荫小径、飞瀑、沟渠,到达洞窟,再由此借助透景线穿过森林向纵深伸展。园林中的宫殿周围有沟渠环绕,两侧有幽密的丛林,颇有中世纪城堡的情调。宫殿的东西南北分别置刺绣花坛、喷水池、林荫格栅、三叠飞瀑、花卉镶边的草坪、洞窟状拥墙、可供泛舟的大面积水池,此外,还有陡峭的自然山冈、洞窟、水剧场、束状喷泉和大力神赫克勒斯的巨像等。勒诺特在整体设计中,以府邸为中心,按照古典主义的尊卑主从秩序展开布局,在主与次的安排、动与静的协调、人工景观和自然景观的配置上,既表现出他独特的艺术个性又显示出他卓绝的艺术功力。路易十四在视察了这座园林和夏恩迪依(勒诺特为路易十四的名将康迪公爵设计的一座园林)之后,深深为勒诺特的造园天才所感动。因此,当他在改建凡尔赛宫时,便任用了勒诺特。于是法国就有了这座举世闻名的绝对君权的纪念碑——凡尔赛宫。

凡尔赛宫由宫殿、花园、宫前广场大道三部分组成。宫殿的立面,按水平向南北伸展,纵横各分三段,上部用雕像和一些小点缀装饰,每层的窗户或拱门整齐划一,一字儿横向展开,既富有韵律感,又显出一种高贵而庄严的皇家气派。

宫殿正中央的国王接待厅,装饰豪华,具有浓厚的巴洛克色彩。镶在墙上的十七面巨大的镜子,同对面窗外的优美风景交相辉映,构成一种神妙莫测的镜像效果。花园布局基本模仿孚-勒-维贡府邸,但规模比它大得多,总面积达 800 公顷。园内设修剪成奇特形状的树冠、水花坛、龙池、金字塔喷泉、水园路、宁芙池、水剧场、狱洞窟、迷园、君王岛、柑橘园、舞会厅、柱廊、方尖塔丛林等,还有外观仿琉璃塔、内中置中式家具的"翠雅浓瓷宫"(又叫"中国茶厅")。所有这些设置的外形均为严整的几何形,并按对称原则,主次分明地加以布置。各条道路都设对景、翠绿的草坪、艳丽的花坛、具有梦幻色彩的水景以及精巧别致的雕塑随处可见,真可谓移步换景、诗情画意。

中国园林可以分为皇家园林和私家园林两大类。

皇家园林有着悠久的历史。据说在 5 000 多年前的原始社会末期,已经有了园林的萌芽。传说中猕韦的"囿"和黄帝的"圃",就是有山水草林的狩猎和游嬉场所。到殷周时,大规模的造园活动就已经开场。遗憾的是,不单这时候的园林,就连魏晋时代的园林,如今也已经灰飞烟灭了。

图 14-28　承德避暑山庄

皇家园林通常也称北方园林,私家园林又叫南方园林。

相对于南方园林,北方园林的尺度和体量更大,布局也相对严整一些。因为在占地上不受任何限制,所以更多地利用自然山水;因为要显示皇家的威仪和气派,所以更多地采用对称轴线的构图;又因为要表现皇家园林本身的至尊至贵的派头和显赫地位,所以色彩对比强烈,往往金碧照眼,辉煌无比。

最有名的皇家园林是承德的避暑山庄、北京的颐和园和仅存遗址的圆明园。避暑山庄是清康熙为了皇族避暑和笼络蒙古贵族,在承德北郊热河泉源处修建的一处离宫。山庄占地面积很大,方圆有 20 多里。园内山环水绕,林深景幽。园林的南边是居住和朝会的宫室,由几组四合院建筑群组成。主要建筑有正殿澹泊敬诚殿、松风阁、清音阁、万壑松风殿等。园区山地部分的建筑大多依山借势,错落地布置一些可以休息的亭台和可以游观的庙宇;平原部分在沿湖水的地方,建了许多江南风格的园林,如仿西湖的"芝径云堤",仿嘉兴南湖烟雨楼的"烟雨楼",仿苏州狮子林的"文园狮子林"等。皇家园林往往具有多重功能,包括起居、宴集、骑射、观剧、祀祖、礼佛、召见文武大臣、处理军政事务等。因此,避暑山庄的建筑形式复杂而多样。皇帝读书、习射、竞技、宴乐的专门建筑,一应俱全。这些建筑,多用卷棚屋顶,素筒板瓦,比起颐和园的"廊腰缦回,檐牙高啄",这些建筑更多几分淡雅、几分自然,颇有"山庄"之趣,但仍然不失宏阔雄伟、巍峨壮丽。

如果我们称北方园林为大家闺秀,那么,南方园林只能算作小家碧玉了。尽管西晋时期富可敌国的石崇曾经建造过"回溪萦曲阻,峻坂路威夷"(潘岳诗)的金谷园,但私家园林在气势、规模上毕竟不能与皇家园林相提并论。

北方园林以北京为中心;南方园林则以苏州、南京、杭州和扬州为多。私家园林的主人一般是官僚地主和富商。他们建园的初始目的,既是为了居住,也是为了抬高身价、炫耀财富。当今,这些古典园林完全成了旅游的景点,常常使人忘记这里原本也是住人的地方。事实上,这些园林中的许多建筑,都是主人用于宴客聚友的厅堂、作画读书的书房和画室、听戏看戏的戏台或亲戚小住的庭院、仆役侍侯的用房等,绝不是像现在这样,要么成为纯粹的旅游景点,要么用作景点内的茶馆酒楼或旅游用品商店。

南方园林以小巧、精致、妩媚、秀丽见长。苏州的拙政园也好,扬州的个园也好,南京的瞻园也好,最大也不过十几亩或几十亩。这些园林,有的建在闹市,有的建在市郊。既有城里优厚而丰富的物质享受和精神娱乐条件,又有幽雅清静的自然山水美景。园内设叠石假山、小桥流水、亭台楼阁、花草竹木。全园分多个景区,各景区之间或由砖石铺地的小径相连,或由回廊贯通;各景区之间的空间分割多采用模糊手法,通过走廊、亭台、墙垣、漏窗作象征性的隔挡,造成似断非断、似连非连、似隔非隔的效果,从而形成借景和对景,增加景深和层次。园林的空间布局、路线设计以及水池的处理，全都采用不规则形。虽然园内山水不像皇家园林那样天造地设，但在那些规模较大的私家园林中，倒也不乏峰回路转、林幽壑深，也不乏曲径回廊、移步换形。如果说私家园林的空间处理多少有些像中国画的大写意，不求规则对称，随意挥洒，形散而意不散，那么，园内的建筑却如国画中的工笔，从屋脊到檐部，从家具到壁饰，从窗户到门洞，可以说是极尽精雕细刻之能事，以精美绝伦来形容，是一点也不为过的。

　　苏州拙政园是最具有代表性的江南园林之一。全园以水池为中心，围绕水池，因形借势，将不同形体的建筑高低错落地布置在幽密的树丛中。水池将园内景区分为东、中、西三个部分，各部分由多座石桥连接。空间划分多利用树木和山水，似断还连，层次丰富；高大的树木、挺拔的翠竹以及应时而异的花草随意地点缀在房前屋后或石山、小径旁边，颇有"杏花春雨江南"的韵致；亭台楼阁和花草树木在池中的倒影与蓝天白云相映成趣，极具诗情画意。整个园林给人以明净秀媚、疏朗开阔之感。

图14-29　苏州拙政园内黄石假山

　　中国园林是世界园林史上的一朵奇葩。布局随意，不尚雕饰，别有幽趣，这是中国古典园林的一大特色。无论是帝王的园囿还是私家园林，构造方式大致是遵循"采土筑山"或"深林绝涧"的原则，既可以以人工的方式模仿、创造自然，也可以因地制宜，直接利用大自然的景观。不过，更多的是结合二者，博采自然山水之精华，借鉴中国山水画的意境和构图方法，叠石造山，建亭修阁，并在周围布置奇花异木,放养珍禽怪兽,形成所谓"山水横拖千里外,楼台高起五云中"的气势,将山水田园之野趣与富贵奢侈之豪气融为一体。

西方园林比较讲究对称,构图规整严密,表面的人工气很浓(既然属于造园,当然也有人造痕迹),从总体布局到草坪花木的修剪,都带有极浓的匠气。选取自然,再对自然进行规整——对自然进行人化,这是西方园林建构的基本路数。

中国园林不同于西方园林,尤其是私家园林,很多属于人造的自然。明代造园理论家计成说:"园林巧于'因''借',精在'体''宜',愈非匠作可为,亦非主人所能自主者,须求得人,当要节用。'因'者:随地势之高下,体形之端正,碍木删桠,泉流石注,互相借资;宜亭斯亭,宜榭斯榭,不妨偏径,顿置婉转,斯谓'精而合宜'者也。'借'者:园虽别内外,得景则无拘远近,晴峦耸秀,绀宇凌空,极目所至,俗则屏之,嘉则收之,不分町疃,尽为烟景,斯所谓'巧而得体'者也。"①这是典型的中国园林做法,虽然强调"因"和"借",但仍然难以掩盖其人造本性。只是,中国园林虽然采取与造化争胜的人造做法,而且多为微缩的山水景观,但是却力求对这种造作去人工化,园林从线路组织到树木的栽种,一概体现出自然性。中国园林中很多重要元素并非自然生长,基本是假山假水,但却一定要扮出自然的模样。这充分体现了中国人对自然的尊重,对艺术的真实性的尊重。所以,中国人造之园林景观,是穿上了自然的衣装的半真半假的自然园林,是虚构的自然主义、艺术的自然主义、审美化的自然主义。

西方园林与中国园林正好相反,它往往是选取真实的自然环境,山是真的,水也多半是真的,花草树木自然也是真的。但是,为了体现一种均衡与和谐的美学观念,往往会对自然的树木花草进行必要的规则化处理。这样,西方的园林就打上了浓浓的人工印迹。所以,西方的园林,是穿上了人工衣装的真实的自然园林,是以自然主义为内核的理性主义,也是艺术的理性主义、审美的理性主义。

西方人如此造园,是否由于他们重理性,所以要对自然进行去自然化?中国人对人工的园林进行去人工化,是否由于中国人讲感性,重天人合一?这是一个值得重新深入探讨的问题,我们不能贸然下结论。

---

① 〔明〕计成原著:《园冶注释》,陈植注释,杨伯超校订,陈从周校阅,中国建筑工业出版社,1988年,第47页。

15 何处园林不忆君？

——论陈从周的园林美学思想*

"几多泉石能忘我，何处园林不忆君？"

诗人王西野赠老友陈从周的这两句诗，可谓陈从周（1918 年 11 月—2000 年 3 月）园林人生的真实写照。

作为著名的造园家和古建筑园林教授，陈从周以博闻洽识、多才多艺而望重学林。他既通文史，又擅丹青，兼通昆曲。不仅各门都有师承，而且几乎都得到一代名师巨擘的指导，比如诗词，得诗词名家夏承焘指导；绘画，得绘画大师张大千指导；昆曲则受到昆曲大师俞振飞的亲炙。正因为有名家指导，加上天资聪颖，陈从周虽然一贯多线"作战"，仍然各有建树。绘画方面，他曾在上海首开个人画展，以"一丝柳，一寸柔情"的诗画意境引起画坛的瞩目（1948），并曾出版《陈从周画集》（1951）；文学方面，除了创作了大量的古体诗词和散文之外，曾发表《徐志摩年谱》（1949），为徐志摩研究，也为中国现代文学研究提供了宝贵资料。

陈从周从 20 世纪 40 年代末开始，直至 2000 年去世的半个多世纪里，一直浸淫于古建筑和园林（包括大量的古建筑和园林的保护和修复）的研究，出版了一大批建筑园林方面的学术著作，如《说园》《扬州园林》《苏州园林》《园林丛谈》《中国民居》《绍兴石桥》《岱庙建筑》《装修图集》《上海近代建筑史稿》《说屏》等，为我国古建筑和园林学科的发展，为我国园林的设计、保护、修复、整理和研究，作出了巨大的贡献。

如果说，在陈从周之前，童寯、刘敦桢和陈植等前辈为我国园林学科作出了开创性的贡献，为我国园林理论的研究奠定了坚实的学术基础的话，那么，陈从周的园林理论和学术研究，则是在这些前辈的基础上，在更精深和更广阔的层面

---

* 本文原载于《同济大学学报》2018 年第 5 期。

作了进一步的拓展。可以说，陈从周通过融合传统与现代，借鉴中国古典诗学、曲学与画论，创立了具有独特个性特征的园林美学体系。在这方面，陈从周不仅超越了前人，而且也构筑了一座后辈学人难以逾越的高峰。

一、恬淡与纯真：自然主义美学趣味

陈从周的园林美学思想，从总体上说，更多地吸取了中国古代哲学（或美学）的养分，这一点恐怕没有什么疑义。因此，用西方的自然主义美学概念来定义他的园林美学思想，似乎还不够准确，也不够周全。但是，思来想去，为了表达的方便，似乎也只能做出这样权宜的选择了。

陈从周经常强调，园林之美，就在于它所呈现的自然之美。他在《说园（四）》中写道："旧时城垣，垂杨夹道，杜若连汀，雉堞参差，隐约在望，建筑之美与天然之美交响成曲。"他由衷地赞许这种充分展现自然美的城市或园林，认为这种"贵于自然"的"山林之美"[1]，这种"神韵天然，最是依人"[2]。

陈从周的自然主义园林美学，不是一套空疏而抽象的理论话语，而是包含在一系列具体的审美原则之中。主要表现在下列四个方面：

一是要"巧于因借"[3]，不仅要巧于因借，而且还要尽量做到无人工和斧凿的痕迹，完全让自然自己来显现美的本相。陈从周引明人钟伯敬论梅花墅（《梅花墅记》）的文字告诉我们，造园的至高境界，就是像梅花墅这样，以无为的方式直接从大自然中"拿来"。因为大自然已经用自己的鬼斧神工，造就了天然的园林。我们需要做的，只是发现而后再进入其中而已："园于水，水之上下左右，高者为台，深者为室，虚者为亭，曲者为廊，横者为渡，竖者为石，动植者为花鸟，往来者为游人，无非园者。然则人何必各有其园也，身处园中，不知其为园。"钟伯敬其实是通过梅花墅的例子，把计成的"园林巧于因借，精在体宜"[4]的理论实例化，并且推向了一种理想化的极端。陈从周虽然很是赞许钟伯敬的观点，指出"造园之学，有通哲理，可参证"[5]，并且还在《鬓影衣香》一文中，倡导"无声胜有声，无色

① 《陈从周全集（6）》，江苏文艺出版社，2013年，第23页。
② 《陈从周全集（6）》，江苏文艺出版社，2013年，第22页。
③ 计成《园冶注释》（陈植注释）卷一·四七，中国建筑工业出版社，1988年。
④ 计成《园冶注释》（陈植注释）卷一·四七，中国建筑工业出版社，1988年。
⑤ 《陈从周全集（6）》，江苏文艺出版社，2013年，第12页。

图15-1　美国大都会博物馆的明轩(陈从周)①

胜有色，无味胜有味"；但是，他同时也指出，"这是美学上的高度境界"②，是我们追求的理想，而不是现实(如果真是如此，所有的园林理论就只好付之一炬了)。因此，他进一步提出了更具有实践和现实指导意义的美学原则。

二是恬淡。陈从周指出："我国古代园林多封闭，以有限面积，造无限空间，故'空灵'二字，为造园之要谛。"③空灵其实就是恬淡的另一种呈现方式，和冲淡、简淡、简约同义。在造园中，就是要尽量少地改变原有状貌，尽量减少人为的建造活动，尽量不要与自然较劲，不要和自然争强斗胜。因为，在陈从周看来，园林的要义就是要"以少胜多"，就是要"概括提炼"。他说："曾记得一戏台联：'三五步行遍天下，六七人雄会万师。'演剧如此，造园亦然。"④中国古典戏曲善于贮天地于一壶，渺沧海于一粟，以最简省的语言或动作来表达最丰富的意涵。所以，在小小戏台，区区三五步就能象征行遍天下，六七人就能象征雄会万师。造园就需要借用这样的手法，不仅能寸心万绪，咫尺千里，而且还乐于和善于以淡妆示人，彰显自然之美，"能淡妆才能浓妆，得其巧，淡妆反见其美，反之浓妆更见丑"⑤。

造园须循恬淡的原则，园林保护也不例外。陈从周在《续说园》中引童寯评拙政园"薛苔蔽路，而山池天然，丹青淡薄，反觉逸趣横生"之后，对苏州拙政园和无锡寄畅园当时所作的保护和维修作出了尖锐的批评：

　　此言园林苍古之境，有胜藻饰。……今时园林不修则已，一修便过了

---

①　《陈从周全集(10)》，江苏文艺出版社，2013年，第387页。

②　该设计存在争议。有人说最终实际采用的是潘谷西的设计方案。参见《"明轩"罗生门，陈从周还是潘谷西？》，https://m.sohu.com/a/164670827_659274.

③　《陈从周全集(6)》，江苏文艺出版社，2013年，第10页。

④　《陈从周全集(6)》，江苏文艺出版社，2013年，第10页。

⑤　《陈从周全集(10)》，江苏文艺出版社，2013年，第387页。

头。苏州拙政园水池驳岸，本土石相错，如今无寸土可见，宛若满口金牙。无锡寄畅园八音涧失调，顿逊前观，可不慎乎？可不慎乎？①

恬淡的审美效果，大抵出自减法的手段。若用加法，就无异于拔掉好牙，换装满口金牙。这种愚不可及的蠢行，既不可理喻，又无法谅解。所以即便儒雅如陈从周者，也不免有点金刚怒目了。

三是纯真。陈从周认为，"纯"与"真"是世界上最珍贵的东西。那种千锤百炼，由绚烂归于平淡，从复杂趋于概括的事物，并不容易得到。② 惟其有真，才能有纯；惟其有纯，才能证真。有纯有真，才有本真意义上的自然。所以陈从周说，"自然者，存真而已"③。

罗马谚云，"真理总是赤裸裸的"（nuda veritas），也就是说，真理总是朴实无华的，简单明了的。所谓"清水出芙蓉，天然去雕饰"，说的也是这个意思。

图 15-2　昆明安宁楠园（陈从周，1991）

陈从周说，"造园之学，其主事者须自出己见，以坚定之意志，出宛转之构思"④。强调主事者须自出心裁，并且以坚定的意志"出宛转之构思"，就是要设计者能够毫不保留地在造园中体现其率真（和匠心）。如果能够坚定地体现出这种率真，就能够保证在设计中不掺任何杂质，不加任何不必要的或多余的修饰，体现出纯粹的"真"，从而达于平淡（恬淡）。

四是自由。作为一位学文学出身且一生兢兢于诗文创作的园林学家，陈从周显然对文无定法别有会心，因此他总是按照文无定法的思路来灵活地把握造

① 《陈从周全集(6)》，江苏文艺出版社，2013 年，第 13 页。
② 《陈从周全集(10)》，江苏文艺出版社，2013 年，第 400 页。
③ 《陈从周全集(6)》，江苏文艺出版社，2013 年，第 23 页。
④ 《陈从周全集(6)》，江苏文艺出版社，2013 年，第 22 页。

园之理。他说，"造园有法而无式"。他认为造园的奥义，在于人们"巧妙运用其规律。计成所说的'因借'（因地制宜，借景），就是法。《园冶》一书终未列式。能做到园有大小之分，有静观动观之别，有郊园市园之异等等，各臻其妙，方称'得体'（体宜）。中国画的兰竹看来极简单，画家能各具一格；古典折子戏，亦复喜看，每个演员演来不同，就是各有独到之处。造园之理与此理相通。如果定一式使学者死守之，奉为经典，则如画谱之有'芥子园'，文章之有八股一样"①。

园林有法，是从方法论和技法层面而言。无式，是从终极呈现的方式而言。造园需要技法，但是没有固定的模式可以仿效，也不应该按照已有的模式仿效，否则，就变成了僵死的临摹或公式化的八股文。

陈从周还以诗词创作为例，对限制自由创作的僵死的理论进行了讨伐。他说，"诗有律而诗亡，词有谱而词衰，汉魏古风，北宋小令，其卓绝处，非以形式中求之也。至若学究咏诗，经生填词，了无性灵情感，遑论境界矣。园林之道，其消息正相同也"②。虽然说诗词创作讲究戴着镣铐跳舞，但是，对讲究词贵自然、独抒性灵的性灵派诗人（袁枚等）来说，对信奉性灵派诗论的陈从周来说，律与谱都是性灵的枷锁，是自由的创作意志的藩篱。只有解除了性灵的枷锁，诗心才有可能自由地勃发，文采风流才有可能获得最为得体的展露，有境界的、不拘一格的园林创作才有可能得到完美的呈现。

总之，在陈从周看来，唯有突破一切限制，放飞自由创作的心灵，才有可能揭示事物的真和纯，才能体现真正的自然精神。

雅各布·克莱因在《论自然的本性》中曾经指出：

> 英文词 nature 直接源自拉丁词 natura，除了斯拉夫诸语言，印欧语系的大多数现代语言中相应的词都是如此。反过来，natura 虽然不像看起来那样是分词形式，但与异态动词 nascor, natus sum, nasci 同源，意为"出生""出现""产生""生长"。事实上，nascor 的古体形式是 gnascor，词根 gn 显然与希腊语动词 γίγνομαι 中的词根 γν 相同，即"成为""产生"。我们不可避免会把拉丁词 natura 与等价的希腊词 φύσις 相比较。φύσις 的词根 φυ 只

---

① 《陈从周全集(6)》，江苏文艺出版社，2013 年，第 6 页。
② 陈从周：《园韵》，上海文化出版社，1999 年，第 322 页。

要出现在希腊词中，都意指"成为""生长""产生""发芽"，也意指"存在、是"。①

由此可以看出，西方的自然论美学，强调的是客观事物的野性（自在）的生长性，即人类不碰触、不介入、不干预的那种本然状态。正如艾默生所说，"我们必须相信上帝的创世是完美的，相信无论我们有多少好奇和不解，万物之序自有它的解释……自然已经以它的形式和偏好，描述自身的存在。让我们来研读自然那伟大的灵魂吧，它在我们周围散发出宁静的光芒"②。爱默生这段话简直就是对庄子下面这段文字的绝妙注脚。庄子说，"天地有大美而不言，四时有明法而不议，万物有成理而不说"③，自然处在一种自在自为、自洽自美和自运动的状态，一种不受也不该受人类意志支配（甚至不接受人的诠释）的状态，一种根本意义上的野性状态。由此观之，陈从周的自然美学，在某种意义上说，确乎融合了中西自然美学理念：园林要恬淡，要纯真，要自由，首先就是要表现自然本身的质性（即他所说的野趣、天然），而要表达出和呈现出这种质性，就要有"不着一字、尽得风流"的性灵涵养功夫（不诠释，不随意改变，尽量保持原貌）。唯其如此，才能体现恬淡、纯真和自由。

二、诗情画意：意境与中国园林美学的立体建构

刘敦桢在《苏州古典园林》一书中指出："魏正始年间士大夫玄谈玩世，寄情山水，以隐逸为高尚。两晋以后，受佛教影响，这种趋向更为明显。南北朝时，士大夫从事绘画的人渐多，至唐中叶遂有文人画的诞生，而文人画家往往以风雅自居，自建园林，将'诗情画意'融贯于园林之中，如宋之问、王维、白居易等都是当时的代表人物。从思想实质上说，所谓'诗情画意'，不过是当时官僚地主和文人画家将诗画中所表现的阶级情调，应用到园林中去，创造一些他们所爱好的意境。根据对苏州各园的调查，这种思想情趣主要是标榜'清高'和'风雅'。例如把园中的山池，寓意为山居岩栖，高逸遁世；以石峰象征名山巨岳，以鸣雅逸；以

---

① 雅各布·克莱因：《论自然的本性》，《雅各布·克莱因思想史文集》，张卜天译，湖南科学技术出版社，2015年。
② 爱默生：《论自然》，吴瑞楠译，中国对外翻译出版公司，2010年，第1—2页。
③ 《庄子·知北游》。

松、竹、梅比作孤高傲世的'岁寒三友'；喻荷花为'出污泥而不染'的'君子'等。"①虽然刘敦桢的话语中带有特定时代明显的痕迹（用阶级分析的方法，把造园和贵族地主阶级的闲情逸致联系在一起），但是，在此，他指出了一个非常重要的事实：由于文人画的出现，加上画家自建园林的风习的流行，自唐代开始，诗情画意即审美意境就开始与园林融合在一起了。

元张讷《辋川即事》诗云："霜寒木落千崖枯，山穷水尽行人孤。探奇浪迹辋川上，别是乾坤一画图。"今天，我们已经无法考证张讷到底是在何种情形下写下的这首诗。但是，既然张讷是"探奇浪迹辋川上"，显然是面对王维的辋川别墅旧址而生发出的感叹。这里的"别是乾坤一画图"正好与刘敦桢的论点形成交叉互证，即唐代诗人兼画家王维已经开始在园林中表现"霜寒木落千崖枯，山穷水尽行人孤"这种绘画性意境了。

但是，从专业角度，不仅把园林和绘画或意境联系起来，而且将绘画性（意境）作为评判园林成败的重要尺度，这恐怕始于明代造园家和理论家计成（1582—?）。计成在《园冶》一书中明确提出，造园必须"深意画图，余情丘壑"②，就是说，你既然想造园，就必须创造出如画一般邃远的意境，构建出缠绵不尽的丘壑，创造出"桃李成蹊，楼台入画"③、"境仿瀛壶，天然图画"④的艺术效果。

清代学者钱咏（1759—1844）在《履园丛话·丛话二十·园林》中则提出造园与写诗作文同理的观点。他说，"造园如作诗文，必使曲折有法、前后呼应，最忌堆砌，最忌错杂，方称佳构"。与钱咏同时代的汪春田在其《重葺文园》诗中说得更明白："换却花篱补石阑，改园更比改诗难；果能字字吟来稳，小有亭台亦耐看。"这就更进了一步，提出了造园难于写诗的观点。

陈从周无疑认同并且继承了前人的这些理论。他强调，精通画理，是园林学者的看家必备——"不知中国画理，无以言中国园林"⑤；他经常提醒同道，"画中寓诗情，园林参画意"，诗情画意才是中国园林之主导思想。⑥ 他说，"造园……

---

① 刘敦桢：《苏州古典园林》，中国建筑工业出版社，1979年，第5页。
② 计成：《园冶注释》（陈植注释）卷三·二〇六，中国建筑工业出版社，1988年。
③ 计成：《园冶注释》（陈植注释）卷一·六二，中国建筑工业出版社，1988年。
④ 计成：《园冶注释》（陈植注释）卷一·七九，中国建筑工业出版社，1988年。
⑤ 陈从周：《园韵》，上海文化出版社，1999年，第195页。
⑥ 陈从周：《园韵》，上海文化出版社，1999年，第209页。

浅言之，以无形之诗情画意，构有形之水石亭台"①，"观天然之山水，参画理之所示，外师造化，中得心源"，如果能够"举一反三"，就会在造园上"无往而不胜"。②

陈从周不同于或优越于前人的地方在于，他能够一身而多任，既是造园家和造园理论家，又是画家、诗人和散文家，还是昆曲名票。对多门类艺术的熟稔，再加之对各门类艺术形式的亲证性体验和实践，无疑拓展了陈从周对造园艺术和园林美学理解的深度和广度。这就是为什么陈从周在园林须体现诗画意蕴的主张之外，能够进一步提出园林与昆曲具有不可分割的紧密关系的原因。陈从周提出，"不但（昆剧）曲名与园林有关，而曲境与园林更互相依存，有时几乎曲境就是园境，而园境又同曲境"③。这种看似寻常实则闪耀着真知灼见光芒的见解，如果不入门径，是很难提出的。陈从周自许

图 15-3　陈从周绘画作品

"以园为家，以曲托命"，终日徘徊周旋于泉石歌管间，说明他对昆剧的理解已经远远超过一般的粉丝和票友。④ 陈从周不仅看昆剧，听昆剧，懂昆剧，还能亲自弹唱昆曲，并且还是俞振飞等昆剧艺术名家的至交好友。这也是陈从周看俞振飞演《游园惊梦》之后，能够"从曲情、表情、意境、神韵，体会到造园艺术与昆曲艺术之息息相通处"⑤的原因。必须指出，这里所谓"曲境就是园境，而园境又同曲境"，其实依然是在谈园林的意境，一种融合了诗情画意和音乐性的深刻而缠绵的意境。

由于兼通诗文、艺术、戏曲和园林，陈从周总是能够将诗意、画论、曲理与造园进行全方位对接。

---

① 陈从周：《园韵》，上海文化出版社，1999 年，第 38 页。
② 《陈从周全集(6)》，江苏文艺出版社，2013 年，第 12 页。
③ 陈从周《园韵》，上海文化出版社，1999 年，第 190 页。
④ 《陈从周全集(6)》，江苏文艺出版社，2013 年，第 304 页。
⑤ 《陈从周全集(10)》，江苏文艺出版社，2013 年，第 63 页。

在《说园》的开篇，陈从周就指出："中国园林是由建筑、山水、花木等组合而成的一个综合艺术品，富有诗情画意。叠山理水要造成'虽由人作，宛自天开'的境界。山与水的关系究竟如何呢？简言之，模山范水，用局部之景而非缩小（网师园水池仿虎丘白莲池，极妙），处理原则悉符画本。"①园林既要有诗之韵、画之境，还要真实自然，整个处理原则要"悉符画本"，要体现绘画的境界或意境。

陈从周指出，造园要有做诗行文、锤炼推敲之精神，不仅要戒除浮夸不实，而且要善于检词炼句，寻找最为合适的表达形式。他说："园林建筑必功能与形式相结合，古时造园，一亭一榭，几曲回廊，皆据实际需要出发，不虚构，如做诗行文，无废词赘句。学问之道，息息相通。今之园思考欠周，亦如行文之推敲不够。园所以兴游，文所以达意。故余谓绝句难吟，小园难筑，其理一也。"②这种简约和得体的审美主张，与他毕生崇奉的自然主义美学精神正好一脉相承。

陈从周非常喜欢引用古代画论来阐明造园之理。他曾引恽寿平《瓯香馆集·卷十二·画跋》③中论笔墨的文字："潇洒风流谓之韵，尽变奇穷谓之趣"，提出造园既要追求气韵，又要追求神趣，"不独画然，造园置景，亦可互参"。④

陈从周对恽寿平的画论别有会心，十分推崇。他不仅将恽寿平的画论用于造园实践，同时，也用于园林鉴赏。他关于"凡观名园，先论神气，再辩时代，此与鉴定古物，其法一也"⑤的观点，就是直接受到恽寿平画论的影响[恽寿平"凡观名迹先论神气，以神气辨时代，审源流，考先匠，始能画一二无失矣"（《南田画跋》)]。

陈从周深谙中国古典文学（诗学）、画论和曲学，他在园林创作和鉴赏方面所倡导的气韵理论，当然首先是建立在深厚的中国古典文化的土壤之上。三国时期的曹丕在《典论·论文》中提出的"文以气为主"的"气论"，南北朝谢赫（464？—533？）在《画品》中首创的绘画之"气韵"说，刘勰（465—520）在《文心雕龙》中赞《离骚》而提出的"气往轹古，辞来切今，惊采绝艳，难与并能"⑥，以及另一位南朝文学家萧子显的"气韵天成"说（"文章者，盖情性之风标，神明之律吕

---

① 《陈从周全集(6)》，江苏文艺出版社，2013年，第3页。
② 《陈从周全集(6)》，江苏文艺出版社，2013年，第26页。
③ 恽寿平著：《瓯香馆集》，吕凤堂点校，西泠印社出版社，2012年，第303页。
④ 恽寿平著：《瓯香馆集》，吕凤堂点校，西泠印社出版社，2012年，第27页。
⑤ 《陈从周全集(6)》，江苏文艺出版社，2013年，第26页。
⑥ 《文心雕龙·辨骚第五》。

也，蕴思含毫，游心内运，放言落纸，气韵天成。"①），还有此后一连串的跌宕摇摆于诗（文）论和画论之间的"气韵说"，包括陈从周最喜爱的画家恽南田和诗人袁枚这些气韵论的倡导者，无疑对陈从周关于造园和赏园的气韵理论产生了重要影响。但是，我们必须注意的是，陈从周的气韵美学，不是一种简单的或被动的对前人理论的接受和继承，而是仰赖于这位多才多艺、学养深厚的学者所作的科际整合和创造性的转换。而且，在转换的过程中，他把气韵变成了一种统摄园林的诗情画意或意境的一种总体性的美学气质。

在对园林的诗情画意的把握方面，陈从周还有另外一大特点，就是善于用通感思维，立体地把握园林的意境。

陈从周说："造园亦言意境。王国维《人间词话》所谓境界也……意境因情景不同而异，其与园林所现意境亦然。园林之诗情画意，即诗与画之境界在实际景物中出现之，统名之为意境。'景露则境界小，景隐则境界大。''引水须随势，栽松不趁行（成排）。'（白居易《奉和裴令公新成午桥庄绿野堂即事》）'亭台到处皆临水，屋宇虽多不碍山''几个楼台游不尽，一条流水乱相缠'。此虽古人咏景说画之词，造园之法实同，能为此，则意境自出。远山无脚，远树无根，远舟无身（只见帆），这是画理，亦造园之理。"②

陈从周认为，园林须创造出如诗如画的境界和合乎美学理想的意境，但是决不可过"露"；园林必须体现中国传统文化中的那种含蓄的韵味。这就意味着，必须杜绝一览无余，必须体现园林天然就秉有的无法之法、神韵天成的自然属性，达到清人盛青嵝的《白莲》诗中所说的"半江残月欲无影，一岸冷云何处香"的微妙的审美效果。

在《说园》中，陈从周说：

> 园之佳者如诗之绝句，词之小令，皆以少胜多，有不尽之意，寥寥几句，弦外之音犹绕梁间（大园总有不周之处，正如长歌慢调，难以一气呵成）。我说园外有园，景外有景，即包括在此意之内。园外有景妙在"借"，景外有景在于"时"，花影、树影、云影、水影、风声、水声、鸟语、花香，无形之景，有形之

---

① 萧子显《南齐书·卷五十二·列传第三十三·文学》。
② 《陈从周全集(6)》，江苏文艺出版社，2013年，第7页。

景，交响成曲。所谓诗情画意盎然而生，与此有密切关系。①

在《说园（三）》中，他又说：

> 余小游扬州瘦西湖，舍舟登岸，止于小金山"月观"，信动观以赏月，赖静观以小休，兰香竹影，鸟语桨声，而一抹夕阳斜照窗棂，香、影、光、声相交织，静中见动，动中见静，极辩证之理于造园览景之中。②

在这里，花影、树影、云影、水影、风声、水声、鸟语、花香，兰香竹影，鸟语桨声，一抹夕阳斜照，香、影、光、声相交织，既包含了动观之象，也包含了静观之象；既包含了无形之景，也包含了有形之景。陈从周通过通感的作用，通过综合调动我们的视觉、听觉、嗅觉乃至于动觉，让我们深入体验园林意境赋予我们的那种整体的美感，让我们沉浸在一种含蓄、幽眇、微妙、神秘的美之中，其实也是进入一种与中国古代文人对话的境遇之中，因为这正是中国古代文人雅士所心仪的诗意的境界，所谓"一帘花影云拖地，半夜书声月在天""疏影横斜水清浅，暗香浮动月黄昏"的境界。

冠九《都转心庵词序》云："（'明月几时有'，词而仙者也。'吹皱一池春水'，词而禅者也。仙不易学，而禅可学。学矣而非栖神幽遐，涵趣寥旷，通拈花之妙司，穷非树之奇想，则动而为沾滞之音矣。）其何以澄观一心而腾踔万象。是故词之为境也，龙潭印月，上下一澈，屏智识也。清馨出尘，妙香远闻，参静音也。鸟鸣朱箔，群花自落，超圆觉也。"③冠九是以禅境来喻词境，揭示出词的三个境界："龙潭印月，上下一澈"，是创作主体进入的那种虚静的所谓"明心见性"的状态，摒除情智的直觉状态（所谓直觉境）；"清馨出尘，妙香远闻"，是作品孕育成熟，即将破壳出土的状态，氤氲着浓厚的生命气息；而"鸟鸣朱箔，群花自落"，则意指作品达到的意境高妙、圆融自洽之境。

冠九的这段话曾经被宗白华视为中国古典意境生成的一个重要的理论依据。他解释说：

> 澄观一心而腾踔万象是意境创造的始基，鸟鸣朱箔，群花自落，是意境

① 《陈从周全集(6)》，江苏文艺出版社，2013年，第6页。
② 《陈从周全集(6)》，江苏文艺出版社，2013年，第15页。
③ 〔清〕江顺诒辑，宗山参订《词学集成》卷七。

表现的圆成……

中国艺术意境的创成，既须得屈原的缠绵悱恻，又须得庄子的超旷空灵。缠绵悱恻，才能一往情深，深入万物的核心，所谓"得其环中"。超旷空灵，才能如镜中花，水中月，羚羊挂角，无迹可寻，所谓"超以象外"。①

这确实是准确地窥测到冠九的思想深度的诠释，也是对意境的最精当的诠释。我觉得，以此来诠释陈从周的园林意境的审美取向也颇为贴切。

陈从周固然喜欢"曲径通幽处，禅房花木深"这样的诗境，"梦后楼台高锁，酒醒帘幕低垂"这样的词境，"枯藤老树昏鸦，小桥流水人家"这样的曲境，还有海盐绮园"池水荡漾，古树成荫""支流婉转，绕山成景"这样的富有诗情画意的园境。但是，陈从周的气质中，显然更接近屈原的缠绵悱恻和庄子的超旷空灵，那些"超以象外"的，容易给人带来更多的审美感兴和想象的情景和意象，才是他心仪的。

陈从周在《说"影"》一文中明确表示，他这个人"爱赏云、听风、看影、幻想、沉思，而影呢？则又是其中最使人流连的"，"从花影、树影、云影、水影，以及美人的倩影，等等"这些类似于镜花水月的"能引人遐思"的对象中，他能够引发诗情，获得巨大的审美快感。他曾经回忆起在安徽歙县的"五七干校"生活。他说："'五七干校'的生活，回忆起来还是叫人心有余悸，但是歙县山居的斜日梨影、初月云彩、练江波影、黄山山影，以及村上的人影，我常常在独坐时沉浸在对这些景物的神往中，大自然的变幻是世上最美丽而难以描绘的图画。"②陈从周固然也喜欢宏伟壮观有着"烟水迷离，殿阁掩映，因水成景，借景西山"意境的圆明园，但是，作为在西子湖边长大的南方人，陈从周更喜欢江南的私家园林。而在江南私家园林中，又更喜欢那种空灵的、缠绵的、引人遐想的，甚至是带有废墟意味的意境。他说："我爱疏影、浅影……小城春色，深巷斜影，那半截粉墙（废墟意象——引者注），点缀着几叶爬山虎，或是从墙上挂下来的几朵小花，披着一些碎影，独行其间，那恬静的境界，是百尺大道上梦想不到的。"③他喜欢的苏州怡园，除了"石笋成林，幽篁成丛"的古趣之外，更有"一抹夕阳，反照于复廊之上，花影重重，

---

① 宗白华：《艺境》，北京大学出版社，1999 年，第 164 页。
② 《陈从周全集(10)》，江苏文艺出版社，2013 年，第 218 页。
③ 《陈从周全集(10)》，江苏文艺出版社，2013 年，第 219 页。

粉笔自画"这种摇曳而曼妙的情景。

欧阳修在《六一诗话》中所倡导的"状难写之景如在目前，含不尽之意见于言外"，可以说在陈从周的意境理论中得到了极为充分的体现。"含不尽之意见于言外"，换一个角度就是"不着一字，尽得风流"，就是陈从周推崇的空灵、含蓄，还有气韵，就是陈从周所说的"实处求虚，虚中得实，淡而不薄，厚而不滞，存天趣也"①，也是陈从周所说的"虚者，实所倚也"②。

陈从周在这里实际上涉及了园林美学的多维向度，比如时间向度，日夜与季节交替之间的景色变幻；物候向度，气候与温湿度影响下动植物的反应；虚拟向度，既类似于中国画之计白当黑，以虚寓实，充分体现园林的空灵之美、含蓄之美，同时给赏园者留下二度创造、想象和兴感的空间。在陈从周看来，园林不仅是一个实体空间，也是一个想象的空间；不仅是一个静态空间，也是一个"动感地带"。园林的意境既是绘画性的美景，也是缠绵、摇曳的空灵之境甚至是空幻之境。仅仅停留于对物质的园林的欣赏，仅仅停留于对亭台楼阁和山水花树的欣赏，是远远不够的，你还必须也沉浸到天光云影、风吟鸟鸣这种空灵而微妙的意境之中，让多情善感、饱含诗情的主体参与到园林的深度模式之中，所谓"芳草有情，斜阳无语，雁横南浦，人倚西楼"，这才真正是对园林的深度审美体验。赏园并不一定要"泪眼问花花不语"这种痴情，也不一定需要"解释春风无限恨"这种忧怨，但"游必有情，然后有兴，钟情山水，知己泉石"，不能品园，就不能游园。不能游园，也不能造园。③

这种全息园林美学，就是陈从周园林意境的立体建构和深度模式。

三、正反相济：辩证思维方法

同希腊文明一样，我国也有极为悠久的辩证传统。李聃（前571—前471）甚至在赫拉克利特（前535—前475）和芝诺（前490—前425）之前就写出了充满辩证智慧的《道德经》，其中对二元对立概念的辩证诠释，比如"有无相生，难易相成，长短相形，高下相倾，音声相和，前后相随"，比如"反者道之动，弱者道之用"

---

① 《陈从周全集(6)》，江苏文艺出版社，2013年，第22页。
② 陈从周说："若园林无水、无云、无影、无声、无朝晖、无夕阳，则无以言天趣，虚者，实所倚也。"《陈从周全集(6)》，江苏文艺出版社，2013年，第28页。
③ 《陈从周全集(6)》，江苏文艺出版社，2013年，第29页。

等，对后世中国文化和艺术乃至思维方式都产生了至关重要的影响。

陈从周的园林理论显然也深受这种辩证思维和方法论的影响。当然，陈从周的辩证思维也融入了浓厚的现代哲学成分。因为在二十世纪七八十年代，也正是辩证唯物主义流行的时代，甚至可以说是辩证主义庸俗化的时代，因为当时连工人和农民也一度以谈哲学和辩证法为时髦。当然，我特别提到这一点，并非暗示这种庸俗的风气影响了陈从周，而是说，陈从周对辩证法的重视很可能与当时的这种辩证法风习有关。

陈从周说："搞花园有三个关系：一个是大与小的关系，一个是封闭与开放的关系，一个是曲与直的关系。"[1]

那么，怎样处理这些关系呢？陈从周从辩证的角度指出，"园林中的大小是相对的，不是绝对的[2]，无大便无小，无小也无大。园林空间越分隔，感到越大，越有变化"。一旦通过辩证的、变化的方式处理好了大与小的关系，就很容易达到绘画所具有的以小见大、以有限来表现无限的效果，即陈从周所期待的"以有限面积，造无限空间"[3]的效果。

至于封闭和开放的关系，陈从周认为可以从两方面入手，一是以封闭的方式创造开敞或开放的效果。正如前面所说，"园林空间越分隔，感到越大，越有变化"。二是以开放的思路创造封闭与开放对话的效果，这种方法就是采用借景手段，使园林和周围的环境展开对话和交融，增加园林的景深效度。陈从周认为，聪明的造园家往往能够"化平淡为神奇"，充分吸取古人"以山为墙，临水为渠"的经验，在"人家与人家之间"，"结合实用以短垣或篱落相间，间列漏窗，垂以藤萝，'隔篱呼取'，'借景'邻宅，别饶情趣"。[4] 如此一来，看似封闭的园林小世界，就嵌入或延伸到周遭开放的大世界，游园者或赏园者既可以在封闭的园林世界中找到宁静和幽深，也可以从园林外的世界找到"独上高楼，望尽天涯路"的旷达和释放的感觉。

陈从周说，"园林中曲与直是相对的，要曲中寓直，灵活应用。曲直自如……曲桥、曲径、曲廊，本来在交通意义上，是由一点到另一点而设置的。园林中两侧

---

① 《陈从周全集(10)》，江苏文艺出版社，2013年，第71页。

② 在此，我们可以看到那个时代辩证法表达的基本套路和话语定势的遗痕。

③ 《陈从周全集(6)》，江苏文艺出版社，2013年，第6页。

④ 陈从周《园韵》，上海文化出版社，1999年，第94页。

都有风景,随直曲折一下,使行者左右顾盼有景,信步其间使距程延长,趣味加深。由此可见,曲本直生,重在曲折有度"①。也就是说,在造园实践中,对曲与直的关系把握,首先考虑的是园林的内容,即景点的安排。在此前提下,园林观赏线路的安排,既要富有创意,又要灵活巧妙:曲直既可以相互对照,也可以相互生成;既可"曲中寓直",也可"直中寓曲",通过曲直关系的"灵活万变",可以实现意想不到的艺术效果。

除了上述三种辩证关系之外,陈从周在论造园和赏园时,也涉及紧凑与宽敞、动与静、隐与显、一与多等多重辩证关系。

陈从周认为,园林的紧凑与宽敞处理,也要运用灵活、多变的方法,千万不可胶柱鼓瑟:"万顷之园难以紧凑,数亩之园难以宽绰。宽绰不觉其大,游无倦意;紧凑不觉局促,览之有物,故以静、动观园,有缩地扩基之妙。而大胆落墨,小心收拾(画家语),更为要谛,使宽处可容走马,密处难以藏针(书家语)。故颐和园有烟波浩渺之昆明湖,复有深居山间的谐趣园,于此可悟消息。造园有法而无式,在于人们巧妙运用其规律。"②园林如若宽绰,就须"览之有物",使人身处其间,眼无闲暇,"游无倦意",无空旷憨大之感;如若紧凑,就须以书家的布局方式,按照"宽处可容走马,密处难以藏针"的原则,行"缩地扩基之妙",要使人感觉空间虽小,却依然"不觉局促",反而油然而生"别有幽情地自宽"之感。

关于动静的处理,陈从周说得比较多。有从赏园即审美的角度说的,也有从造园的角度说的。他说:"动、静二字,本相对而言。有动必有静,有静必有动,然而在园林景观中,静寓动中,动由静出,其变化之多,造景之妙,层出不穷,所谓通其变,遂成天地之文。若静坐亭中,行云流水,鸟飞花落,皆动也。舟游人行,而山石树木,则又静止者。止水静,游鱼动,静动交织,自成佳趣。故以静观动,以动观静则景出。'万物静观皆自得,四时佳景与人同。'事物之变概乎其中。若园林无水,无云,无影,无声,无朝晖,无夕阳,则无以言天趣,虚者实所倚也。"③

王维《入若耶溪》诗云:"蝉噪林逾静,鸟鸣山更幽。"中国诗与中国画历来有动(噪)以衬静、静以寓动(噪)的传统。"行到水穷处,坐看云起时",就是典型的

---

① 《陈从周全集(6)》,江苏文艺出版社,2013年,第5页。
② 《陈从周全集(6)》,江苏文艺出版社,2013年,第6页。此处原文"宽绰"和"紧凑"疑为作者笔误,此处将二者互换位置,重新复位。
③ 《陈从周全集(6)》,江苏文艺出版社,2013年,第28页。

动中见静，静中见动。陈从周对中国传统的艺术手法不仅烂熟于心（他说："动观静观，实造园产生效果之最关键处，明乎此，则景观之理得初解矣。"①），而且还可以达到运用之妙、存乎一心的境界（他的园林实践已经提供了足够的证明，此处不赘）。不仅如此，他还可以在更加开放、更加多维的层面上加以把握。他之所以强调"园林无水，无云，无影，无声，无朝晖，无夕阳，则无以言天趣，虚者实所倚也"，是因为他在阅读园林、设计和修复园林以及欣赏园林的时候，深刻地体验到了水、云、影、声、朝晖、夕阳对一座园林的意义，而普通的造园者和欣赏者，除了亭台楼阁、山水花草之外，恐怕很难想到这一切，至少思考不会达到这么深入和周到的程度。

隐与显的关系，在陈从周这里，有时用含蓄来表述。"不著一字，尽得风流"，就是含蓄，就是隐或藏。陈从周曾经引张岱《陶庵梦忆》记范长白园的文字："园外有长堤，桃柳曲桥，蟠屈湖面，桥尽抵园，园门故作低小，进门则长廊复壁，直达山麓，其绘楼幔阁，秘室曲房，故故匿之，不使人见也。"②范长白园外，已经为这座园林展开了序幕，长堤曲桥，烟柳迷离，还没有进入园子，就把人带入曲径通幽的氛围了。园内设长廊复壁，绘楼幔阁，密室曲房，这就是隐，是勾起游人探索欲望的一种技巧，或者说，是园林嵌入的一种召唤结构。

陈从周说：

> 中国园林，妙在含蓄。一山一石，耐人寻味……鱼要隐现方妙，熊猫馆以竹林引胜，渐入佳境，游者反增趣味。③

陈从周对那些不懂园林的隐显辩证的粗暴或愚蠢做法深为不满，他以揶揄的口气批评说："今天有许多好心肠的人，唯恐游者不了解，水池中装了人工大鱼，熊猫馆前站着泥塑熊猫，如做着大广告，与含蓄两字背道而驰，失去了中国园林的精神所在，真大煞风景。"④这种一根筋的僵死的思维，对园林乃至城市建设的损害，到今天依然值得我们警惕。

陈从周关于园林的辩证思考，并不是按照学术论文的方式，条分缕析地层层展开的，而是以漫谈的形式呈现出来的。他常常会在一段话中连带地涉及多组

① 《陈从周全集（6）》，江苏文艺出版社，2013年，第28页。
② 《陈从周全集（6）》，江苏文艺出版社，2013年，第23页。
③ 《陈从周全集（6）》，江苏文艺出版社，2013年，第5页。
④ 《陈从周全集（6）》，江苏文艺出版社，2013年，第5页。

矛盾或多组辩证关系。比如,他在《续说园》中写道:"江南园林,小阁临流,粉墙低桠,得万千形象之变。白本非色,而色自生;池水无色,而色最丰。色中求色,不如无色中求色。故园林当于无景处求景,无声处求声,动中求动,不如静中求动。景中有景,园林之大镜、大池也,皆于无景中得之。"①这一段就同时谈到色(有色)与空(无色),有(有景,有声)与无(无景,无声),动与静,大与小等二元对立词项之间的辩证关系。

又比如,在《说园(五)》中,他说:

> 质感存真,色感呈伪,园林得真趣,质感居首,建筑之佳者,亦有斯理,真则存神,假则失之。园林失真,有如布景。书画失真,则同印刷。故画栋雕梁,徒眩眼目。竹篱茅舍,引人遐思。《红楼梦》"大观园试才题对额"一回,曹雪芹借宝玉之口,评稻香村之作伪云:"此处置一田庄,分明是人力造作而成。远无邻村,近不负郭,背山无脉,临水无源,高无隐寺之塔,下无通市之桥,峭然孤出,似非大观,那及先处(指潇湘馆)有自然之理,得自然之趣呢?虽种竹引泉,亦不伤穿凿。古人云'天然图画'四字,正恐非其地而强为其地,非其山而强为其山,即百般精巧,终非相宜。"所谓"人力造作",所谓"穿凿"者,伪也。所谓"有自然之理,得自然之趣"者,真也。借小说以说园,可抵一篇造园论也。②

这里也同时涉及质与文(色),真与假,本色(素朴)与华丽,自然与人工等多组对立词项的辩证问题。其中,"故画栋雕梁,徒眩眼目。竹篱茅舍,引人遐思",最能体现陈从周的美学趣味,即自然、含蓄、简约、朴实。

辩证思维最为契合陈从周的巧妙变通的创造思维和空灵(灵动)蕴藉的审美理想。这种思维的根本特征就是弃绝线性思维套路,掌握世界和事物运动发展的规律,建构世界和事物的深度模式;既懂得继承传统,又善于推陈出新;既能博观约取,又能摈除陈规。所以陈从周提出,"造园可以尊古为法,也可以以洋为师,两者都不排斥"③。这可以说是更高层次的一种辩证思维。这对一个深受中国传统文化熏陶的造园家来说,尤其难能可贵。

---

① 《陈从周全集(6)》,江苏文艺出版社,2013年,第11页。
② 《陈从周全集(6)》,江苏文艺出版社,2013年,第28页。
③ 陈从周:《园韵》,上海文化出版社,1999年,第40页。

四、生态焦虑：园林的伦理取向

陈从周的《说园》五篇，写于 20 世纪 70 年代末到 80 年代初之间，这个时候，正是中国改革开放初兴的时候。当此之时，大拆大建，破旧立新，已经蔚成风气，大有可观。人们都在为改革开放大声歌唱，几乎谁也没有考虑到大拆大建将要或可能或正在带来的严重环境问题。因此，陈从周可能是建筑界最早反思环境问题并且对破坏环境（包括文物）的现象提出严厉批评的学者（至少是最早的那批人之一）。

1981 年 10 月，陈从周在《同济大学学报》发表的《说园（四）》中写道：

> ……建筑物起"点景"作用，其与园林似有所别，所谓锦上添花，花终不能压锦也。宾馆之作，在于栖息小休，宜着眼于周围有幽静之境，能信步盘桓，游目骋怀，故室内外空间并互相呼应，以资流通，晨餐朝晖，夕枕落霞，坐卧其间，小中可以见大。反之，高楼镇山，汽车环居，喇叭彻耳，好鸟惊飞。俯视下界，豆人寸屋，大中见小，渺不足观，以城市之建筑，夺山林之野趣，徒令景色受损，游者扫兴而已。丘壑平如砥，高楼塞天地，此几成为目前旅游风景区所习见者。闻更有欲消灭山间民居之举，诚不知民居为风景区之组成部分，点缀其间，楚楚可人，古代山水画中每多见之。[1]

"高楼镇山，汽车环居，喇叭彻耳"，"丘壑平如砥，高楼塞天地"，人与自然，人工与环境之间固有的和谐完全被破坏了。更重要的是，不仅是"以城市之建筑，夺山林之野趣，徒令景色受损，游者扫兴而已"，而且"好鸟"也"惊飞"了，整个自然生态全都被扰乱了。

更有甚者，"消灭山间民居之举"已经令人忧虑地在各地展开，这种对文化生态和自然生态的双重破坏，令陈从周感到不可理喻。但是，作为一位学者，他只能从民居的景观价值视角来批判这种行为的愚蠢。

中国的城市或园林建设，包括建筑设计，不知什么时候形成了一种大即是美的定势，到 20 世纪 80 年代，这种贪大追高的毛病更是产生了一种集体大发作，连风景区也未能幸免。陈从周讽刺道："风景区往往因建造一大宴会厅，开山辟

---

[1]《陈从周全集（6）》，江苏文艺出版社，2013 年，第 23 页。

石,有如兴建营房……大宾馆,大餐厅,大壁画,大盆景,大花瓶,以大为尚,真是如是如是,善哉善哉。"①农民思维与乡村美学一旦与像脱缰野马一样的商业冲动相结合,就注定会形成一股抵挡不住的诱惑力和破坏力。求大、崇拜大,其本身就是一种典型的乡村思维,当然更体现了野蛮而落后的商业冲动。另一方面,在追求大的背后,隐藏的是土豪式的自大与无知,是对人类创造的文化和历史的蔑视,还有着对自然(包括景观)的蔑视。

陈从周曾经到南京燕子矶考察,结果是一见惊心:不仅往日风景不再,而且环境大为恶化,到处黑烟滚滚。他说:"燕子矶仅临水一面尚可观外,余则黑云滚滚,势袭长江。"于是,他坐石矶戏为打油诗:"燕子燕子,何不高飞,久栖于斯,坐以待毙"。真可谓暴殄天物,夫复何言?陈从周只能将愤懑以幽默出之了。

南京幕府山也是如此。陈从周说:"近年风景名胜之区,与工业矿藏矛盾日益尖锐。取蛋杀鸡之事,屡见不鲜,如南京正在开幕府山矿石,取栖霞山之银矿。以有烟工厂而破坏无烟工厂,以取之可尽之资源,而竭取之不尽之资源,最后两败俱伤,同归于尽。"②以一如既往的愚蠢对环境一如既往地施暴,如此为祸生态环境,不知伊于胡底!

陈从周到山东济南考察,所见情形与南京毫无二致。珍珠泉,"已异前观,黄石大山,狰狞骇人,高楼环压,其势逼人……山小楼大,山低楼高,溪小桥大,溪浅桥高。汽车行于山侧,飞轮扬尘,如此大观,真可说是不古不今,不中不西,不伦不类"③。趵突泉呢,其命运与珍珠泉无异:"趵突无声,九溪渐涸"。陈从周只能发出无可奈何的劝告:"此事非可等闲视之",因为"开山断脉,打井汲泉"这样的工程建设就必须"与风景规划相配合",否则,只能让景区"元气大伤",受损害的还是自己,最终只能"徒唤奈何"。④当经济冲动压倒文化理性的时候,整个社会伦理就必然遭受严重的甚至是毁灭性的打击,最终只能走向一种恶性循环。在餐饮中,我们就会邂逅孔雀绿、苏丹红和地沟油,在景区和城市设计中,我们就会见证景观环境的恶化,空气与水资源的劣化,等等等等,不一而足。在中国社会转型的重要关口,陈从周以一个知识分子的良知,一个学者的敏感,洞察到了我

---

① 《陈从周全集(6)》,江苏文艺出版社,2013年,第23页。
② 《陈从周全集(6)》,江苏文艺出版社,2013年,第25页。
③ 《陈从周全集(6)》,江苏文艺出版社,2013年,第29页。
④ 《陈从周全集(6)》,江苏文艺出版社,2013年,第19页。

们社会发展中出现的危机。他对这种危机感到忧虑,感到愤怒。但是,他也深感无能为力,只能感叹"池馆已随人意改,遗篇犹逐水东流",只能"漫盈清泪上高楼"①(从景观美学的视角来抨击对人文生态和文物的破坏,对自然及景观资源的破坏)。

但是,据他的学生、著名古建保护专家阮仪三教授回忆,"上世纪 80 年代城市建设大发展,各地发生了许多建设性的破坏事件,陈从周时常大声疾呼,把自己比作消防队员,到处'救火'"。由此可以看出,陈从周不仅是批评,也不仅仅是被动地呼吁,他也积极地行动,参与到保护文物和保护环境生态的社会实践之中。阮仪三满怀深情地写道:"陈从周先生的精神引导我们来继承加入这个救火队,为保护国家宝贵文化资源而赴汤蹈火。"②陈从周不仅自己参与到保护文物和环境的社会实践中,还把他的这种救火精神通过学生传承下去。他这种对自然生态和文化生态的关心和焦虑,这种对濒危文物的"救火"精神,今天看来,多少带上了一些悲剧色彩,而正是这种悲剧色彩,使一位书斋学者的社会情怀放射出令人感佩的动人光彩。

综上所述,陈从周的园林美学可以概括如下:以恬淡与纯真的自然主义趣味为底色,以生态的圆融和自洽为伦理导向,以诗意和通感生成的意境为中心,通过虚实相济、有无相生的辩证思维方法,一方面赓续了"虽由人作,宛如天开"的传统的园林美学思想,另一方面又富有创造性地提出了建构富有时代特色的审美意境和缠绵悱恻、超旷空灵的情感空间的美学主张。陈从周的园林美学也许更多的属于一种带有隐逸趣味的诗学,这与他更偏爱小家碧玉而非大家闺秀的审美选择是一致的,也与他拒绝、厌恶大工程的主张相契合。我觉得对当下的中国来说,这一点尤其意味深长,值得建筑、城市和园林从业者细细品味。

---

① 《陈从周全集(6)》,江苏文艺出版社,2013 年,第 14 页。
② 张云霞:《拼力只为历史的文脉》,《姑苏晚报》,2009 年 4 月 15 日。

16 当下中国可持续设计的困境及出路 *

当下中国可持续设计面临的困境与中国整体的可持续发展面临的问题显然是同源的。

简单地讲,所有的问题,都可以归结为一个古已有之于今为烈的矛盾,即都是人欲与天理之间的矛盾,换句话说,即人的贪婪与宇宙(包括人类社会)运行的规律之间的矛盾。当人欲压倒天理的时候,可持续发展也好,可持续设计也好,都只能是一句空话。

古时候的中国先辈是颇具反省精神的。早在两千多年前,中国的哲人们就开始反思"人欲之极"给自然和社会带来的危害。荀子就曾说,虽然人类具有追求美好的共同欲望,但是,如果对欲望不加节制,"从人之欲,则势不能容,物不能赡也"。《礼记·乐记》更是对引发罪恶的欲望大张挞伐:"人化物也者,灭天理而穷人欲者也。于是有悖逆诈伪之心,有淫泆作乱之事。"因此到宋时,朱熹提出"存天理,灭人欲"的口号。可惜朱熹的主张在后世尤其是"文革"期间遭到极大的误解,受到不公正的批判(当然,这也与朱熹思想中包含的极端的封建伦常观有关)。

"文革"在某种意义上是一个禁欲主义时代,批判朱熹,在中国人的集体潜意识中,也许包含了某种解放被禁锢的欲望的意味。但是,自从改革开放之后,尤其是在被长期压抑的经济欲望获得解放甚至鼓励,少部分人迅速致富导致贫富差距加剧之后,原本处在半睡眠中的整个社会的集体欲望被彻底地搅动,并且迅速地释放出来。所以,今天的人欲之极、之滥,不知有甚于宋代多少,有甚于往古

---

* 本文收入周浩明主编《持续之道》,华中科技大学出版社,2011 年。

多少。但是,我们已经失却了久违的反思精神。

今天的中国,在经济发展方面确实取得了很大的成就。但是,毋庸讳言,伴随着中国经济的高速发展,中国迅速崛起的欲望(贪婪),已经相当可怕。

之所以说可怕,是因为中国欲望包含着更多难以抑制的新的因素,它已经不单单是简单的个体的享乐,个体的物质欲求,个体的奢靡的生活方式。中国欲望,在很多时候,代表着一种集体主义,代表着一种系统的,甚至是一种政策的或政治的或政府表述。被政治修辞的欲望,因为披上了合法的外衣,更容易通过体制而获得满足,后果也就更为严重。

自从改革开放以来,中国的这种系统的或曰集体的欲望,在城市设计和建筑领域表现得最为突出也最为典型。这种欲望可称为政绩式空间消费冲动。改革开放以来,这种消费冲动经历了两次大的转变,从最初的大建政府大楼转变为大建城市广场,从大建城市广场转变为最近的大建顶级摩天大楼。据不完全统计,目前在各省市正在动工或计划动工的超过 438 米的顶级摩天大楼至少有 30 座。现已竣工且具有地标性意义的摩天大楼有高 632 米的上海中心大厦(2015),高600 米的广州塔(2010),高 592.5 米的深圳平安金融中心(2016),高 530 米的广州周大福金融中心(2016)和高 530 米的天津周大福滨海中心(2019)等。如果中国欲望继续按照这样的速度井喷,不到三年,中国的摩天大楼指数一定高居世界第一。

"文革"时期有一句流行语,叫做帝国主义有的我们有,帝国主义没有的我们照样有。无论事情的真相如何,这句话在当时确实很让国人自豪和骄傲。在帝国主义面前,我们确实需要一些指标性的东西,比如人造卫星、尖端的军事武器乃至摩天大楼,来提振我们的民族精神。但是,在经历了三十多年经济的高速发展之后,在中国的经济地位已经获得国际社会高度的认同之后,在中国城乡差别贫富差别日益凸显之后,我们还有必要来建这样大型的顶级的摆阔炫富的摩天大楼吗?这种巨额的空间消费,是真的出于城市发展的需要,还是出于政绩的需要?是集团或政治的可持续纪念的需要,还是城市可持续发展的需要?

城市建设的这种状元式的建造冲动,这种争当楼王的欲望,说到底还是来自一种农民式的虚荣而莽撞的冲动,而非来自高尚的追求,甚至与城市美学也背道而驰,因为,每一个兀然突起的特高大楼都会杀灭周围的建筑,鹤立鸡群的代价是城市天际线的扭曲。

与城市设计和建筑设计相比，当代中国的景区开发和旅游设计的情况似乎要好一些，尤其是比十多年前要好很多。因为人们在无数次的失败经历中获得了惨痛的教训。人们已经痛切地感受到，没有健康的环境就没有优美的风景，就没有旅游，就没有创收。人们开始试着节制欲望，顺应天理。虽然如此，在我看来，从总体上说，中国的景区开发和旅游设计依然存在着相当严重的问题。

在自然景观产品的开发方面，有太多的干扰设计（对自然景观和生态环境过多的干扰），如动不动就在景区建索道或其他人造高架路桥，高度不到 500 米的南京紫金山，也要搞一条索道，破坏了景观，也干扰了自然环境。美丽的玄武湖里竟然还建起一条高架火车游览线，湖景全然遭到破坏，完全是一种自杀性设计（后来还是拆了）。

人文旅游的开发、策划和设计方面问题就更加严重，一些传统的民间工艺、民俗活动，为了旅游的需要，在演变为低劣庸俗的表演艺术的同时，也逐渐蜕化为伪民俗和伪民艺。民艺和民俗的内涵逐渐萎缩，只剩下赤裸裸的商业动机。云南的扎染，苗族的习俗，最后都变成了生硬的民俗仿真。中国当今的旅游纪念品，之所以成为抽空了文脉、民俗性和地域性的国内通货，其原因正在于此。

在室内设计和产品设计领域，生态设计或可持续设计的思想可能是最受宠、最受重视的。因为业主要求体现与可持续原则相关的绿色理念或生态理念，设计者为了获得委托，自然更愿意高挂可持续设计的大旗。我们也必须承认，近十年以来，中国也确实有了若干真正达到了生态或可持续目标的案例。但是，如果把成功建成的和只是打出生态旗号却无实际生态内容的项目作一个对比，我们很容易发现，中国的可持续设计更多的是停留在概念设计阶段或者说只是停留在忽悠概念的阶段。

忽悠概念的原因，同样来自贪婪的欲望，因为在中国，忽悠概念和游戏概念往往比较容易拿到国家项目经费，也容易拿到国家的大工程。中国的设计师和设计公司永远是全世界最聪明的设计师和公司，他们早已发现中国体制中的一条铁律：任何政策，一旦被政府推出，往往会很快获得管理者抽象的重视，但是紧随抽象的重视之后往往是具体的忽视。由于抽象的重视，空洞但新奇的设计口号和理念通常容易获得官方认可，从而获得项目委托；具体的忽视，对设计公司来说，正所谓是求之不得、正中下怀，这使得设计公司在项目结项和验收时很容易顺利地获得通过。这就是为什么我们常常能够发现，有些当初以节能立项的项目,不仅在立项之初,以节能的名号大赚人们的眼球,而且在完成项目后,也大赚其钱。但是,工程完成后,这个项目是否节能,几乎没什么人真正过问——或者早已被遗忘,或者照例以运作的方式顺利获得优秀节能建筑的称号。只有使用者知道,这种所谓的节能建筑,除了意味着造价很高之外,没有任何意义。我在上海某个单位也见证过某个著名的节能建筑。实际是,这座耗费巨资的建筑不仅毫不节能,反而更加耗能,而且比普通建筑更令人不舒服,因为窗户是死的,无法自然通风。他们的节能,完全是物业控制的结果:夏天 30 度以下、冬天 0 度以上,不开空调。可以想象,每当夏日来临,当温度达到 28 度至 30 度之间时,在这种既不能开窗又不能开空调的房间,你会获得一种什么样的感受。

中国产品设计面临着同样的问题,比方说家具,除了那些价格昂贵的实木家具之外,我们有真正的、合格的环保家具吗?我自己用过曲美、王朝这样在业内颇有声望的所谓环保家具,根据我的经历,他们所谓的环保,依然只是较低限度的污染——比高污染家具略低的污染。他们的所谓环保,和中国所有地板、窗帘企业的所谓环保一样,依然停留在产品营销中的概念销售阶段。但是相对于达芬奇家具这样的骗子公司,他们的产品至少在价格上算是实在的了。达芬奇是中国家具业最大的丑闻和耻辱,他们明明卖的是在国内家具厂订制、用密度板材制作的高污染的国产家具,却通过虚假进口的方式,将这种家具包装成意大利名品家具,最后竟然以比同类家具高出 10 倍的价格售出(从深圳出口,由上海入关,结果成了手续齐全的进口货)!达芬奇家具在某种意义上嘲讽了整个家具业甚至设计业,也嘲讽了虚荣的阔佬们,但是,他们在惩罚虚荣的阔佬们的同时,也拷问了中国的市场管理和商业生态。

中国可持续设计涉及的问题和面临的困难,比我们任何人设想的都要复杂。很多问题已经超出了设计本身,或者说超出了设计者关注的自然生态本身。这使得我们不得不经常问我们自己,即使我们想要做出实实在在的环保设计,我们是否能够达到预定目标?

我们要问,即便我们有好的、健康的、充分表达可持续设计理念的室内设计方案,我们是否能够保证我们施工时所用的是健康的、环保的材料?即使我们采用了生态的、健康的、环保的材料,我们是否能够保证这些材料的价格是节约的、经济的,从而是能够体现可持续理念的?在经历了长久的奶制品质量危机和质量标准危机之后,在经历了中国红十字会的信任危机之后,甚至在经历了若干环境测评和环保评估的信任危机之后，我们是否还有可能相信，那些获准销售的环保家装材料真的是环保的？在经历了上海楼房大火、北京的电梯事故之后，我们是否还能相信那些所谓的环保的材料、所谓的安全产品？如果没有安全，我们的可持续设计是否还有意义？

在当今的中国，个体要迅速致富，公司要迅速发展，城市要迅速扩张，地方经济要迅速增长，简单地看，这些要求或者欲望，似乎并没什么不合理的地方，但是，如果这些欲望只知加速，不知缓冲；只知扩张，不知节制，所有这些欲望累加起来，其结果，必定是人欲滔天，天理沦亡。不仅自然环境和自然生态都会遭遇灭顶之灾，社会生态、人文生态也会遭遇灭顶之灾。

因此，当代中国整体的可持续发展和我们业内的可持续设计所面临的共同问题，首先是社会生态、人文生态的恶化的问题。人欲的恶性膨胀导致了整个社会生态和人文生态的恶化，从而再导致自然生态的恶化，中国各地的水土的严重污染，森林的毁坏，都是绝好的例证。

我国台湾漫画家朱德庸说，亚洲人先是被贫穷毁了一次，现在又被富裕毁了一次。这尤其可以印证中国的古怪现状：有些暴富的人因为有钱，所以认为可以为所欲为；而有些贫穷的人与暴富者持有相同的逻辑，认为因为没钱，所以也可以为所欲为。

所以，当今人欲滔滔，淹没了天理；社会和人文生态崩坏，累及自然生态。

必须承认，从中央到地方，甚至到企业，到个人，谁都知道我们必须改变现状，走出困境。但是，事实上，我们仍然在困局中迷茫、打转。

为什么？因为我们对现状的认识依然是片面的，对发展的认识依然是片面的。

我们的水资源受到污染，森林遭到破坏，土壤也受到严重污染，所有这些，有目共睹。可以说，我们在自然生态上存在的问题，已经成为全民的共识。但是没有人注意到并且承认，我们的社会生态和人文生态同样存在的严重的失衡问题。我们在可持续发展和可持续设计上遇到的全部问题，无一不源于此。

因此，要摆脱当今人欲淹没天理的困境，走出社会生态、人文生态危机引发自然生态危机的困局，首先就要树立社会生态、人文生态与自然生态共生互融的观念，树立经济的发展、社会的发展与人文生态和自然生态共同发展、协调发展的观念，从管理层面，从立法、执法、监督的角度，解决三种生态的立体共生问题。

　　只有在总体上解决了中国未来发展的可持续战略问题,我们才有可能从专业层面解决可持续设计的困局。

　　那么,我们的可持续设计到底应该如何摆脱困局,找到出路呢? 我觉得,我们首先需要解决的,是对可持续设计的认识问题。

　　可持续设计并不简单地等同于无污染设计,比如说,旧时皇宫的那种金镂玉砌,那是无污染的,但那是可持续设计吗?

　　可持续设计也不能简单地等同于绿色设计。一幢建筑,种一点草,养一点花,就以为可持续了,显然是难以说服人的。

　　甚至那些过多地依赖和运用高科技手段所作的造价昂贵的所谓节能建筑,在很多情况下我们也很难相信它是可持续设计。因为它在实现低能耗的同时,也实现了高耗费。

　　可持续的精髓,我认为首先是一种具有预见性和超越性的时间意识。你在设计之前,就能够充分考量这个设计对未来的影响,比如,它是否会因为过多的排放、污染,过高的资源耗费、能量耗费、经济耗费影响将来或后人的生活? 因此,可持续意识也是一种忧患意识、危机意识和安全意识。

　　可持续的设计也是一种统筹全局、瞻前顾后的空间意识。我们此地的设计行为,会否影响到他地的人类的生存与生活? 我们有没有在减轻本地的污染的同时,向其他区域转嫁了污染危机? 这一点,在陶瓷生产和设计领域尤其典型,当佛山人有意识地关闭那些小型的高污染陶瓷企业时,虽然佛山本地的污染问题得到了缓解,但是对其他地区的污染却加重了。因为这些高污染的企业并没有真正消失,他们只是搬离了佛山,开始了对其他区域的新一轮污染。

　　可持续设计还是一种悲天悯人的生态意识。这种生态意识使设计者时时处处提醒自己,我们的设计在给人类带来福祉的同时,有没有给人类之外的生物来带麻烦和痛苦?

　　其次,要提高行业自律水准和免疫力。只有提高行业的自律水准,可持续设计才不会被心怀叵测的个人和集体所利用,才可能健康地、有序地、迅速地发展。

　　再次,要提高行业的专业水准。专业水准的提升是可持续设计的质量保证,没有专业水准,再好的设计动机都只能是一纸空文。

　　最后,要在政府层面和专家层面建立相应的组织和机构,大力宣传可持续设计,大力推行可持续设计,并且对欺骗性的虚假的所谓可持续设计,虚假的生态设计进行曝光，对认真的、优秀的设计单位和设计项目进行宣传，使使用者能够更直观地体验可持续设计的好处。

只要全社会对可持续设计真正产生认同感，按照如上的措施，我认为，走出当前的困境，完全是可以预期的。

17 当代西方建筑美学新思维 *

当代西方建筑美学最显著的特征之一，就是审美思维的变化。这是一种富有划时代革命意义的变化。我们知道，现代建筑的审美思维，基本上局限于总体性思维、线性思维、理性思维这种固定的、僵死的框框之中，很难有所突破。然而，在西方当代哲学与科学思想的双重影响和推动下，当代建筑审美思维发生了历史性的变革。它完全摆脱了总体性的、线性的和理性的思维惯性，迈向了一种更富有当代性的新思维之途。

美国学者詹姆逊曾经对当代西方文化的思维特征作过如下描述：

当代的理论，也即后现代主义理论排斥我所谓思想领域里颇有影响的四种深层模式：有关本质和现象以及各种思想观念和虚假意认的辩证思维模式正是这样一种深层模式，这一模式要求从表面进入深层的阅读和理解，实即黑格尔和马克思的辩证法，不言而喻，当今的理论对这一深层的攻击最为激烈。第二种有影响的深层模式自然是弗洛伊德的心理和分析模式，这一模式对梦的表层和潜在的各个层次和压抑进行分析，显然这种心理分析在当代思维中是不可避免的，然而，它同样受到当代理论激烈的攻击，例如我前面提到过的德勒兹（Gilles Deleuze）和瓜塔里（Felix Guattari）的那本书就对心理分析模式作过诋毁，特别是米歇尔·福柯在他那本著名的《性的历史》中提出彻底丢弃弗洛伊德关于压抑的观念。第三种在西方有影响的深层模式是存在主义的模式和它关于真实性和非真实性，异化和非异化的观念。它也是当代理论攻击的一个目标。最后一种深层模式是索绪尔的符号系统，它包含指符和意符两个层次。但索绪尔之后的语言学家们实质上用

---

* 本文原载于《贵州大学学报（艺术版）》2003 年第 4 期和 2004 年第 1 期。

这种理论来反对它自身，提出对索绪尔二元体系的批判，当代理论（即后结构主义理论）普遍采取这一立场。综上所述，当代理论要做的一切……只是在浅表玩弄指符、对立、本文的力和材料等概念，它不再要求关于稳定的真理的老观念，只是玩弄文字表面的游戏。①

虽然詹姆逊这篇发表于 20 世纪 80 年代中期的演讲有它特有的语境，并且他对后现代主义（指文化上的——作者注）的批判也有过激之处，但是，即使在今天，他对当时的西方理论的分析和批判，对当下西方的艺术理论，对西方的建筑美学，仍然具有现实意义和参考价值。因为他至少总结出了当代理论思维的两大特征：非理性思维和非总体性思维。

由于詹姆逊的这篇演讲出现于十几年以前，加上他所论述的是文化和哲学问题，因此，我们在参考他的论点的同时，当然必须从建筑美学的实际出发，因为我们探讨的毕竟是建筑美学自身的思维特征问题。

（一）非总体性思维

现代主义建筑的几何霸权和纯净主义美学基本上是以一种明目张胆的"压迫性总体化"（阿多诺语）来调控和引导建筑的美学走向的。当文丘里、菲利普·约翰逊等人起而挑战这种"压迫性总体化"，当反现代主义运动在建筑领域日益变得蓬蓬勃勃的时候，现代主义的大一统格局很快就被打破，总体性受到重挫。不幸的是，当后现代主义建筑大量涌现时，建筑师们很快就预感到，他们很可能会像雅斯贝尔斯所说的"从一种处境跳入另一种处境"②一样，从一种总体性跌进另一种总体性。这种以一种专制取代另一种专制的美学革命，是当代建筑师和美学家最不愿意看到、最不能接受的，因此，从反现代主义运动以来直至当今出现的各种新建筑观念，无不把抵抗总体性、追求差异性作为预防和驱逐任何形式的美学专制妖魅的旗帜。③

---

① 詹明信著：《晚期资本主义的文化逻辑》，张旭东编，生活·读书·新知三联书店，1997 年，第 289—290 页。

② 雅斯贝尔斯说："因为实存是处境中的一种存在，所以我永远不能逃出处境，除非我又跳入另一处境。"雅斯贝尔斯：《哲学》，转引自徐崇温主编：《存在主义哲学》，中国社会科学出版社，1986 年，第 274 页。

③ 所以沃·威尔什说："后现代是一个告别了整体性、统一性的时代。在这个时代，一种维系语言结构、社会现实和知识结构的统一性的普遍逻辑已不再有效。"沃·威尔什：《我们的后现代的现代》，让-弗·利奥塔等著：《后现代主义》，赵一凡等译，社会科学文献出版社，1999 年，第 47 页。

阿多诺(Theodor W. Adoeno)①说,"人类的解放决不意味着成为一种总体性"②。为了在不同种族的人类之间进行沟通、增进理解,确实需要某种共同的价值标准、共同的理想和共同的情感,但是,这决不意味着,人类的政治制度、风俗习惯都应该遵循同一种总体性。对审美,具体地说,对艺术和建筑来说,总体性通常只能是一种惰性力量,甚至可以说,它是创造性最可怕的敌人。

总体性的可怕之处在于,它具有一种周期性病态发作的惯性力量。当艺术上的一种总体性遭到致命打击之时,往往正是另一种总体性悄悄出笼之际。对阿多诺来说,总体性似乎内置了一种奇异的钟摆效应。他曾经指出,如果艺术始终是激进的,那也意味着它始终是保守的③;它既然在一个方向上有所获,也注定在另一个方向上有所失④。这就意味着艺术总是难以逃脱从一个极端走向另一个极端的命运。这也是阿多诺对逃离总体性一直持一种矛盾、怀疑甚至是悲观的态度的原因。

虽然如此,阿多诺对总体性的基本立场是清晰而坚定的。一方面,他认为总体性不是一个肯定的范畴,而是一个批判的范畴。总体性是一个被挑衅性地制造出来的概念,它是一种自为存在的社会性,带有物化(reification)的全部罪恶感。⑤ 另一方面,我们必须认真对待总体性。因为,即使我们可以忘却总体性,但总体性并不会忘却我们⑥。对总体性这种如影随形、神出鬼没、无法摆脱的东西,逃离既不可能,也不可取,更无必要。因为你在对抗总体性时,看似在消解当下的总体性,而实际上很有可能又在建构另一种总体性。

可是,在 20 世纪中后期的建筑界,大多数建筑师义无返顾地站在了总体性的对立面,他们希望能够通过提高建筑师的关注力、知觉和选择的能力,充分发挥建筑师的自主性和捕捉与表现自我差异性的能力,以图尽快逃离总体性的陷阱。

---

① T.W.阿多诺(1903—1969),西方马克思主义哲学家、美学家,法兰克福学派的代表人物。著有《否定的辩证法》《齐克果:美学的建构》《美学理论》等。

② 特里·伊格尔顿著,王杰等译:《美学意识形态》,广西师范大学出版社,1997 年,第 355 页。

③ 阿多诺说:"激进主义本身必须付出不再激进的代价。" Theodor W. Adorno. Aesthetic Theory, Gretel Adorno and Rolf Tiedemann, Editors, Newly translated, edited, and with a translator's introduction by Robert Hullot-Kentor. London: Continuum,2002:29.

④ Terry Eagleton. The Ideology of the Aesthetic. Longman, 1994: 351-352.

⑤ The Positivist Dispute in German Sociology by Theodor W. Adorno et al.,Translated by Glyn Adey and DavidFrisby. Heinemann, 1977: 12.

⑥ Terry Eagleton. The Ideology of the Aesthetic. Longman, 1994: 346.

被菲利普·朱迪狄欧(Philip Jodidio)誉为思想型建筑师的斯蒂芬·霍尔(Steven Holl)说过："建筑与其遵从技术或风格的统一，不如让它向场所的非理性开放。它应该抵制标准化的同一性倾向……新的建筑必须这样构成：它既与跨文化的连续性适配，同时也与个人环境和社区的诗意表现适配。"①霍尔明确反对任何形式的同一性或总体化，他心中理想的建筑，是既合乎个人生存的文化境遇和环境境遇，又具有某种异质性因素的建筑。

摩弗西斯事务所的主将汤姆·梅恩一向以特立独行而著称，他虽然没有像屈米和迈克尔·索尔金(Michael Sorkin)②那样呼唤丑陋的建筑，但他对建筑形式与风格的忽视几乎与他对建筑结构和空间的重视一样出名。他对拼贴式的、虚假的后现代主义怀着深深的厌恶，对80年代流行一时的虚假的多元论更是不屑一顾。他曾说："今天，我们有可能评价我们多元世界里共同的价值系统，在这个世界，现实是混乱的，不可预测的，因而终究也是不可知的。冒险已经成为我们的操作原则……今日建筑的中心主题之一，是关于一个建筑师是否可以摆脱内在于我们环境的、腐蚀我们的自主性、自我意识甚至个人心智的心理和社会的势力而独立行动的问题。"③梅恩和他的其他合作者们一样，极为重视艺术创造的个人性和独立性。在他们看来，个体不应该受宏大叙述(grand narrative)的影响，不应该受制于宏观理性，而应该听从自我的纯粹创造使命的指引，走"小叙述"也即个人化道路。只有这样，建筑才能摆脱同一性和总体性的怪圈。

同设计维也纳中央银行(Central Savings Bank Vienna，1979)(图17-1～图17-3)的多米尼希(Gunther Domenig)一样，蓝天组的沃尔夫·普瑞克斯(Wolf Prix)显然也把建筑当作了一种叙述性和表情性艺术(图17-4～图17-6)。他希望建筑师的设计能够和作家们的创作一样，充分构拟、揭示和表现我们世界的复杂性和多样性。他说："我们应该寻找一种足以反映我们世界和社会的多样性的复杂性。交错组合和开放的建筑没有什么区别：他们都怂恿使用者去占据空间。"④唯有语言艺术能够自如地描绘、揭示和诠释心灵、自然和社会的复杂性，

---

① Philip Jodidio. New Forms：Architecture in the 1990s. Taschen，1997：76.

② 美国青年建筑师和有影响的建筑评论家。著有 *Exquisite Corpse: Writing On Buildings*(London，1991)等。

③ Tom Mayne. Connected Isolation. Peter Noever (editor). Architecture in Transitio: Between Deconstruction and New Modernism. Munich：Prestel，1991.

④ Wolf Prix. On the Edge. Andreas Papadakis, Geoffrey Broadbent & Maggie Toy(Editor). Free Spirit in Architecture. New York：St. Martin's Press，1992.

图 17-1　维也纳中央银行
（多米尼希，1979）

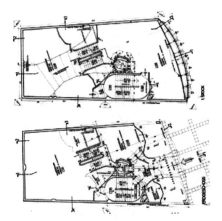

图 17-2　维也纳中央银行平面
（多米尼希，1979）

图 17-3　维也纳中央银行内部（多米尼希，1979）

图 17-4　慕尼黑宝马世界（沃尔夫·普瑞克斯，2001—2007）

这种常识普瑞克斯当然知道。但是，他和许多当代建筑师一样，急切地希望建筑能够超越自身的极限，用自己特殊的语言同总体性抗衡，所以难免对建筑的叙述性和表情性有过高的、不切实际的期许。

图 17-5　慕尼黑宝马世界（沃尔夫·普瑞克斯，2001—2007）

图 17-6　德国慕尼黑迷你版歌剧院（沃尔夫·普瑞克斯，2008—2010）

　　比起普瑞克斯，迈克尔·索尔金属于那种思想激进、敢说敢干、富有青春气息的建筑师类型（虽然他已然不再年轻）。他的美学主张往往带有强烈的达达主义式的叛逆色彩，他的有些设计也颇前卫（图 17-7、图 17-8）。他说："……应该让建筑出来为无理性的幻想申辩……建筑师应该是最开放的，可以和任何人或任何有意愿达到极佳效果的事物结合。你要想成为伟大的建筑师，就必须爱你的所有的孩子，尤其要尊重他们的差异性。让我们设计怪异的、拉伯雷①式的、疯狂的建筑吧……这是新生的模式也是乌托邦，是对理性的官方风格的一种快乐的戏拟。我喜欢那种具有反讽风格的建筑。"②

① 法国文艺复兴时期著名讽刺作家和科学家。其讽刺作品风格怪异，滑稽突梯。《巨人传》为其代表作。
② 索尔金的这段文字讲到，建筑师应该是可以和任何愿意达到性高潮的人结合的性放纵者，引者对这段文字作了意译。Peter Noever(editor). Architecture in Transition：Between Deconstruction and New Modernism. Munich：Prestel, 1991：119.

图 17-7　天津七星级饭店中总体设计(迈克尔·索尔金,2008)

图 17-8　美国某处未来住宅方案(迈克尔·索尔金,1999)

　　从以上的例子中可以看出,建筑师在考虑建筑问题的时候,首先想到的,就是如何把自己的个性从那种"压迫性的总体性"中解救出来,如何充分发展差异性和异质性。其实,这种把大叙述和小叙述对立起来,把总体性和差异性对立起来,把同一性和异质性对立起来,以非总体性、非中心的思维方式来审视、规范自我的创造的思维特征,不仅是建筑领域,而且也是当代艺术与文化的重要特色之一。利奥塔就曾以嘲弄的语气说过：

> 在普遍要求创造更宽松和更宁静的环境的情况下,我们竟然听到了渴望回到恐怖的梦呓、渴望幻梦成真以图把握现实的胡言。我们的回答是：让我们向总体性开战；让我们成为不可呈现之物的见证者；让我们激活差异性并保存这一词汇的荣誉。①

德勒兹(Gilles Deleuze)和加塔利(Felix Guattari)在他们的《反俄狄浦斯》一书中写道：

> 我们今天生活在一个客体支离破碎的时代,(那些构筑世界的)砖块业已土崩瓦解……我们不再相信什么曾经一度存在过的原始总体性,也不相信在未来的某个时刻有一种终极总体性在等待着我们。②

德勒兹在《知识分子与权力》一书中指出：

> ……理论并不要求总体化,它只是一种实现繁多化的工具,并且还将其自身繁多化……总体化是权力的本性……而理论从本质上讲是反对权力的。③

福柯说：

> (必须)把政治从一切统一的、总体化的偏执狂中解救出来。通过繁衍、并置和分离,而非通过剖分(subvision)和建构金字塔式的等级体系的办法,

---

① Jean-Frangois Lyotard. The Postmodern Condition：A Report on Knowledge, Translated by Geoff Bennington and Brian Massumi. University of Minnesota Press, 1984：82. Diane Ghirardo 说："后现代主义在这些领域具有某些共同的特性,如拒绝统一的世界观……在二十世纪早期,当现代化力量倾向于消除乡土的、宗教的和种族的差异的时候,后现代主义却明显强调这些差异性并将其推向显著位置,而它曾一度被现代主义这一占主流的文化推向边缘。也许,最好的例证是,发生在这一时期的对种族和男女平等的研究的热忱,这些研究者希望引起人们的注意,希望人们能够倾听从前不可能听到的呼声。" Diane Ghirardo. Architecture After Modernism. Thames and Hudson, 1996：7.
② 转引自道格拉斯·凯尔纳、斯蒂文·贝斯特著：《后现代理论》,张志斌译,中央编译出版社,1999年,第98页。
③ 转引自道格拉斯·凯尔纳、斯蒂文·贝斯特著：《后现代理论》,张志斌译,中央编译出版社,1999年,第98页。

来发展行为、思想和欲望。①

也许当今的任务不是去揭示我们之所是，而是去拒绝我们之所是。②

作为后现代主义理论家，利奥塔的"向总体性开战"的思想，德勒兹和加塔利的差异理论，福柯的恢复被总体性压抑的自主话语和知识的思想，甚至还有德里达的解构哲学，都具有一种极为明显的反社会、反主流文化的倾向。虽然除了文学之外，他们很少关注某一具体的文化类型或文化情境，但是，他们的思想却毫无疑问地影响了作为最具有大众性的文化情境之一的建筑及其观念。当代建筑审美思维之所以会把总体性作为自己打击和颠覆的对象，在很大程度上应归因于当代流行的反总体性的文化和哲学。

建筑创作的变革，从来都是以审美思维的变革为先导的。没有对建筑的审美思维惯性的超越，就不可能实现建筑创作的美学超越。以差异性来对抗总体性，确认非总体思维的合法性，从理论上说，的确不失为一种逃离总体化或公式化陷阱的美学策略；从实践来说，它也确实已经（并且必然还将）对当代建筑创作产生了积极的富有成效的影响。但是，非总体性思维或者说差异性思维往往会把建筑师引向另一个极端：畸形的个性或噱头式个性。如果说建筑是一门艺术，那么，它是一门极其昂贵的、实用的、与科技紧密相关的艺术，并且是一门比较脆弱的艺术。极端的、病态的差异性不仅不会给建筑带来个性，不仅不会给建筑创造美和实用性，而且往往会葬送建筑本身。

（二）混沌—非线性思维

非此即彼的线性逻辑虽然已经随着现代主义美学的隐没而受到越来越多的建筑师的抵制，但是，那种执著于简单明了的确定性和秩序性的思维定式，依然严重地干扰着建筑师艺术想象力和创造才能的发挥。建筑意象被引向单一性和简单化的文化情境之中。当混沌理论在 20 世纪 70 年代崛起的时候，西方学术界包括建筑界普遍感到他们固有的思维范式受到了严峻的挑战，自牛顿以来一直占据统治地位的决定论思维方式受到沉重打击。因为混沌学理论的重要使命

---

① 福柯：《反俄狄浦斯》序言，转引自道格拉斯·凯尔纳、斯蒂文·贝斯特著：《后现代理论》，张志斌译，中央编译出版社，1999 年，第 70 页。

② 福柯：主体与权力，福柯：《反俄狄浦斯》序言，转引自道格拉斯·凯尔纳、斯蒂文·贝斯特著：《后现代理论》，张志斌译，中央编译出版社，1999 年，第 70 页。

之一，就是要使人们相信，机械论的思维范式已经终结，宇宙比牛顿、达尔文和其他一些科学家想象得更富有创造性、更自由、更开放和更具有自组织性。建筑师们普遍意识到，当代科学的发展必将带动人们的思维方式和审美意识的发展与变化。在当代这个瞬息万变的信息社会，传统的、保守的思维方式和封闭的审美意识只能成为艺术创造之"蔽"。去"蔽"才能存真，去"蔽"才能求新。而去"蔽"，首先就要向固有的思维方式挑战，向现存的建筑观念挑战。在这种情况下，混沌学就成了建筑师和建筑理论家寻求设计突破和理论突破的重要思想武器。

在这里我必须对混沌作一个简要的说明。

混沌，即英文 chaos，是一种研究复杂的非线性（nonlinearity）力学规律的理论。詹姆斯·格莱克说："混沌是这样一种思想，它使所有这些科学家们信服大家都是同一个合资企业的成员。物理学家或生物学家或数学家，他们相信简单的决定论的系统可以滋生复杂性；相信对传统数学来说过于复杂的系统仍然可以遵从简单规律；还有，不论他们的特殊领域如何，相信大家的任务都是去理解复杂性本身。"[①]混沌使人们注意到，简单可以包孕复杂性，复杂也可以遵从简单的规律；在一般人看来本来是互不相干的两种（或几种）东西，却往往存在内在的因果关系或依存关系。混沌学的创始人之一罗伦兹在 1979 年的一次演讲的题目"可预言性：一只蝴蝶在巴西煽动翅膀会在得克萨斯引起龙卷风吗？"中所揭示的蝴蝶效应，就是对这种非线性现象（或称为对初始值的敏感依赖性）的最佳注脚。

混沌学最大的贡献是把人们从机械的宇宙论转变到有机主义新视野。机械论使人们相信，宇宙是静止的、独立的，有着绝对时间和绝对空间，受决定论支配；时间和空间是线性的、同质的、独立的、局部的；整体等于部分之和。而有机主义使人们相信，宇宙是变化的、进化的、普遍联系的；时空是不可分的，是非线性的、异质的、相互关联的、非局部的，不受决定论支配；整体大于部分之和。两种世界观，揭示了两种截然不同的把握世界的方式。前者以一种僵化的线性思维为特征，把我们的世界描述成一个稳定、规则、有秩序的并且受决定论控制的世界；后者则以一种非线性思维为特征，把我们的世界描绘成一个变化的、不规则的、混沌的、不受决定论控制的世界；更重要的是，混沌理论建构了一种正反合的思维方式：认为我们的世界是以一种混沌和有序的深度结合的方式呈现出来

---

① 詹姆斯·格莱克著：《混沌：开创新科学》，张淑誉译，上海译文出版社，1990 年，第 321 页。

图 17-9　分维视野中的树与厥树叶

的。因为非线性系统本身就是一个矛盾体，是混沌（无序）和秩序的深层结合，是随机性和确定性的结合，是不可预测性和可预测性的结合，是自由意志和决定论的深层结合（图 17-9～图 17-10）。非线性系统之所以有自组织性、自协调性、自发

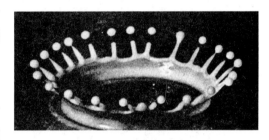

图 17-10　奶滴撞击牛奶表面时的分维图像

性和自相似性，正在于它自身所具有的这种内在矛盾性和辩证律。混沌学研究者法默说：混沌，"从哲学水平上说，使我吃惊之处在于这是定义自由意志的一种方式，是可以把自由意志和决定论调和起来的一种形式。系统是决定论的，但是，你说不出来它下一步要干什么。同时，我总觉得在世界上，在生命和理智中出现的种种重要的问题必然与组织的形成有关"。又说，"这里是一枚有正反面的硬币，一面是有序，其中冒出随机性来，仅仅一步之差，另一面是随机，其中又隐含着有序"。[1] 混沌学正是这样，以一种特有的方式使人们的思维进入一个多维的、多元的、可预见性、可调节的、富有弹性的开放宇宙（图 17-11～图 17-12）。

有趣的是，首先并不是建筑想要借助混沌理论，相反，是混沌理论先来找建筑的茬。詹姆斯·格莱克指出：

---

① 詹姆斯·格莱克著：《混沌：开创新科学》，张淑誉译，上海译文出版社，1990 年，第 264 页。

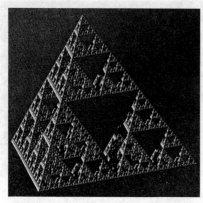

图 17-11 波兰数学家谢尔宾斯基地毯

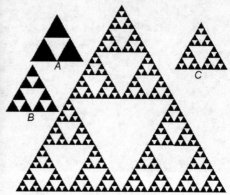

图 17-12 谢尔宾斯基三角形生成过程，
前四步示意

　　对于尺度现象的了解必须来自人类视野的同一种扩展，这种扩展曾经
消灭了早期关于自相似性的天真想法。到了 20 世纪后期，无穷小和无穷大
的形象以过去不能设想的方式进入每一个人的经验。人们看到了星系和原
子的照片。人们无须再像莱布尼茨那样去想象微观和巨观尺度上的宇宙是
什么样子，显微镜和望远镜已经把这些形象变成日常经验的一部分。只要
思想上有从经验中寻求类比的渴望，对大小世界的新的比较就是必然的，而
且有些比较是卓有成效的。

　　热衷于分形几何学的科学家们常常注意到，在他们的新的数学审美观
与 20 世纪后半叶的艺术文化变化之间有一种激动人心的并存性。他们觉
得自己正从整个文化中吸取某种内在的热情。对于曼德勃罗来说，欧几里
德感受性在数学之外的集中体现就是包豪斯的建筑风格。它也可以同样地
由艾伯斯的彩色方块绘画表现出来——宽舒整齐、线条简练、几何化。几何
化——这个词代表着它几千年来原有的意义。所谓几何化的建筑是由那些
用很少几个数就可以描述的简单形状即直线和圆构成的。几何化建筑和绘
画的风尚来了又去了。建筑师们不再设计纽约岛上一度被人们不断叫好和
模仿的方块摩天楼。[①]

混沌学理论家，比如曼德勃罗和他的追随者们，从自己专业的角度对建筑中

① 詹姆斯·格莱克著：《混沌：开创新科学》，张淑誉译，上海译文出版社，1990 年，第 106—107 页。

流行的线性几何学提出了批评。他们认为,建筑创作的关键在于,建筑师是否以大自然组织自身的方式或人类认识自身和感受世界的方式来认识和表现建筑的本质。从事非线性科学研究的德国物理学家爱伦堡曾经这样问道:"为什么一棵被狂风摧弯的秃树在冬天晚空的背景上现出的轮廓给人以美感,而不管建筑师如何努力,任何一座综合大学高楼的相应轮廓则不然? 在我看来,答案来自对动力系统的新的看法,即使这样说还有些推测的性质,我们的美感是由有序和无序的和谐配置诱发的,正像云霞、树木、山脉、雪晶或雪花这些天然对象一样。所有这些物体的形状都是凝成物理形式的动力过程,它们的典型之处就是有序与无序的特定组合。"①

混沌学家基本上认为现代主义建筑的秩序感是粗俗的、简单的、乏味的。同时,他们对建筑师固有的尺度感也提出了质疑。他们首先向人为万物的尺度这一传统观念发起攻击。曼德勃罗就认为,令人满意的艺术没有特定尺度,因为它含有一切尺寸的要素。曼德勃罗指出,作为那种方块摩天楼的对立面的巴黎的艺术宫,它的群雕和怪兽,突角和侧柱,布满旋涡花纹的拱壁以及配有檐沟齿饰的飞檐,都没有尺度,因

图 17-13　Gasket 教堂窗户之分形图

为它具有每一种尺度。观察者从任何距离望去都可以看到某种赏心悦目的细部。当你走进时,它的构造就在变化,展现出新的结构元素。②

很显然,混沌学家对建筑尤其是当代建筑不留情面的问难,使建筑师和建筑理论家陷入了某种窘迫状态③,然而,混沌学所蕴含的深刻洞察力和对传统思维的颠覆力,在使建筑师因陈旧的思维定式深感汗颜无地的同时,不能不对这种振聋发聩的理论心悦诚服,并且迅速开始寻求去"蔽"求新的路径。

---

① 詹姆斯·格莱克著:《混沌:开创新科学》,张淑誉译,上海译文出版社,1990 年,第 126 页。
② 詹姆斯·格莱克著:《混沌:开创新科学》,张淑誉译,上海译文出版社,1990 年,第 127 页。
③ 20 世纪 70 年代末,日本建筑师曾对如何认识混沌学感到不知所措,一度予以抵制,但很快就把混沌学方法运用于建筑设计中。Contemporary Japanese Architects. Taschen, 1994: 37.

最早接受混沌理论并且把非线性设计引入建筑设计的，是几位活跃的日本建筑师。

出版过《混沌与机器》(1988)的筱原一男，从20世纪80年代起，就一直把"进步的混乱"(progressive anarchy)和"零度机器"(zero-degree machine)作为自己追求的目标。所谓"进步的混乱"，实际上是指一种合乎时代发展的、以非线性设计为中心的美学理念，这种理念摒弃肤浅的秩序与和谐，追求高科技的"笨拙"和美丽的"混乱"；"零度机器"则表明筱原一男不是重复现代主义的机器美学，而恰恰是对这种美学进行解构和颠覆，以取消意义的方式使之在建筑中获得新的意义。筱原一男说："这种无意义的机器可能会在建筑中承载新的意义。"[1]筱原一男喜欢在建筑中运用当代高科技飞行器的意象，然而，这种意象往往是片段的、似是而非的。筱原一男总是以一种漫不经心的、随机的甚至仿佛是即兴的方式把这种意象同一些异质的形式组合在一起，在一种令人意外的意象组合中传达当代这个瞬息万变的社会所蕴含的特有的意义。筱原一男像一位从不采用写作大纲的小说家，直到故事写完，自己才知道结局原来如此，于是，自己就和读者或观众一道，为这个意外的、偶然的结局唏嘘、感叹或惊奇。

图 17-14　螺旋大厦(槙文彦，1985)

一向被人视为保守派的槙文彦对混沌学也情有独钟。他的螺旋大厦(Spiral Building，图 17-14)不仅采用了分形维度，更采用了多种异质元素的拼贴和混合。槙文彦解释说："我的螺旋大厦隐喻城市意象：一种主动将自身献出，供人切成碎片的环境，然而，正是从这

---

① 　Botond Bognar. Japanese Architecture. Rizzoli International Publication Inc.,1990：31.

种肢解中,它获得了生命。"①槙文彦显然想以建筑自身的复杂性和多元性来构拟社会形态的复杂性和多元性,像许多混沌学追随者一样,槙文彦虽然似乎把建筑师的业务拓展到哲学家或文学家的范围,然而这丝毫没有损害建筑本身的形式意义和功能意义。因为在这里,混乱与秩序并存,片段性与整体性同在,在一种雅化的秩序原则(a refined principle of order)的统帅下,混沌赋予建筑一种深奥的美,一种有张力的美,甚至还有一种隐嘲的美(以混沌反对混沌一度成为日本建筑界的一种时髦)。这也正是原广司、高松伸等建筑师以不倦的探索精神使混沌思维贯穿于自己的设计中的一大原因。

虽然欧洲建筑师在很大程度上是通过观察到日本建筑中的第二因素的过剩,即由广告牌、招贴、陈列、霓虹灯构成的混声合唱和异质的立体装配中,感受到某种富有审美意义的混沌特性,并对混沌学产生兴趣的,但是,他们对混沌的理解,最终还是回到了非线性的轨道上。

亚历山大·托尼斯、里亚纳·勒芬赫和理查德·戴曼德指出,"从 20 世纪90 年代开始,混沌似乎一再成为建筑辩论的中心。仿佛我们又回到了 60 年代初我们的起点,回到了建筑被宣称进入了一种混沌状况的时期"②。

在西方,对混沌表现出浓厚的兴趣并且试图把自己的那套非线性思维方式推而广之的,仍然是普瑞克斯、屈米、埃森曼这样一些具有先锋意识的建筑师。

"开放建筑"的倡导者普瑞克斯说:

> 建筑的平安无恙世界已经不复存在,永远不再存在。"开放建筑"(open architecture)意味着自觉和开放的精神。事实上,从 20 世纪初到 90 年代的建筑历史可以解释为一条从封闭空间通往开放空间的道路。从愿望上说,我们愿意建立一种没有目标的结构以便让它们可以被自由运用。结果,在我们的建筑中,没有围合空间,它们是组合的和开放的。复杂性是我们的目标……我们要寻找一条足以反映世界和社会多样性的复杂性……③

作为著名设计事务所蓝天组的代言人,普瑞克斯把他们的设计理念——"开

---

① Contemporary Japanese Architects. Taschen, 1994: 38.
② Alexander Tzons, Liane Lefaivre, Richard Diamond. Architecture in North American Since 1960. Thames &Hudson LTD, London, 1995.
③ Wolf Prix. On the Edge. Andreas Papadakis, Geoffrey Broadbent & Maggie Toy(Editor). Free Spirit in Architecture. New York: St. Martin's Press, 1992.

放建筑"定位于一种"边缘性"意义之上,使之包含了一切不受局限的、可以充分发挥或选择的可能性。而这些可能性恰恰又建立在构拟我们"世界和社会多样性的复杂性"的基础之上。其实,这种充分尊重客观现实的复杂性,并依据客观现实重构和模拟这种展示非确定性和不可预见性空间的精神,也正体现了混沌理论的精神。普瑞克斯是否真正接触过混沌理论其实并不重要,关键是他的理论在客观上真正体现了混沌学某些精髓性的东西。

屈米与普瑞克斯不同,他是混沌理论的热心倡导者和实践者。他在许多场合反复表达过这样的观点:在"形式和功能之间,结构和经济之间,形式和程序(program)之间",不存在一对一的、线性的因果联系,重要的是要用"一致与叠加、置换与替代的新概念",还有混沌的思想,来取代它们。[1] 他认为,在建筑设计中,任何追求和谐、一致和尽善尽美的动机都是于事无补的,至少是不合时宜的。当代建筑师需要的,是另外一些东西,是空间与空间之间的穿插与对抗,是各种建筑构件之间的矛盾与冲突,是同质性与异质性的混合。他明确指出:

> 如果……"所有类型互相混合,经常替代,各种体裁互相混淆"是我们时代的新方向,那么,这倒可能……对建筑的普遍的更新大为有利。如果建筑既是概念的,又是经验的,既是空间的,又是使用的,既是结构的,又是表层意象的(非等级的),那么,建筑就不再分出这样一些类别,而是将这些类别合并为前所未有的方案(program)和空间的混合体。"交叉方案"(cross-programming)、"跨方案"(transprogramming)、"非方案"(disprogramming),这些概念代表项目之间的移位和相互混合。
>
> ……………
>
> 建筑的定义不可能是形式,或墙体,而只能是各种异质的和不协调因素的结合。[2]

屈米讨厌一切稳定的、确定的、静态的和无变化、无眼光的设计。他宣称,冲突胜过合成,片段胜过统一,疯狂的游戏胜过谨慎的安排。屈米不仅以一套非线性思路来规约单体建筑(如他的成名作巴黎拉维莱特公园,1982—1991),而且还

① Andreas Papadakis, Geoffrey Broadbent & Maggie Toy(Editor). Free Spirit in Architecture. New York: St. Martin's Press, 1992: 21.

② Bernard Tschumi. Event Architecture. Andreas Papadakis, Geoffrey Broadbent & Maggie Toy(Editor). Free Spirit in Architecture. New York: St. Martin's Press, 1992.

把一种非确定性的混沌思想贯穿于他的城市美学之中。他希望设计一种可以对发展新的社会形式起积极的促进作用的文化的和艺术的"语境"，而摒弃那种只是着眼于过去或现在的、不包括任何预见性的僵死的环境。他对等级明确的传统城市极为不满——它们往往以寺庙、教堂、宫殿等为中心；对现代主义的城市同样怀有深深的敌意，因为现代主义也通过严格的分区，把城市空间分成工作空间、生活空间、服务场所等。屈米希望他的城市在形式上是反简洁的、无等级的，在价值上是非传统的。他不希望以一种决定论来限定人们的生活方式，相反，当代城市应该给人提供无限的自由和可能性。这与他在《事件建筑》中所张扬的那种建筑意义的不确定性和无限可能性是一脉相承的。因为屈米的思想中心，说到底，就是要建构一种混沌建筑，一种以非线性形式构造、以混沌思想定义的建筑。

对埃森曼来说，混沌的思想和解构观念已经融合为一体。我们很难断定，到底是因为混沌的思想还是因为解构哲学，导致了埃森曼对建筑意义的解构。比如埃森曼对住宅的居住性的解构和对展览中心的展览性的解构，作为对人类思维惯性和确定性的挑战，既合乎解构哲学的目的性，同时也合乎混沌学的目的性。但是，当埃森曼在谈及住宅10号对传统建筑尺度观的挑战时，却毫无疑问来源于混沌思维。埃森曼说："五个世纪以来，人体尺度一直是建筑的基准，但是，由于现代技术、哲学和心理分析学的发展，人作为万物的尺度、作为始源的存在这种最高抽象概念，可能再也保持不住了……"[1]"虽然弗洛伊德对无意识的揭示使这种天真的人类中心说的观点永远不可能成立，但它的根源在今天的建筑中依然存在。关于存在和起源的争论对人类中心说的问题至关重要。为了在建筑中实现对人的这种环境的某种反应，这个项目提出一种力图避开人类中心说关于存在和起源的组织原则的话语。"[2]埃森曼后来设计的许多作品都反映了这种观念，如东京大剧院（Tokyo Opera House，1986），加州长岛大学艺术博物馆（University Art Museum，1988），瓜迪奥拉住宅（Guardiola House，1989，图17-15）等。尤其是坎纳乔城市广场（Cannaregio Town Square，图17-16）和瓜迪奥拉住宅。前者通过三种按比例递减（或递增）尺度的对比，既解构了人为万物

① Andreas Papadakis, Geoffrey Broadbent & Maggie Toy(Editor). Free Spirit in Architecture. New York：St.Martin's Press, 1992：20.

② 弗雷德里克·詹姆逊著：《时间的种子》，王逢振译，漓江出版社，1997年，第173-174页。

的尺度的传统预设，同时也强调了埃森曼一贯强调的建筑的自主性和建筑尺度的自我相关性；后者则是埃森曼对"作为始源存在"的人的最极端的拒绝，这个立方体结构，三面为实墙，一面有窗，可以被视为"容器和被装载"，或者多少可以被定义为存在于"自然与理性之间，逻辑与混沌之间"的"场所与非场所"。

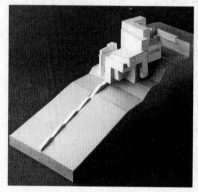

图 17-15　瓜迪奥拉住宅（埃森曼）　　图 17-16　坎纳乔城市广场（埃森曼）

勃罗特彭特认为，埃森曼有三种排列（scaling）方法：一是"非连续性"（discontinuity）（既有过去，可以在羊皮纸上阅读的过去，当然有现在，而且还有一种未来的潜势）；二是"梯归"（recursivity）（采用一种双极对立，如功能/形式，结构/经济，内/外，用多极意义进行叠加）；三是"自相似性"（self-similarity）（相似性重复）。[1] 勃罗特彭特所说的这三种方法，无一不与当代混沌学思维相关。如第一种方法揭示了混沌理论所包含的可预见性与不可预见性之间的矛盾性；第二种方法反映了混沌理论中所包含的系统的相关性；第三种方法不用说，更明显地表现出非线性思维的主要特征。詹姆逊早已注意到埃森曼的排列方法的渊源，他指出，"我认为埃森曼的特殊的、新的历史性，应该理解为对这种直接的形式问题的一种反应：以这种方式看，它不是一种风格的选择或装饰，而是一种不可避免的紧接着出现的行动。他首先把这称作'排列'（scaling），这个词可能源于曼德尔布洛特（即曼德勃罗——引者）和无序理论（即混沌理论——引者）。按照这种理论，无限扩大和缩减肯定重复'完全相同'的、基本的不规则和反常性，但我觉得，正是作为最富当代性的科学，那种'促动因素'才可任意选择。事实

---

① Andreas Papadakis, Geoffrey Broadbent & Maggie Toy(Editor). Free Spirit in Architecture. New York: St. Martin's Press, 1992: 20.

上,排列会取得某种更基本的、更具形式的东西。就是说,从格式塔中去掉多重解读的楔子,将共时性力量的行列(格子)投射到大量历时性的轴线之上"①。

詹克斯认为,20 世纪 90 年代最有影响的三座建筑,即盖里的古根海姆博物馆、埃森曼的阿诺诺夫设计与艺术中心、李伯斯金的柏林博物馆,均为非线性建筑。② 因为这些建筑不仅仅采用了电脑辅助设计,更主要的是采用了混沌思维方法,那种非逻辑的逻辑序列,非秩序的混沌的秩序,既表现了对建筑自主性的充分尊重,同时也反映了建筑与历史的、现实的对应关系。

不过,最能反映混沌思维的成功范例,应该是艾西顿·雷加特·麦克杜加尔 (Ashton Raggatt Mcdougall) 的墨尔本 (Melbourne) 的多层大厦 (Story Hall) (图 17-17、图 17-18)。这个工程以分形学为基础,以两种花砖作为像素单位,通过一种视觉拟态,在自我与周围环境之间建立了一种绝妙的融合。在这里,既规则又混乱的分形,组成一个自支撑、自生成的视觉拟态场所,成为新古典主义建筑之间的一个既怪异又新颖、既简单又复杂的和谐空间。在这里,我们无法用普遍的逻辑推理和线性思维解读设计者的意图。因为这里不存在任何点、线、面的关系,只有一种由不规则的曲线、不规则体块和色块组成的大杂烩。正是这个大杂烩,正是这个无设计的设计,在自我呈示的同时也赋予周围的环境一种全新的感觉。如果要寻找一种混沌学或非线性的最佳图解,这个设计也许是最好的选择。

图 17-17　墨尔本的多层大厦(艾西顿·雷加特·麦克杜加尔)

---

① 弗雷德里克·詹姆逊著:《时间的种子》,王逢振译,漓江出版社,1997 年,第 192 页。
② AD,10/9/97.

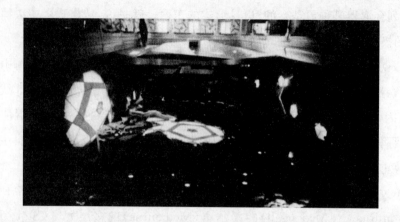

图 17-18　墨尔本的多层大厦细部（艾西顿·雷加特·麦克杜加尔）

混沌思维为当代建筑师开创了一个新的天地，也赋予建筑师一种更加自由的创造精神。在秩序与混乱、静止与运动、确定与变化这样一些对立项之间，建筑师可以根据需要进行自由选择，甚至双极选择，那种非此即彼的线性思维方式在这里已经没有立锥之地；建筑师的设计将不再囿于任何固定的框框，而是以自然生物（厥叶的茎线分布）、生命构成（如 DNA 结构图）和自然现象（如山、闪电的形式）（图 7-19～图 7-22）等为灵感触媒，创造出更灵活、更富有有机性和更符合当代审美需求的生存空间（图 17-23）。

图 17-19　分形之美——电脑模拟地形图　　　　图 17-20　自然景象中包含的分形

图 17-21　电脑生成的分形图案

图 17-22　计算机模拟的海滨建筑分形图

图 17-23　古代印度人的分形智慧

　　混沌思维从根本上动摇了机械主义宇宙观和人类中心说，因此，它体现了一种深刻的哲学智慧；混沌思维揭示了建筑乃至整个艺术创作的新规律，也大大拓宽了建筑和艺术创作的疆域，因此，它体现了一种新的美学价值；混沌思维把系统之间和系统之外的一切元素视为相互依存的关系项，认为生命与生命之间，文化与文化之间，自然与社会之间，都具有某种相关性和依赖性，因此，它体现了一种生态智慧。

黑川纪章说："借助于海森堡的量子力学以及爱因斯坦的广义相对论，分形几何学正暗示着某种新秩序的可能性。在自然现象中显然存在着分形秩序，由于其复杂性以前被拒绝接受。位于秩序和混沌之间的中间领域的分形几何学是生命本身的原则。生命时代的建筑将在分形几何学的基础上发展。"①黑川纪章的观点，代表了老一代建筑师对混沌非线性思维的无比重视，对未来的富有生命意义的建筑的期许。

混沌思维给当代建筑带来了新的机遇，也的确给当代建筑面貌带来了新的变化。然而，需要指出的是，虽然混沌思维（有机论）作为机械论模式的对立面，受到当代建筑师的重视，但是，如同在其他领域中一样，机械论模式在建筑中仍然在发挥它应有的作用。那种认为思维是一种单一反应的过程而非复杂作用的过程的观点，那种认为思维的发展只不过是一种思维简单地取代另一种思维的观点，都是片面的、错误的，本身也是与混沌思维相违背的。

混沌非线性思维对拓宽建筑师的创作观念，开阔建筑师的创作视野，乃至于对城市规划和建筑意象创造、空间安排等，无疑具有积极的影响。但是，那种不顾建筑的环境、经济和技术的限制，想当然地生搬硬套混沌-非线性理论的建筑设计，那种"为混沌而混沌"的建筑设计，是应该受到坚决抵制的。不过，我们大可不必为这样的设计担心，因为这种设计不可能找到它的生存和发展空间。

（三）非理性思维

汤姆·罗宾斯（Tom Robbins）说：

> 在那些普遍混乱无序的时代，创造秩序的责任，一直是由那些更先进的人类，如艺术家、科学家、警察和哲学家承担；在我们这样的时代，当有过多的秩序、过多的管制、过多的计划和过多的控制的时候，破坏整个机器控制系统就变成了男女超人们的责任。要减轻人类的精神压力，他们就必须播

---

① 转引自郑时龄、薛密编译：《黑川纪章》，中国建筑工业出版社，1997年，第204页。

下怀疑和分裂的种子。①

阿多诺曾在他的巨著《美学理论》中谈到"食欲向思想的转化"问题。汤姆·罗宾斯刚好相反，他陈述的是思想向食欲转化或思想与食欲类同的事实：发生在大脑中的审美往往和发生在口腔中的"审味"一样，人们对老一套的东西，特别是对铺天盖地汹涌而来的老一套东西，总是充满着难以掩饰、难以遏止的厌倦。正像我们总是对那些过多地重复出现的食物产生一种餍足感一样，审美主体也会对过多的、过强的理性表现出难以忍受的餍足感，并且会设法驱逐这种餍足感。非理性的思维正是解除这种餍足感的一剂良药。②

由现代理性与现代科技的联姻培育出来的现代理性主义美学虽然早就受到普遍的抵制，但是，在现代向反现代转型的阶段，甚至反现代美学已经占据统治地位的时候，仍然有那么一个时期，理性的思维方式在建筑设计中依然扮演着重要角色。普罗泰格拉的"人是万物的尺度"的观念，功能合理、逻辑清晰、结构科学、形式可观的观念，换句话说，以维特鲁威的美学为基础的那一套教条的理性话语，依然在不同程度上左右着建筑师的设计。尤其是在 20 世纪 70 年代前后，罗西、格拉西等人对新理性主义的大肆宣扬——虽然他们是为了寻找一种跨越时空的同一感，给日益混乱的城市建筑恢复秩序——更加剧了行内人士对理性的怀疑与担忧。而在哲学界，福柯、德里达和德勒兹对理性、对主体的问难，对差异、对非理性的呼唤，更激发起理论家与建筑师抵制理性思维、建构非理性思维的信心。

在当代这样一个信息时代，不同学科之间的互渗和交融，尤其是哲学和其他学科之间的对话以及对其他学科的影响，比任何时代都更加频繁、更为显著了。如果我们把这个时代称为"言必称福柯、德里达的时代"，是一点也不过分的。在建筑领域，当代哲学的巨大影响，在那些先锋派建筑师的作品中留下了明显的

---

① James Wines. De-constructure. New York：Rizzoli Internatinal Publication Inc.，1987：118.
② A. Hechscher 也表达与罗宾斯类似的观点，他说："从基本上是简单而有秩序的生活目的向复杂而相反的生活目标靠近，本来就是每一个人成长的过程。但在某个时期鼓励这一发展，其中自相矛盾的或戏剧性的观点，歪曲了整个知识分子的景象。……在简单化和秩序中产生了理性主义，但理性主义到了激变的年代就会感到不足。于是在对抗中必然产生平衡。人们得到的这种内部的平静表现为矛盾与不定之间的对待……严重自相矛盾的感觉，似乎允许不相同的事物并肩存在，它们真正的不一致才是事实的真相。"罗伯特·文丘里著：《建筑的复杂性与矛盾性》，周卜颐译，中国建筑工业出版社，1991年，第 3 页。

印记。

对比一下哲学、文化领域与建筑美学领域的互动关系，将有助于我们全面理解非理性在当代文化语境中所扮演的角色和所处的位置。

当代反现代理性的急先锋福柯说：

> 我认为自 18 世纪以来，哲学和批判思想的核心问题一直是、今天仍然是而且我相信将来依然是：我们所使用的这个理性（Reason）究竟是什么？它的历史后果是什么？它的结局是什么？危险又是什么？①

德里达说：

> 理性比疯癫更疯狂——因为理性是无意义，是遗忘……疯癫比理性更合理。因为它更接近理性的源泉。无论其如何沉默和喃喃低语。②

在建筑领域，最善于制造新闻效应的埃森曼则说：

> 我们必须重新思考建筑现实在媒体化世界的处境。这就意味着移换人们所习惯的建筑的状态。换句话说，要改变那种作为理性的、可理解的、具有明确功能的建筑的状况。③

而最有才气也是最善于玩弄理论玄虚的李伯斯金则一边在"大路上钓鱼"（Fishing From the Pavement），一边用福柯式的语调向世人宣告：

> 现代性即告结束，人类理解现实的那种启蒙式方式，伟大的苏格拉底和前苏格拉底式的那种观察世界的方式也即告结束。人类同世界关联的那种旧有的模式——这个模式被称为理性人类对非理性的荒诞的宇宙情景的反映模式——已经结束。④

我们不必对福柯和建筑师们对理性的声讨和对非理性的呼唤的语境和时间进行详细的考证。这对我们来说，没有任何实际意义。因为当代哲学，尤其是后

---

① 福柯：什么是启蒙，转引自斯蒂文·贝斯特、道格拉斯·凯尔纳著：《后现代理论》，张志斌译，中央编译出版社，1999 年，第 47 页。

② 乔治·瑞泽尔著：《后现代社会》，谢立中等译，华夏出版社，2003 年，第 173 页。

③ Peter Eisnman. Strong Form, Weak Form. Peter Noever（Editor）. Architecture in Transition：Between Deconstruction and New Modernism. Munich：Prestel, 1991.

④ 李伯斯金.大路上钓鱼.见 Andreas Papadakis, Geoffrey Broadbent & Maggie Toy（Editor）：Free Spirit in Architecture. New York：St. Martin's Press, 1992。

结构主义或解构主义哲学对当代建筑产生影响,已经是一个不争的事实。我们现在所要了解的是,建筑师们在摒弃理性思维之后,是否真的迈向了非理性思维?

在《两线之间》一文中,李伯斯金就明确告诉我们,他在设计柏林博物馆扩建工程时,非理性思维起到了关键作用。他说:"要讨论建筑,就得讨论非理性的典范之作。在我看来,当代最好的作品就是来自非理性,虽然当它流行于世界、统治并摧毁什么时,总是以理性的名义。非理性……是我设计的起点。"①

为纪念著名作家马赛尔·普鲁斯特(Marcel Proust)而设计过"安放思想骨灰之墓地"(方案)的海杜克(John Hejduk),也是一位理性主义的坚定的批判者。和李伯斯金一样,海杜克也认为理性主义建筑是一种已死的建筑艺术,并且在这个方案中运用了非理性设计思路。他说,"安放思想骨灰之墓地"方案是一种"对死亡的建筑艺术的注释和回答……我高度重视大多数的理性主义派建筑师,但是他们却都在从事一种死亡的建筑艺术。这就是对他们的评价和答复"②。

图 17-24 罗马千禧年教堂方案(埃森曼,1996)

除了埃森曼(图 17-24)、李伯斯金、海杜克之外,被詹克斯称为理性主义的扼杀者③的库尔哈斯,达达主义美学的当代传人索尔金,推崇疯狂(事实上就是非理性)建筑学的屈米,共生理论的倡导者黑川纪章④,还有专门设计具有未来主义野性美的景观建筑的利伯乌斯·伍兹(Lebbeus Woods)等人,不仅对理性美学大加挞伐,对非理性美学极力推崇,而且也将非理性思维用于设计

① Peter Noever(Editor). Architecture in Transition: Between Deconstruction and New Modernism. Munich: Prestel, 1991: 63.
② 查尔斯·詹克斯著:《晚期现代建筑及其他》,刘亚芬等译,中国建筑工业出版社,1989 年,第 142 页。
③ 查尔斯·詹克斯著:《晚期现代建筑及其他》,刘亚芬等译,中国建筑工业出版社,1989 年,第 142 页。
④ 黑川纪章说:"将人类视为仅次于上帝并控制整个自然界的理性生物的人本主义学说正面临着危机。我们逐渐认识到人类的生存依赖于我们星球上许多生命形式的共生,我们也不再相信机器、科学技术和人类的智慧是万能的。一切生命中均存在未知的领域,而每种文化中都有超越我们理性认识的神圣领域。在机器时代曾被视为非科学和非理性的情感和感觉领域,今天正受到新的关注。"郑时龄、薛密编译:《黑川纪章》,中国建筑工业出版社,1997 年,第 203-204 页。

实践。

《建筑中的自由精神》一书的编者安德斯·帕帕达克斯和肯尼思·鲍威尔
（Andreas Papadakis & Kenneth Powell）指出：

> 当今的建筑极力追求无限性：打破规则，拥抱自然（和人类），创造好客
> 空间，实现时间和空间自由流动，让人们陷入不确定性和困惑之中，把过去、
> 现在、将来联为一体，甚至动摇人们的现实感和理性，尤其是动摇人们的永
> 久（不变）感。这是令人不安的，搅乱人心的，使人愤怒的，不可理喻
> 的……①

这种"极力追求无限性"的、"令人不安的，搅乱人心的，使人愤怒的，不可
理喻的"设计思维，这种"把过去、现在、将来联为一体，甚至动摇我们的现实感
和理性"的建筑作品，其实就是充分体现埃森曼、李伯斯金人等所呼唤、所欢迎
的非理性美学的东西，也是他们正在摸索和实践的东西。

当代建筑师之所以如此急切地拥抱非理性而贬损作为现代性的核心的理性
（工具理性），其根本动机即源于一种打破秩序和惯性，挑战平庸，拆解中心，建构
充满自由精神、富有个性色彩的他性（otherness）美学的冲动。而要达此目的，
首先就必须打破现有的规则，动摇理性赖以存在的精神根基。诚如被丹尼
尔·贝尔称为在非理性主义运动中"声音最响亮的代言人"的西阿尔多·罗斯扎
克说的，"目前最要紧的是推翻那种深受自我中心和理智型意识束缚的科学世界
观。要取而代之，就必须要有一种新文化，在这种文化中，个性的非理性能
力——从幻想的光彩和人类交流的经验中燃起烈火的能力——将成为真善美的
主宰者"②。

非理性的美学冲动不可能作为一种单一的心理的和文化的行为而与非总体
性和非线性思维分离开来。事实上，它们源于同一种反逻辑（或非逻辑）的、自由
的美学精神。它们的区别仅仅在于，非总体性思维更侧重于对一种片断的、差异
的、非连续性的、多元性和独立不倚的个性追求；混沌或非线性思维更侧重于分
维（fractal dimension）的、模糊的、流动的、机遇的和非确定性因素；而非理性则

---

① Andreas Papadakis & Kenneth Powell. In Defense of Freedom. Andreas Papadakis, Geoffrey Broadbent &
Maggie Toy(Editor). Free Spirit in Architecture. New York：St. Martin's Press，1992.
② 丹尼尔·贝尔著：《资本主义文化矛盾》，赵一凡等译，生活·读书·新知三联书店，1989 年，第 194
页。

侧重于非概念、非永恒性、无意识乃至于神秘的思维方式。

阿多诺说:"现代审美理性要求艺术手段(无论从其本身还是其功能角度来讲)具有极大的确定性,以便能够取得传统手段不能取得的成就。"①其实,现代理性不仅力求手段的确定性,还把思维的精确性、表达的逻辑性、行为的目的性作为实现自身的重要指标。德勒兹认为这是一种极其有害的"纵向性"(verticality)思维方式,这种思维方式试图从不证自明的第一原则出发演绎出其他事物。同时按照等级原则来安排、确定这些事物的位置。它遵从同一性原则,信奉再现哲学,把每一种存在都看作是再现,把一切变化都看成是同一。在这里,没有差异,只有同一的循环。② 当代审美非理性却相反,它把模糊、变化、本能、直觉、意志、无意识、非逻辑、非目的性和偶然性作为自己的中心内容。它试图恢复被柏拉图极力压制的差异、矛盾、非永恒性和非同一性,以重复和差异取代同一和表象。德勒兹认为这是一种"横向性"(horizontality)思维方式。在德勒兹这里,差异不仅指空间的相互外在性,同时还指时间中的前后相继性。差异和重复是联系在一起的。差异是在重复中产生,通过重复表现出来的。重复不是同一物的再现,而是差异的重复,重复是差异的再生,是一种不断再生的运动。真正的差异存在于概念直观之间,可理解和可感觉之间,逻辑的东西和审美的东西之间。德勒兹和尼采、柏格森一样固执地相信,人类最大的不幸,就是进化的过程使人类成了智能超过本能的动物。由于智能也就是理性总是把自己的观念性条条框框强加于世界,扭曲了世界的本来面目,禁锢了人的本能,从而剥夺了人的自由本性和创造本能。③ 因此,他认为哲学的任务是批判这种残害人的创造性的理性观念,拒斥稳定的同一性而肯定区别或差异、反普遍化的秩序、总体化、等级体系、基础论和表象论,肯定多元性、机遇、混沌、流动和生成,创造出思想和生活的新形式。④

在建筑领域,非理性思维模式并不是以一种单一的形式表现出来的,甚至也不是靠任何招牌或旗帜而标志出来的。那些从不谈论理性与非理性的建筑师,同样会在作品中不由自主地运用非理性设计,甚至那些变着花样或打着理性主

① 阿多诺著:《美学理论》,王柯平译,四川人民出版社,1998年,第62页。
② 江怡主编:《走向新世纪的西方哲学》,中国社会科学出版社,1998年,第536-547页。
③ 伯特兰·罗素著:《西方的智慧》,崔全醴译,文化艺术出版社,1997年,第635-637页。
④ 江怡主编:《走向新世纪的西方哲学》,中国社会科学出版社,1998年,第536-547页。

义招牌的建筑师,也会程度不同地流露出某种非理性的冲动。

细心的读者将会发现,即使是挂着新理性主义招牌的罗西、格拉西,其审美思维中依然包含着浓厚的非理性成分。因为,他们极口称赞和推崇的荣格的原型理论,本身就是建立在非理性美学的基础之上的。作为原型论基础的个人无意识和集体无意识,就是非理性思维最典型的确证。所以,詹克斯在论及新理性主义时,一定要在前面缀以"非理性"。

图 17-25　柏林帕里泽广场(Pariser Platz)(盖里,1995—1998)

不过,罗西等人的非理性,对屈米、埃森曼、李伯斯金、多米尼希和伍兹这样一些极端的先锋派建筑师来说,是远远不够的,更何况,他们理论的落脚点仍然是理性主义呢。所以,屈米、多米尼希、埃森曼、盖里(图17-25)、伍兹等人的建筑,总是以更强劲的反建筑和反造型的形式出现,是真正革命性的、非常规的,有时甚至是疯狂、不可思议、无法理解、令人气恼的。比如,屈米的拉维莱特公园,就是以隐喻和解构的方式,通过一种无逻辑的大杂烩式的空间组合,达到嘲讽西方城市的等级和虚假的秩序的目的的;多米尼希的石屋方案(Stone House, 1985)完全是一个非逻辑的无序的堆积物,或者不如说同他的 Z 银行一样,是一幅地震后的悲惨景象的可怕再现;蓝天组设计的 UFA 影视中心(UFA Cinema Center, 1998,图17-26)则是一种典型的非逻辑组合,既优雅又怪异,既冲突又统一。埃森曼的一系列住宅设计,在很大程度上就是要颠覆常规的、理性的建筑观念。比如坎纳乔城市广场、住宅 6 号和 10 号,就是对人是宇宙的中心、万物的尺度的传统观念的挑战。埃森曼清楚地知道,"虽然弗洛伊德对无意识的揭示使这种天真的人类中心说观点永远不可能成立,但它的根源在今天的建筑中依然存在",所以他"要运用'另一种'话语,一种力图避开人类中心说关于存在和起源的组织原则的话语"[①],

---

① 埃森曼语。转引自弗雷德里克·詹姆逊著:《时间的种子》,王封振译,漓江出版社,1997 年,第 174-175 页。

图 17-26　德累斯顿 UFA 影视中心（蓝天组,1998）

来动摇人类中心说的根基。为达此目的,埃森曼经常劝导人们拓展视界,对客体或主体保持一种超然反观（looking back）的姿态。他说:"'反观'的观念开始取代这种人类中心论主体。'反观'并不需要客体变为主体,而是需要赋予客体以人性。'反观'关心的是主体从理性化空间超脱出来的可能性。"①埃森曼的所谓"反观",其实就是要揭橥一种逆向思维,也就是逆常规、逆理性的思维。埃森曼认为当代审美理性思维有着太多有害的习惯性和惰性,只有用非理性思维与这种习惯性和惰性搏战,才能产生真正自由的、合乎当代审美需要的作品。

　　与前面两位建筑师不同,利伯乌斯·伍兹的建筑,我们不如称之为非建筑（图17-27、图 17-28）。那些兀然矗立或穿插

图 17-27　克罗地亚萨格勒布自由区
（利伯乌斯·伍兹）

---

① Peter Eisenman. Vision Unfolding: Architecture in the Age of Electronic Media. Andreas Papadakis, Geoffrey Broadbent & Maggie Toy(Editor). Free Spirit in Architecture. New York: St. Martin's Press, 1992.

图 17-28　实验建筑(利伯乌斯·伍兹)

于广场或街道之间的巨型甲壳状物体，与其说是建筑，不如说是一些装置，或未来世界的古怪雕塑。伍兹称他的这些建筑为"异构"(heterarchy)。我的确想不出一个比"异构"更准确的词来描述或定义他的"建筑"。这些"异构"，如同一些模样奇特、行为古怪的流浪汉或孤傲而冷漠的摇滚歌星，不邀自来地登上围满人群的舞台之后，除了以默默无语和矗立不动进行"自我设计"和自我表演之外，就不再给好奇的观众任何他们想要的东西，无论观众打他、骂他、劝他，他依然宠辱不惊，我行我素。伍兹说："我的目的，是想通过建构一种城市生活方式，把社区中的个人从思想和行为受拘束的惯例中解放出来，以便回答'人是什么'这个问题。这个答案就是个人必须自我设计，因为个人，而不是群体或社会，才是人类最高和最完美的体现。"[1]伍兹以其特行独立的建筑，创造了一种体现个人意志的非理性的他性景观，对当代人格和个性的自我设计和自我塑造具有深刻的启示意义(图 17-29)。

大致上说，在当代建筑中，非理性思维有两种表现形式：一种是无意识的梦幻式，追求一种超自然、超现实的梦幻效果。如哈迪德(Zaha Hadid)的札幌餐厅(图 17-30)，就是一个典型。在这座建筑中，哈迪德塑造了一种富有梦幻感和戏

<hr />

① Lebbeus Woods. Heterarchy of Urban Form and Architecture. Andreas Papadakis, Geoffrey Broadbent & Maggie Toy(Editor). Free Spirit in Architecture. New York：St. Martin's Press, 1992.

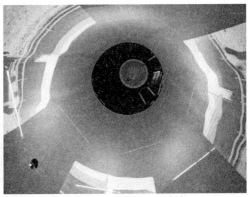

图 17-29　萨格勒布亭(Zagreb Pavilion)(伍兹作品的媚俗版,海福耶·尼瑞克,2009)

剧性的超现实场景。一种平地腾空而起的旋风构成的旋涡,变成了餐厅的天花——由红、橘、黄三种颜色构成的火炉意象;由灰色的、光洁的玻璃和金属做成的地板,则构成了一种冰的意象;在"火"与"冰"之间,则是一些超自然的、非现实的、非复制的(每一样物件都是独立的设计,绝对不重复)物件,其中有造型奇特、可以随意移动的吧台沙发,有颜色鲜艳、动态古怪的沙发垫,有兀然竖立在吧台后面的像冰块一样尖利

图 17-30　札幌餐厅(扎哈·哈迪德)

的碎片……整个设计,完全建立在无意识的、非理性的随意演绎基础上,通过一种梦幻感和混乱的美赋予这座餐馆以无穷的魅力。

　　和利伯乌斯·伍兹一样,哈迪德对这种非建筑的所谓"异构"或"异形"曾经作过深入而长久的探索。只不过她比所有像伍兹这样的先锋派建筑师幸运,很快就从自命清高的乌托邦建筑师(或纸上设计师)转型为炙手可热的时尚建筑师。虽然时光在哈迪德脸上无情地烙上了岁月催人老的痕迹,但在建筑设计中她依然是宝刀不老,满蓄着年轻人叛逆的激情(图 17-31、图 17-32)。

图 17-31　开罗展览城（扎哈·哈迪德，2009）

图 17-32　香奈儿当代艺术馆（移动式，可进入世界各大城市），
首站香港（扎哈·哈迪德，2008）

　　主张建筑需要有悬念（hook）的哈尼·雷西德（Hani Rashid）和他的艾辛姆帕托工作室（Asymptote Studio）一面探索非理性的"非建筑"装置（图 17-33、图 17-34），一面继续在各地竖起一座座有着"玩几何花招"嫌疑的地标建筑（图

17-35、图 17-36）。这些类似扎哈·哈迪德或库尔哈斯的城市巨型雕塑,现在越来越引起世界建筑界的瞩目。

图 17-33　视觉图案方案
（艾辛姆帕托工作室）

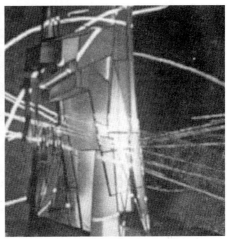

图 17-34　边缘与未知地带方案
（哈尼·雷西德）

图 17-35　韩国釜山世界商业中心（World Business Center）
（艾辛姆帕托工作室）

图 17-36　马来西亚槟榔环球城（The Penang Global City Centre）
（艾辛姆帕托工作室，2007—2012）

另外一种，是非逻辑、非秩序、反常规的异质性要素的并置与混合的方式。如上所述的屈米、哈迪德、埃森曼和伍兹的作品，还有盖里、艾瑞克·欧文·莫斯（图 17-37）、TVS（Thompson，Ventulett，Stainback & Associates）建筑事务所（图 17-38）、蓝天组、赛特事务所和摩弗西斯事务所的某些作品，都可以归入此类。这些作品的主要特征，是它们所包含那种反美学的、片断的、荒诞和怪异的倾向。

图 17-37　阿拉土图多斯克办公楼方案（建设中）（艾瑞克·欧文·莫斯）

图 17-38　迪拜塔林(TVS,2007—　)

　　需要特别说明的是,从总体上说,当代世界是一个多元共存的时代,是一个中庸的时代,折中主义的时代,一个理论宽容的时代。在这样的时代,不可能有一种纯而又纯的、不带任何杂质的非理性思维,更不可能存在完全抽空了理性内容的非理性思维。事实上,非理性本身是一个文化合题,它应该也必须是包含了理性的非理性,绝对不可以理解为无理性。就好比我们的"散文"观念并不等于光有"散"而无整体的"文"一样。

　　阿多诺指出:

　　　　艺术是这样一种理性之物:它批判理性(即自我批判——引者)却并不逃离理性;艺术既不是前理性的,也不是非理性的东西,因为在社会这个整体中所有的人类活动都是相互交织的,将艺术定位为前理性的或非理性的,注定都是不符合事实的。因此,理性的和非理性的艺术理论同样都有缺陷。①

艺术作品中的理性是建构与组织整一性的要素,虽然与支配外部世界的理性不无关系,但它并不反映其分类秩序。被视为艺术作品的非理性特征的实证理性并不是非理性思维的症候,甚至观众也并不总是表达出这种非理性意向;意向通常会催生一些观念性的艺术作品,从某种意义上说,这种作品就是理性主义的。相反,抒情诗人是无拘无束的,他完全摆脱了逻辑结构的束缚(这些逻辑的影子还是会进入他的领域)。唯有抒情诗人能够遵循创作的内在规律性。②

阿多诺给我们提供了辩证理解非理性的独特视角。关于理性与非理性的问题,在以后的论述中还将涉及,此处不再赘述。

扎哈·哈迪德具有多方面才能,在设计界、建筑界可以说炙手可热,如日中天,但是,比较一下她的建筑设计与装置和家具设计(图 17-39～图 17-44),你多

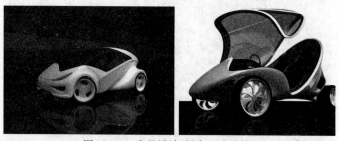

图 17-39　产品设计(轿车)(哈迪德)

图 17-40　装置作品(哈迪德)

① Theodor W. Adorno. Aesthetic Theory, Gretel Adorno and Rolf Tiedemann, Editors, Newly Translated, Edited, and with a Translator's Introduction by Robert Hullot-Kentor. London: Continuum,2002:55.
② 同①。

图 17-41　产品设计（轿车）（哈迪德）

图 17-42　产品设计（沙发）（哈迪德）

少会感到有些疑惑：她是否在建筑的装置化、产品化和艺术化方面走得太远？

　　与此相关的另一个问题，就是当代非理性主义与理性主义美学思潮、非理性和理性的兴替交叠问题。这里讲了那么多非理性思维，也许有人会问："如果理性思维和理性主义依然存在，何以见得非理性思维就是当代建筑美学的思维特征呢？"我想要说的是，一定时期的文化或美学观念的变化，不应该按照一种定量的方式来解释，而应该从原有的文化或美学模式的分化和

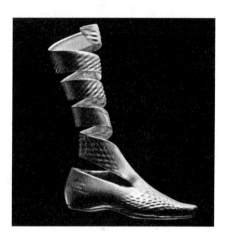

图 17-43　产品设计（鞋）（哈迪德）

变动讯息及其对整个文化或美学格局所产生的影响角度来衡量。此外，理性主义和非理性主义，理性思维和非理性思维之间的破与立、废与兴，决不是一种线性的、你死我活的、一刀切的、机械的连结。正如福柯所言，并不存在否定了先前的一切的那种剧烈的断裂，旧的思维方式一下子断根绝种，新的思维方式一下子凭空生出，这是万万不可能的。断裂"只有在已经存在且发挥着作用的规则的基础上"才具有可能。[①] 因此，只有从思维逆向延展的角度来理解和把握当代西方建筑的非理性思维特征，才能真正抓住当代建筑美学的本质。

———————————

① 参见斯蒂文·贝斯特、道格拉斯·凯尔纳著：《后现代理论》，张志斌译，中央编译出版社，1999 年，第58 页。

图 17-44　奥地利因斯布鲁克伯吉瑟尔滑雪台(哈迪德，1999—2002)

（四）共生思维

爱德华·T. 哈尔(Edward T. Hall)说："在当代人类世界有两种相关的危机：第一种也是最直观的危机是污染/环境的危机；第二种更微妙，也同样是致命的，这就是人自身的危机——他同自己的联系，他的外延，他的制度和他的观念，他同所有包围他的那一切关系的危机，还有他和居住在地球上的各个群体之间的关系的危机，一句话，他同他的文化的危机。"①

从某种意义上说，前面所讲的非总体性思维、混沌思维和非理性思维，主要是建筑师和理论家们对当代文化危机作出的反应；而共生思维和当代生态学理论则主要是他们对当代环境或生态危机所作的反应。当然，环境危机和文化危

① James Wines. De-constructure. New York：Rizzoli International Publication Inc.，1987：131.

机本身并非互不相干,而是紧密联系着的。

　　人对自然的掠夺,文明对人与自然的和谐关系的破坏,一直是人类关注的一个重要问题。甚至在最古老的苏美尔文明中,在人类刚刚从野蛮走向文明的初期,人对自然的肆意破坏和掠夺就已经引起了当时的有识之士深深的忧虑。在《吉尔迦美什》这部人类最早的史诗(比荷马的史诗还要早 1500 多年)中,我们看到,为了建造乌鲁克城,伴随国王吉尔迦美什远征黎巴嫩大森林的半神恩启都,在杀死森林守护神芬巴巴的同时,也莫名其妙地杀死了自己。[①] 史诗通过这个情节,给读者留下了一个意味深长的警示:毁灭自然者最终必将毁灭自己。可是,从那时以来,不知又过了多少个世纪,人类仍然没有明白这个道理,似乎也并不愿意明白这个道理,所谓"发展的悲剧"仍然在地球的各个角落一演再演。尤其是现代,化学工业的发展、汽车工业的发展,战争的破坏,人口的爆炸与城市建设和开发的无序扩展,使绿地、水资源、大气,甚至农作物,全然遭到污染和破坏。人与自然的关系开始变得紧张起来。如何恢复人与自然之间正常而和谐的关系,如何在人与自然生物及其环境之间建立一种平衡,如何为子孙后代留下一个不受污染的绿色的生存空间,这些问题,以前所未有的严峻性摆在了当代西方人的面前。

　　哲学家和生态学家们认为,要切实解决人与自然的关系问题,首先必须打破人类中心论,必须以一种有机论和生态平衡论取代"人是宇宙的精华,万物的灵长"这种人类优越论。著名生态学家、诺贝尔奖金获得者康罗·罗伦兹说:

> 人们乐于把自己看作宇宙的中心,认为自己不属于自然,而是从自然中分离出来的高等生物。很多人对这个谬见恋恋不舍,而无视于一位贤人说的最智慧的警语,即屈龙所说的"认识你自己。"[②]

日本哲学家梅原猛说:

> ……在我的头脑中,我始终相信近代文明在某种意义上是错误的,这是因为近代文明是建立在人类盲目自大的基础上的。近代文明始于将人类的智慧万能化,企图用人的智慧去征服自然,人类在这一哲学基础上建立起来的近代文明社会,即所谓的科学技术文明。人类肆行无惮地破坏、掠夺大自

① The Epic of Gilgamesh. Great Britain,1960.
② 康罗·罗伦兹:《攻击与人性》,作家出版社,1987 年,第 228 页。

然的宝贵财富,妄图称霸宇宙,这种文明潜藏着无穷的危险。它将人置于自然万物之上,将大自然看作是可以任意榨取的奴隶。人的意志、欲望,无条件地成为真、善、美的事物,再也没有什么事物能站出来谴责人的傲慢、狂妄。人类到了重新认识自己在宇宙中的位置的时候了。人类应该反省自己的所作所为。与其去"征服"自然,不如学习如何保护自然,如何保持同大自然的平衡、协调。[1]

生态的问题,即人与自然、人与生物、人与人、人与未来的共生问题,实际上是人自身的问题,或者说,是一个文化问题、一个伦理问题。如果人能够摆正自己在自然中的位置,如果人在自我发展的过程中,能够充分认识到自然"可持续"被榨取的限度,能够把眼前利益同长远利益结合起来,把局部利益同整体利益结合起来,把国家的利益和全球的利益结合起来,把人类的发展同人类以外的自然生物的发展协调起来,尽可能依靠人类自身的修养和道德克制无止境攫取的欲望,在保持与他人(包括其他民族和后人)公平合理地共享大自然的赐予和恩惠的同时,拒绝对资源的浪费和环境的污染,那么,人类同自然生物和谐、共生,与大自然平衡、协调,将不是一件遥远的事情。

对建筑师来说,人与自然的紧张对立关系,人对大自然的肆意破坏和榨取,往往以更加直观、更加残酷的形式表现出来。甚至在很多情况下,建筑师常常被动地成为地产开发商残害生态环境的同谋共犯。

正因为如此,一方面是受到当代全球性绿色行动的影响,一方面是受到修复极度恶化的环境的使命感的感召,同时在某种程度上也是受到一种原罪感的驱动,当代西方建筑师开始把人与自然共生的生态意识当成一种普遍的设计准则。生态意识自然就成为西方建筑师普遍的、自觉的意识。

黑川纪章于 1987 年出版的《共生的思想》一书,就把人与自然的共生,人的建筑与自然的共生作为主要内容。另一位日本建筑师长谷川逸子(Itsuko Hasegawa)在《作为第二自然的建筑》(*Architecture as Another Nature*)一文中,明确提出,建筑不应该被视为一种人工化产物,它本身就是另一种形态的自然。她说:"我的目的之一是重新思考过去的建筑,这些建筑适应当地的气候和地理条件,让人类与大自然共生,把人类和建筑视为大地生态系统的一部分。这实际

---

[1] 梅原猛:《学海觅途》,生活・读书・新知三联书店,1989 年,第 193 页。

上包含着对与新的科学和技术相关的新设计的挑战。""建筑不应该被当作一种孤立的作品设计出来，而应当被当作某种更大的东西的一部分。换句话说，它必须具有某种都市品质。城市是一种变化的、多面的实体，它甚至包容了一些与它对立的东西。"①长谷川逸子所说的与城市对立的东西，显然是那些具有非人工性的东西——自然的东西。

思想前卫的摩弗西斯事务所对重构人与自然的共生关系极为关注，并尽量使之在设计中得到体现。他们不仅渴望建立一种与自然"休战"的环境，而且希望能够建立一种把建筑融入自然，使人和自然展开自由对话的环境。②

白色派领袖迈耶把建筑与环境的共生作为一种终级追求。他在谈到盖迪中心的创作时曾表白，多年以来，他一直孜孜以求的，就是在自己的建筑中重构古代建筑中那种建筑与环境互相生成、互相融合的方式。③

从某种意义上说，生态思维或共生思维已经催生了一种新的美学形式，即生态美学。这是一种具有新的、超越建筑造型或纯形式之上的功能美学，一种既联系着最古老的居住形式又展望着最遥远的未来的生存境遇的生存美学。

生态思维使建筑的当代审美增加了一种新的维度：一种与真和善紧密相关的维度，或者说，一种与科学和伦理紧密相关的维度，一种与人类智慧相关的维度。因为建筑不再把功能和形式或者空间和视觉的美作为设计的终极参量。在生态和共生的视域中，建筑的审美考量必得同对下述诸种关系的考量联系在一起，即：建筑与自然的关系，建筑与建筑的关系（与环境的关系），建筑与人的发展的关系，建筑与建筑自身的可持续发展的关系（建筑的节能、永续利用、自然对建筑材料的可溶解性等）以及建筑与人类的未来的关系等。这就表明，只有建立在超本位、超时代、超人类基础之上的审美思维，才是一种健全的生态思维，一种真正体现了人类的利益和自然的利益、当前的利益和未来的利益、局部的利益和整体的利益的共生思维。

---

① Itsuko Hasegawa. Architecture As Another Nature. Andreas Papadakis，Geoffrey Broadbent & Maggie Toy（Editor）. Free Spirit in Architecture. New York：St. Martin's Press，1992.

② Geoffrey Broadbent. Who Are These Spirits Wild and Free? Andreas Papadakis，Geoffrey Broadbent & Maggie Toy（Editor）. Free Spirit in Architecture. New York：St. Martin's Press，1992：25.

③ Philip Jodidio. New Forms：Architecture in the 1990s. Taschen，1997：7.

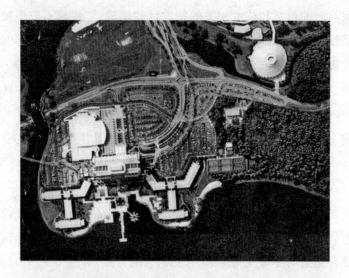

图 17-45　迪斯尼当代度假村(查尔斯·格雷姆肖,1991)

共生或生态思维对塑造建筑美的形式来说，既是一个机遇，也是一个挑战。说是机遇，是因为生态思维为塑造园林建筑和山水建筑这种富有自然情趣的形式，和使用自然材质表现富有地域趣味的建筑形式，提供了无穷的想象空间和实践机会。斯蒂芬·霍尔的斯特雷托住宅（Stretto House，1989—1992）、查尔斯·格里姆肖的迪斯尼当代度假村（Disney's Contemporary Resort，1991）（图 17-45）和矶崎新的秋吉台国际艺术村（1997—1998）（图 17-46）是这类景观建筑的典型；而巴特·普林斯（1947—　）的乔和伊佐科·普里斯住宅(Joe and Etsuko Price

图 17-46　秋吉台国际艺术村
（矶崎新，1997—1998）

Residence)则是这类以自然材料体现地方趣味的典型。但是，共生或生态思维并不单单执著于上述一种或两种形式。如果考虑建筑的治污和防污、节能、永续利用等多方面因素，再要求建筑师考虑建筑美的形式，这对建筑师来说，简直是严峻的挑战。

当代西方建筑师健康的生态观或者说生态思维已经普遍确立起来，这是毫无疑义的。建筑师在实践中，通过资源的节约、资源的再利用和循环利用，通过选择非污染性和再生性原料，或通过对自然的拟态、对生物的仿生等多种方式，使当代建筑迈进了一个革命性的阶段，这是需要加以充分肯定的。

但是，这仅仅是一个开始。因为共生或生态意识与实效性的生态行为并非一回事；同样的，建筑师的生态思维与业主的生态思维也并非一回事。虽然付出了较高的投入，生态建筑不能给开发商或业主带来对等的、可触可摸的即时利益，这种投入和产出不符，自然会大大影响并削弱生态建筑更大、更广泛的拓展。

18 当代西方建筑美学的悖论 *

对西方当代建筑美学稍有研究的人,都会知道,当代西方建筑美学包含着一些令人困惑的悖论。例如在理性与非理性之间、自律与他律之间、先锋与后锋之间、连续性与非连续性之间,几乎无一例外地存在着某种悖谬状况。在这些对立项之间,并不存在绝对的非此即彼,却常常存在亦此亦彼或忽此忽彼,甚至彼此包容或相互转替的情况。哈桑面对当代这个智性时尚疯狂变幻的时代,看到人们为了预先占有未来或往昔,竞相以"后"为武器(或文化修饰语),义无反顾地摒弃现存价值,以致世界充满一种恐怖的紧迫感,曾大发感慨。他说:"我这里的意思是双重的:在后现代主义的问题上,存在着一种智性的意志和反意志,一种全面控制思想的欲望,但这种意志和欲望本身却陷入了一个更新嬗变的历史时期,即使我们不说它是一种淘汰、废黜的话。"①哈桑虽然讲的只是后现代主义文化的特征,其实也很切合当代西方建筑美学的实际。因为,在当代建筑美学领域,的确有太多说不清道不明的矛盾,而要研究这一时期的美学,面对这些不可言说之处,却不能用括号来加以悬搁,必须作出实事求是的解释。

(一) 理性与非理性的悖论

福柯认为,正如"张狂"的威胁在某种程度上促成了苏格拉底式的理性者的"明智",总之,理性与疯癫关系构成了西方文化的一个特定的向度。在博斯(Hieronymus Bosch)②之前,它早已伴随着西方文化,而在尼采和阿尔托

---

* 本文原载于《艺苑》2007 年第 7 期。

① 哈桑:《后现代主义观念初探》,让-弗·利奥塔等著:《后现代主义》,赵一凡等译,社会科学文献出版社,1999 年,第 115-116 页。

② 博斯(Hieronymus Bosch,1450—1516),尼德兰画家。

(Artaud)①之后仍将长久地与西方文化形影不离。②

福柯认为理性与非理性(疯癫)永远是如影随形的,不仅过去如此,在当今文化中亦然。

那么,在当代西方建筑美学中,情形又是如何呢?

杰马诺·塞兰特(Germano Celant)在《反思盖里》中指出,在理性与非理性之间没有断裂,正如在盖里的作品中建筑与非建筑之间不存在停顿一样。③ 詹克斯则把罗西等人的新理性主义称为"非理性的理性主义";F. 詹姆逊从更广泛的视角,说明一种根源于非理性地追求"不稳定性"的悖谬逻辑,已经在暗中消解人们认可的价值。他说:"当前的知识与科学所追求的已不再是共识,精确地说是追求'不稳定性'。而所谓的不稳定性,正是悖谬或矛盾论的实际应用和施行的结果。在悖谬逻辑中,重点并非在达成一致的意见,而是要从内部破坏先前'标准科学'已建立好的基础构架。"④康拉德·詹姆逊(Conrad Jameson)则从当代建筑美学的确定性与不确定性相悖反的角度,阐述了理性与非理性的矛盾。他说:

> 在我们的时代,我们已经看到了一些古怪的建筑密涅瓦(Minerva)⑤。只要想想这些密涅瓦们,他们一会儿赞美像罗尔斯-罗伊斯那样骄傲地穿过现代建筑的汽车,一会儿又告诉我们,要我们在我们的城市中心开辟一条汽车道,一会儿又像圣特·卡罗斯(Santa Claus)那样,命令我们,汽车道要建在屋顶上,再后,就坚持,要我们索性把我们的建筑制作成路标,以便让它尺度更大,使汽车司机看起来更爽心悦目。然而,就这样按照密涅瓦们的怪异思路步步发展,最后一定让人受不了。那么,这种新的确定性是什么呢? 它是一种关于不确定性的确定性,不,它是关于绝对的不确定性的绝对的确定性。

> 甚至在第一次会面时,这位新的密涅瓦在假装比她实际上更不确定时,流露出虚假的羞涩的窘态。其实,她在玩弄她的不确定性的确定性的游戏,

---

① 阿尔托(Artaud,1896—1948),法国剧作家、诗人、演员和超现实主义理论家。
② 福柯著:《疯狂与文明》,刘北成、杨远婴译,生活·读书·新知三联书店,1999年,第3页。
③ Germano Celant. Reflection on Frank Gehry Architect. Rozzoli International Publications Inc.,1985.
④ 让-弗朗索瓦·利奥塔著:《后现代状况》,岛子译,湖南美术出版社,1996年,第21页。
⑤ 罗马神话中掌管智慧、学问、战争等的女神。

这是公元前 6 世纪克利特岛人艾比曼尼德斯(Epimenidas)①被难住的那种游戏：如果所有的克里特人(Cretan)都是说谎者，那么，作为克里特人的他自己是否在讲真话呢?②

詹姆逊提出了一种所谓的"不确定的确定性"，福柯更进一步，揭示了理性与非理性之间界限的含混性和模糊性，但是，很显然，福柯更偏爱非理性，因为他是如此担心他对理性的批判受到不应有的误解：

> 我们仍应尽可能接近(理性)这个问题，切记，这是一个核心问题，也是殊难解决的问题，而且，如果说，把理性当作必须歼灭的敌人是极其危险的，那么，把对理性的批判和问难视为堕入非理性泥沼的畏途，同样极其危险……我这么说，并非是为了批判理性，而是为了说明，理性和非理性这些问题是多么的模棱两可。③

确定性与不确定性的悖论与理性与非理性的悖论在某种意义上是二而一的。因为确定性是主观意念与客观现实之间的合题，或者说，是客观现实与主观意念的某种遇合性，或者说，是主观对客观事态发展的可预见性和把握性，而这通常正是理性思维所追求的境界；而不确定性恰恰相反，是主观意志与客观现实发展的悖反和脱节，这也常常是非理性思维所向往的境界。

前文已经说过，非理性是西方当代建筑美学的重要特征之一。这是从当代建筑美学的发展动向角度所作的判断，也就是说，是从思维变异的角度所作的判断。衡定任何一个时期的美学特征，其依据只能是那一时期美学所呈现的新质——变异，而非它的稳定性或恒常性特色。这是我们进行审美评判的重要依据和标准。所以英国历史学家 G. 巴勒克拉夫(Geoffrey Baraclough)说："连续性决不是历史的最显著的特征。"④"我们所寻求的有意义的东西不是两个时代

---

① 艾比曼尼德斯，公元前 6 世纪古希腊克利特岛人。他幼年时偶尔在一个山洞里睡着了，一觉睡了 57 年，醒来时发现自己已经成了一位满腹经纶的学者，熟谙哲学与医学，同时也成为岛上的先知。据说他在成为先知之后，说过这么一句话："克利特岛上的人都是说谎者。"但是，艾比曼尼德斯自己就是一位克利特岛人。如果他的这句陈述是真的，那就说明他自己就是一位说谎者；如果他自己是说谎者，这句陈述就不可能是真的。这就是难住艾比曼尼德斯的悖论。

② Dr. Andreas C. Papadakis. The New Moderns Aesthetic. New York: St. Martin's Press, 1990.

③ K. Michael Hays. Architecture Theory Since 1968. The MIT Press, 2000: 435.

④ 杰弗里·巴勒克拉夫著:《当代史导论》，张广勇、张宇宏译，上海社会科学院出版社，1996 年，第 3 页。

的相同点而是它们的不同点,不是连续性的因素而是非连续性因素。"①但是,新与旧总是在比较和对抗中相互依存、相互规定的。在当代西方建筑美学中,新的和旧的、非理性的和理性的相互之间的纠缠扭结,更显复杂。因为当代西方建筑所处的时代,是一个充满了各种错综复杂的矛盾的时代,是一个张扬多元性的宽容的时代,正是这种复杂和宽容,使非理性和理性卷进了一种悖谬的境遇之中。

对理性与非理性的悖论问题,我认为至少要从两个方面来认识:一是作为一种宏观现象存在于当代西方建筑中的理性与非理性的悖谬;一是存在于个体建筑师身上的理性与非理性的悖谬。

从宏观角度考察当代西方建筑,人们将发现,理性与非理性作为两条既清晰又模糊的发展线,始终纠缠在一起。

在转折的阶段,文丘里以一部《建筑的复杂性与矛盾性》,对现代主义建筑的理性逻辑发起了挑战,尤其是他那种"宁可过多也不要简单""宁可不一致和不肯定也不要直接的和明确的"的偏激主张,对于后来的非理性美学思维无疑起到了重要的推动作用。文丘里的一系列具有明显的反对称、反简洁和反统一的设计,为建筑师们大胆尝试非理性设计提供了范例。

然而,非理性受到较为普遍的推崇是在解构主义建筑大量出现之后。赛特事务所、摩弗西斯事务所、盖里、埃森曼、屈米、哈迪德、李伯斯金、伍兹等建筑师,几乎是不约而同地以一种反建筑、反美学的姿态,通过对秩序、和谐、完整和确定性的解构,把非理性设计推向了极境。这种设计在充分发挥其否定性、批判性和创新性活力的同时,也给建筑创作带来了一种明显的负面价值。对那些年轻的、追求先锋价值的建筑师来说,解构主义建筑无疑催生了一种新的一元论美学思维方式,它使年轻一代的建筑师产生了一种错觉,仿佛只有那些非理性的设计才是有创造性、有生命力的设计,才是先锋的设计,而别的设计形式都是落伍的设计、土气的设计;仿佛解构设计是拯救建筑危机的灵丹妙药,是创造成功的最佳捷径,而别的设计形式只能产生平庸的作品。

正如人类的行为始终受制于一种普遍的、原发性的道德理想一样,建筑创作也始终处在一种普遍的、原发性的美学理想的制约之下。美学的动向犹如叔本华所说的"欲望的钟摆",只要它没有停摆,它就会不断地左右摆动,而决不会永

---

① 杰弗里·巴勒克拉夫著:《当代史导论》,张广勇、张宇宏译,上海社会科学院出版社,1996 年,第 4 页。

远只停留在任何一端。当代建筑美学有时甚至呈现为一种双重钟摆结构：当一重钟摆朝向左边时，另一重钟摆也许会朝向右边。美学的理想就是以这样一种形式，不时地调节着审美的发展路向。当解构主义建筑师们正在大力设计以片断、分裂、残破、丑陋、无序和不确定性为特征的非理性建筑美学形式的时候，贝聿铭、罗杰斯、福斯特、皮亚诺、迈耶、罗西等建筑师和日本的新潮派，却仍然固守着他们的理性主义设计方式。

宣称"几何学永远是我的建筑的内在的支撑"①的贝聿铭，在艺术气质上和迈耶一样，始终坚持自己的艺术定性，很少受任何美学新潮的影响。在卢浮宫金字塔（Lourvre Pyramids，1983—1988）、香港中银大厦（Bank of China Tower，1982—1989）、莫顿·H. 迈耶森交响乐中心（Morton H. Meyerson Symphony Center，1981—1989）等作品中，人们可以明显看到，贝聿铭和他的合作伙伴们一直把简洁与诗意、技术与文化、几何性与纪念性作为设计的基本函项，并且在建筑中给予准确而完美的表现。理查德·迈耶更不用说，就对现代主义美学的推陈出新方面的成就而言，没有一位当代建筑师可以同他相提并论。他从容、端庄的风度，高贵、典雅的格调，明晰、简洁的造型，朴实而又富有变化的色彩，使他的设计展现出无与伦比的艺术力量，从一个特定的角度确证了理性设计方法在当代设计中开掘不尽的潜力。他的巴黎凯诺普拉斯总部（Canal Plus Headquarters，1989—1992）、盖蒂中心（The Getty Center，1984—1996）和罗马千禧教堂等建筑，已经成为当代理性设计的纪念碑，并将作为理性设计的经典而永垂史册。罗西是当代最著名的新理性主义建筑师。就设计语言来说，他的基本句法与贝聿铭和迈耶大同小异。他也有着一套几何学设计方法，只不过他的几何学是在类型学统筹之下的与原型论紧密相关的几何学，是与古典主义紧密相关的几何学。菲利普·约翰逊和西萨·佩里的许多作品，福斯特等高技派的作品，或从传统的转换方面，或从科技的运用方面，展示了理性设计和常规表现的无穷魅力。

理性与非理性的对抗、矛盾或悖论不仅表现在秉持不同的美学性向的建筑师之间或建筑流派之间，同时也表现在建筑师自身的设计思想和作品之中。盖里和埃森曼就是最典型的例子。盖里的设计，包括两种截然不同的风格，而这

---

① Philip Jodidio. Contemporary American Architects. Taschen，1993：131.

图 18-1　盖里住宅（盖里，1978）

图 18-2　加州切亚特·戴总部（盖里，1986—1991）

两种风格的形成，其实就是因为采用了两种不同的思维方式或设计方法：理性的和非理性的。罗伊欧那法学院（Loyola Law School，1981—1984）、盖里住宅（Gehry House，1978，图18-1），还有切亚特·戴总部（Chiat/Day Main Street，1986—1991）（图18-2、18-3）、好来坞露天剧场（Hollywood Bowl，1970—1982）（图18-4）等具有隐喻特征的设计，属于前一种；弗米廉住宅（Familian House，1978）、巴黎美国中心（American Center，1990）、加利福尼亚航天博物馆（California Aerospace Museum，1984）、瓦尔特·迪斯尼中心（Walter Disney Concert HallLos Angleles，1992）、古根海姆博物馆（Guggenheim Museum，1991—1997）等则属于后一种。也有一些建筑综合表现了理性与非理性的矛盾。罗伊欧那法学院、盖里住宅，就是通过两种性质的不同形体的交错，强调理性中的非理性。

图 18-3　切亚特·戴总部室内
（盖里，1986—1991）

　　埃森曼与盖里又有不同。在他那些具有明显的解构主义倾向的建筑中，理性与非理性始终处于自相缠绕的情境之中。这种自相缠绕很像荷兰画家埃舍尔

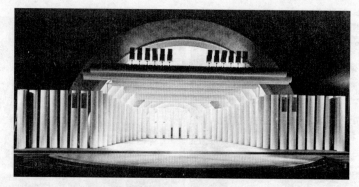

图 18-4　好来坞露天剧场(盖里，1970—1982)

(M. C. Escher，1898—1972)的作品：一方面是明确的秩序和逻辑，另一方面是
空间的非现实的穿插与交叠、难以置信的视觉转换，比如《凹与凸》(图 18-5)、
《绘画的双手》(图 18-6)、《版画展览会》、《瀑布》(图 18-7)，那种表现不可表现之

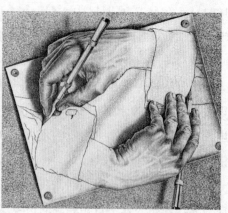

图 18-5　凹与凸(埃舍尔)　　　　　图 18-6　绘画的双手(埃舍尔)

图 18-7　瀑布（埃舍尔）

空间、整合难以整合之矛盾的顽固的动机，可以很清楚地在埃森曼的设计中看到，比如《运动的箭头、厄洛斯以及其他的错误》（罗密欧与朱丽叶的规划）、阿诺诺夫设计与艺术中心（Aronoff Center for Design and Art，1988—1994）和一系列住宅设计。詹克斯说："从概念上说，埃森曼喜欢提出几条确定建筑物性质的专横自主的规则：块体在对角线上来回移动、线面的轮换倒置、空间分层等等。简言之，只有符号关系学的组成因素被表现了出来……最根本的标志是表层结构的，它能表现两个或三个不同的深部结构（正网格、轮转式网格和偏斜式网格）。但问题是没有人，甚至是对这套程序曾有很大影响的柯林·洛（Colin Rowe），能真正地理解这些标志。它们太含糊不清了，在若干含义间进行选择时，供解释用的可能有的参考因素太多了。于是……无可奈何地退缩到一个可怜角落的理性主义，又一次证明是没有理性的。"[①]埃森曼那种冷冰冰的、无表情

[①]　詹克斯著：《晚期现代建筑及其他》，刘亚芬等译，中国建筑工业出版社，1989年，第137-138页。

的、客观的空间穿插和组合，无疑是理性的，然而，他的设计理念中的反中心、非尺度、反传统、非美论却是非理性的。

既是理性的又是剥夺理性的，这就是埃森曼，这就是埃森曼的美学悖论，也是当代西方建筑最深刻的美学悖论之一。

福柯说："它们（理性与非理性）是相互依存的，存在于交流之中，而交流使它们区分开。"①无论是在建筑领域，还是在整个文化领域，理性的太阳独照世界的时代是一去不复返了。理性与非理性正如阳光和阴云，一个想要驱散，一个想要遮盖，彼此制约，相辅相成。这也是它们产生矛盾和悖论的根源。

（二）连续性与非连续性的悖论

在西方现代主义建筑和传统建筑之间，一如在西方现代主义美学和传统美学之间一样，存在着一种明显的断裂。这是众所周知的事实，也是一个受到广泛认同的问题。然而，当代西方建筑美学同现代建筑美学之间是否同样也存在着一种断裂呢？这却不是一个可以简单地以"是"或"否"回答的问题。因为这不仅是一个有争议的问题，它本身也是一个自相矛盾的问题。

芬兰建筑师雷维斯卡（Leiviska）说：

> 我们芬兰从不追求同我们历史的决裂，因为我们的遗产是极其淳朴的，而且还受过如此多的战争的蹂躏和自然的灾害。我们的历史是最重要的。因此，现代性并没有给我们构成一种断裂，相反，却是对同一性的确认。在其他一些国家完全不是如此，它们恨前面的阶段。功能主义恨新艺术运动。他们需要处女空间。但是在芬兰却不是这样。②

> 我相信建筑的基本特征的永恒性，所谓的外在价值。因此，我不相信最近这些年有任何事情可以革新建筑的这种基本教义或中心任务。③

这是一种典型的连续论，而且是从地域文化角度推导出普遍的结论的连续论。李伯斯金则从特殊性角度来强调历史和审美的连续性。他说：

---

① 福柯著：《疯狂与文明》，刘北成、杨远婴译，生活·读书·新知三联书店，1999年，第2页。
② Contemporary European Architects. Vol. Ⅲ. Taschen, 1995：30.
③ Contemporary European Architects. Vol. Ⅲ. Taschen, 1995：30.

优秀的建筑不是历史的戏拟，而是历史连贯的表达。①

可是李伯斯金的建筑本身，在很大程度上是对美学的戏拟，甚至是嘲讽。至少从视觉角度说，人们只能"读出"一种非连续性。然而，另一个不可否认的事实是，在他的一些设计中，人们又分明看到一种连续性，比如柏林犹太博物馆扩建工程中的"大卫之星"意象。这类设计常常使人感到走进了历史的回音壁，可以倾听回荡在整个建筑空间中的悠远的文化情韵。这里有连续性，又有非连续性。一个复杂的统一体，连续性和非连续性，哪个更显著，哪个更重要？没有人能够回答。保守者会说他只能"读出"非连续性，而先锋派却会贬斥说这里只有连续性。重美学形式的批判家会说他"读出"了非连续性，而重文化的批判家会说他"读出"了连续性。

从美学流派来说，大多数人认为，后现代主义建筑是现代主义建筑的反动，而新现代主义建筑是对现代主义建筑的发展。前者充当着现代主义的逆子的角色，后者充当着现代主义的孝子的角色。前者表现出一种非连续性，后者表现出一种连续性。可是，也有人，比如挪威著名的建筑理论家舒尔茨（C. Norberg-Schulz）就认为，"后现代主义并不是对现代主义的决裂，而是现代主义的进一步发展"②；R. A. M. 斯特恩认为，"所谓后现代主义，只是表示现代建筑的一个侧面，并非抛弃现代主义，……它为了前进而回顾既往，目的在于探究比现代主义先驱者们所倡导的更有涵盖力的途径"③。也就是说，后现代主义建筑体现了一种连续性。换一个角度看，即使像大多数人所认为的那样，后现代主义是对现代主义的一种决裂，表现了一种非连续性，那么，这种非连续性实际上接通了当代美学与前现代美学的关系，仍然体现了一种更内在的连续性。阿多诺说："否定意义的艺术作品也一定能够将中断的东西连续起来；这是蒙太奇技术发挥作用的地方。蒙太奇手法通过强调部分的不一致性而拒绝承认整一性，但与此同时又重新肯定整一性为一种形式原理。"④对前一种形式的否定也可以沟通和更前期某种形式的一致性，这就是说，在另一个层面上，后现代主义表现了另一种连续性。而新现代主义在继承现代主义美学的同时，也否弃了现代主义美学中的

---

① Contemporary European Architects. Vol.Ⅲ. Taschen, 1995：22.
② 刘先觉：《现代建筑理论》，中国建筑工业出版社，1999 年，第 105 页。
③ 刘先觉：《现代建筑理论》，中国建筑工业出版社，1999 年，第 222 页。
④ 阿多诺著：《美学理论》，王柯平译，四川人民出版社，1998 年，第 17 页。

某些东西，并且同后现代主义建筑一样，从古典建筑中吸取了一些精髓的东西。迈耶就曾说："在我看来，我在不断地回到罗马风格（Romans）——回到哈德良别墅（Hadrian's Villa）（图 18-8～图 18-13），回到罗马郊区的卡普拉罗拉别墅（Villa Caprarola）（图 18-14～图 18-17）——为了它们的连续性、它们的空间感、它们由厚重的墙体体现出来的气势、它们的秩序感、建筑和环境的那种互相隶属和互相融合的方式。"[①]一个历来被视为新现代主义美学的集大成者，不仅没有承继现代主义建筑师那种反传统的余脉，反而拜倒在古典建筑的石阶之前。这是怎样的一种连续性，又是怎样的一种非连续性呢？

连续性与非连续性，表现了对传统美学、传统文化的两种截然相反的态度。但两个对立项之间，永远不会有真正的绝对对立。正如不存在完全无理性的非理性一样，同样也不存在完全无连续性的非连续性。然而，那些有"非""反"癖的建筑师们却拼命想寻找出一片没有被开垦的美学荒漠，播种自己的美学新苗，当他们发现建筑的所有疆域已经被先辈们全部开垦完毕时，他们就只能通过制造美学的爆炸事件，在他们轰毁的美学废墟上构建自己的美学大厦。解构主义美

图 18-8　哈德良别墅

① The Architecture Review，Febrary/1998：45.

图 18-9　哈德良别墅铺地

图 18-10　哈德良别墅池塘

图 18-11　哈德良别墅水边雕像群

图 18-12　哈德良别墅柱础与铺地

图 18-13　哈德良别墅复原模型

A. Gladiator's Arena(角斗士竞技场)　B. Piazza d'Oro(金色广场)
C. Pecile(双侧回廊)　D. Maritime Theater(海上剧场)
E. Hospitalia(医院)　F. Republican Villa(共和党别墅)　G. Imperial Palace(皇宫)

图 18-14　卡普拉罗拉别墅鸟瞰
（维尼奥拉，文艺复兴时期）

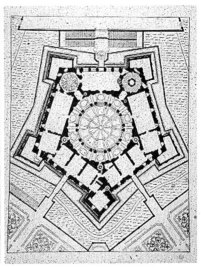

图 18-15　卡普拉罗拉别墅平面图
（维尼奥拉，文艺复兴时期）

图 18-16　卡普拉罗拉别墅的花园
（维尼奥拉，文艺复兴时期）

图 18-17　卡普拉罗拉别墅的雕塑
（维尼奥拉，文艺复兴时期）

学所采取的，正是这样的策略。

　　然而，解构主义真的使自己同传统产生了断裂吗？正如我们阅读李伯斯金的作品一样，我们的确会在解构主义作品中读出一种非连续性，但是，从另一个方面看，我们显然又读出一种连续性：它简洁无装饰的外观同纯净主义美学的关系，它破裂丑陋的表情与巧妙的空间组织同表现主义建筑的联系。可见，传统无所不在。太阳底下已无新事物产生。所以鲍德里拉认为，在这个世界中，艺术——大概理论、政治以及个人也是如此——所能做的一切就是去重新拼组和

285

玩弄过去已产生了的各种形式。在艺术领域，一切可能的艺术形式与功能均告枯竭。理论也同样枯竭了自身。因此，后现代"世界的特点就是不再有其他可能的定义……所有能够做的事情都已被做过。这些可能性已达到了极限。世界已经毁掉了自身。它解构了它所有的一切，剩下的全都是一些支离破碎的东西。人们所能做的就是玩弄这些碎片。玩弄碎片，这就是后现代"①。

艺术创作——包括建筑创作的原创性的丧失，是当代文化的一个普遍症候。因此，在当代西方建筑中，单是从量上来说，我们看到的更多的是相似性或曰连续性——当然，这是一种可怕的连续性。这可以部分地归咎于复制文化与影像技术的发展、公众艺术消费心理的低俗化、艺术审美的大众化、当代生活节奏的变化等等，也与艺术家或建筑师对待传统和未来、自律和他律的态度大有关系。创新，必须是在传统的基础上的创新；建筑的自律和自主，是在充分考虑他律而又大胆超越他律基础之上的自律和自主。只有在平庸的建筑师那里，传统才是一种包袱；只有在毫无审美追求的建筑师那里，他律才成为创作的原动力。

否定和批判是新的艺术，也是新的建筑赖以存在和发展的根本动力。没有否定和批判，就不会有后现代主义、新现代主义乃至于新乡土主义、解构主义。正是这种否定和批判，在终结某种连续性的同时又勾连起另一种连续性。怀特海(A. N. Whitehead)②说："没有一个具体的有限性是宇宙的终极的枷锁。在过程中，宇宙的有限可能性向实现的无限可能性行进。"③在建筑或艺术发展的历史长河中，非连续性总是有限的，而连续性总是无限的。

伟大的作品总是诞生于终结与再生之间、连续性和非连续性之间。建筑不可以没有连续性，也不可以没有非连续性，这就是当代建筑的悖论。

（三）先锋与后锋的悖论

先锋与后锋在艺术中的对抗，正如科学中进步与落伍的对抗一样，是一对永存的矛盾。科学的进步总是以创新的观念对陈旧的思想的替代为特征，也就是说，在科学中，一种新的思想或学说的产生，往往意味着一种旧的思想或学说的

① 道格拉斯·凯尔纳、斯蒂文·贝斯特著：《后现代理论》，张志斌译，中央编译出版社，1999 年，第 165 页。
② 怀特海(A. N. Whitehead, 1861—1947)，英国哲学家，曾任哈佛大学哲学教授。著有《过程与实在》《思想方式》和《科学、宗教和实在》等。
③ 阿尔弗莱德·怀特海著：《思想方式》，韩东辉、李红译，华夏出版社，1999 年，第 50 页。

死亡;虽然从科学的承继性说,后辈科学家应该牢记先辈科学家对科学的贡献,但是,事实上,科学进步的历史,恰恰就是一部链性遗忘的历史。艺术——当然包括建筑,却不同,虽然每一个时代都有先锋和后锋的对抗,每一个时代都与它的前续时代构成一种先锋与后锋的对抗状况,但是,谁也不能因此而作出结论说,先锋的就是具有审美价值的,而后锋的就是不具有审美价值的;或者说,先锋的,就是对后锋具有终结威力的。因为先锋并不能取代后锋,也不能使人们遗忘后锋。更重要的是,先锋本身就是一个悖论,因为后锋永远如影随形地缠绕着、紧随着先锋,如果你是先锋的,那就意味着你很快就是后锋的。先锋是速变的,而且常常是速朽的。甚至,在有些情况下,先锋与后锋会发生对转,先锋的变为后锋的,而后锋的则变为先锋的。

先锋是一种新异意识之独占,是大多数人想要占取而尚未占取的意识,而非先锋或后锋则是一种大众共享意识。在当代这个媒体时代,先锋对于新异意识的独占只能是暂时的。先锋作为一种创新欲与领袖欲的混合物,必须尽快地使自己在审美世界脱颖而出。当它出现在世人眼前的时候,它作为一种新异意识的独占性很快就会消隐。彼得·科斯洛夫斯基说:"在历史中成为当代的东西,是精神的最高阶段,它不可重复,不可超越,而同时又迅疾无望地过时了,成为历史的垃圾。"[1]

后现代主义建筑曾经是先锋的,然而,解构主义建筑很快就让它变成后锋,而当代另一些建筑形式又使解构主义建筑成为后锋。时尚这个多变的暴君比任何时候都更频繁地改变着当代建筑美学的走向。

人们一方面不得不承认,在当代,先锋已经或正在变为后锋,比如日本的新陈代谢派等;另一方面,人们也注意到,当代的许多先锋派已经获得了成功,比如文丘里、盖里、埃森曼、李伯斯金、赛特事务所、摩弗西斯事务所等。但是,如果我们因此就简单地把先锋当成成功的同义语,那就错了。

首先,我们很难在这样一个尚未经受时间检验、相对短暂的历史阶段来评判当代建筑的价值;其次,如果我们以同样的标准从整体上评判当代建筑,那么,像约翰逊、迈耶、西萨·佩里这样一些"后锋"派建筑师的作品,其艺术成就即使不说高于先锋派,至少可以认为和先锋派旗鼓相当;最后,先锋和精英(elite)有时

---

[1]　彼得·斯科洛夫斯基著:《后现代文化》,毛怡红译,中央编译出版社,1999年,第20页。

也可能合二为一。先锋是一个时代美学的临时代言人，而精英却是整个时代美学的主心骨和领路人。如果先锋的同时又是精英的，那么，这类先锋就呈现出这样一种情况：一方面，他主观上想要充当时代美学的领路人和新美学的弄潮儿；另一方面，时代和大众也已经选择、认可他的精英地位，并把领导时代新潮流的重任托付给他。这种先锋往往能把卓越的艺术资秉和巨大的美学潜质结合起来，创造一种既富有前瞻性又富有历史意蕴的美。盖里就属于这样的精英与先锋兼具的建筑大师。他在建筑设计和家具设计上的创新——他那种将艺术与建筑巧妙融合的匠心，他那种富有未来主义色彩的审美意识，使他的作品傲然雄立于西方当代建筑作品之林，使其他一些先锋派建筑师只能叹为观止，而不敢望其项背。

纯粹以破坏、摧毁既有的美学成果为己任的那种先锋冲动，固然也对建筑创作的发展会起到一定的推动作用，尤其可以使建筑摆脱固有的思维定式，焕发出一种新的力量，但是，在很多情况下，它只不过是一股风、一阵潮，甚至一缕烟，即使不是朝生暮死，其寿命充其量也不过是春花秋谢而已，想要获得永恒的价值，是极其困难的。因此，从美学角度看，这类先锋的冲动其实就是一种自杀的冲动。它对其他建筑师的警示、影响和启迪作用往往以自己美学生命的终结为代价。

精英式的先锋派从来不是纯粹以破坏、摧毁为手段的。他们善于扬弃传统中的惰性的、僵死的东西，而吸取活性的、有价值的东西。他们能够回顾历史、把握现在、瞻望未来，善于古曲新唱、混纺出新。因此他们对于建筑美学的发展是有重要的、持久的推动作用的。弗兰姆普敦就认为："在过去的一个半世纪中，先锋派文化起了不同的作用，有时，它加速了现代化的进程，从而部分地成为一种进步的解放形式；而有时，它又剧烈地反对资产阶级文化的实证主义。总的来说，先锋派建筑学对启蒙运动的进步和发展起了积极的作用。典型的例子就是新古典主义的作用……"①在今天，精英式先锋派依然在世界建筑舞台上扮演着重要角色。文丘里等建筑师和后现代主义建筑对当代建筑美学的影响，盖里、埃森曼、屈米等建筑师和解构主义建筑对当代建筑美学的影响，谁也抹杀不了。虽然安德里阿斯·胡森斯曾经对后现代主义先锋派破口大骂，说什么"美国后现代

---

① 弗兰姆普敦著：《现代建筑：一部批判的历史》，原山等译，中国建筑工业出版社，1988年，第393页。

主义先锋派不仅是先锋主义的最后一场游戏。它还代表了批判性反对派文化的支离破碎和日薄西山"①。但是可以设想,当胡森斯经历了解构主义更极端的形式撕裂性和文化批判性之后,他会把这些谩骂转移到解构主义先锋派身上,转而对后现代主义先锋派充满感激之情。因为与解构主义相比,后现代主义先锋派的游戏简直太小儿科了。

建筑创作的历史是也应该是一部先锋与后锋矛盾、对抗的历史。建筑不能,也不可能只同理性打交道,如果建筑只是同理性和确定性打交道,建筑的历史将会多么的平淡,创作将会多么的苍白,理论将会多么的乏味。所以屈米主张建筑创作要来点儿疯狂,来点儿非理性,以便制造一些震惊效果,给建筑美学输入一些活力。

但是,建筑历史作为一个宏观主体,先天就有一种自协调的本能。当建筑过于狂热,严重违背了审美规范,也就是说,当非理性过于走极端,当反形式、反造型、反建筑或反美学超过一定的限度时,历史就会重新发现或寻找理性,回归冷静,从先锋复归后锋。这就是为什么有盖里、埃森曼和屈米,就会有约翰逊、迈耶和贝聿铭的道理。

弗兰姆普敦说:"建筑学今天要能够作为一种批判性实践而存在下去,只是在它采取一种'后锋'派的立场时才可以做到……一个批判性的后锋派,必须使自己既与先进工艺技术的优化又与始终存在的那种退缩到怀旧的历史主义或油腔滑调的装饰中去的倾向相脱离。……只有后锋派才有能力去培育一种抵抗性的、能提供识别性的文化,同时又小心翼翼地吸取全球性的技术。"②

后锋并不是保守和落后的代名词。如果以一种精英的态度来评判后锋,那么,后锋应该采取一种并非哗众取宠而是实实在在的姿态,追求一种更内在的而非肤浅的,更持久的而非短暂的,更端庄的而非丑陋的,更具有文化意蕴而非反文化的真正的美。迈耶、安藤忠雄、卡拉特拉瓦创造的就是这样的一种美,一种从容不迫、宏伟端丽的美,一种永远不追赶时尚,却永远并不落后于时尚的美,一种既具有历史感又具有时代感的美。

弗兰姆普敦说:"先锋派已经消亡,也就是说,形成于 20 世纪 20—30 年代

① 弗兰姆普敦著:《现代建筑:一部批判的历史》,原山等译,中国建筑工业出版社,1988 年,第 395 页。
② 弗兰姆普敦著:《现代建筑:一部批判的历史》,原山等译,中国建筑工业出版社,1988 年,第 395 页。

289

'乌托邦'论证性的意图今天已不复存在。"①弗兰姆普敦显然属于那种厚古薄今的理论家,他一方面承认古代的先锋派对建筑美学的贡献,一方面却否认现代和当代先锋派对当代建筑美学的积极影响。正是基于这种态度,他积极主张建筑师采取冷静的、后锋派的姿态为人类社会创造优秀的作品。

弗兰姆普敦对先锋和后锋的矛盾态度基本代表了那些思想成熟而又在理论界确立了自己地位的学者的态度,或者,换句话说,基本代表了那些功成名就、不必继续奋斗的学者的态度。在理论创新方面,他们虽然不乏惰性,但是,他们比那些急于成名的冒失者冷静、深刻、厚实。一方面出于爱惜自己名誉的考虑,一方面出于捍卫精英文化的使命感的考虑,他们更倾向于探索一条稳定、踏实的美学道路。

总而言之,就一般而言,那些富有年轻人的气质的、好冲动的情感性建筑师,往往会选择先锋派立场;而那些艺术上成熟的、理性的建筑师往往会选择后锋的或"中锋"(折中)的立场。先锋总是更多地站在文化的而非审美的视角来审视和创造建筑,而后锋或者说积极的后锋却是站在审美视角来审视和创作建筑。先锋更多地是以文化立言,后锋更多地是以审美立言。如果有谁想对先锋和后锋作价值上的判断,一定会引发一系列扯不清的文字官司。比如,有谁能够回答,在当代建筑领域,到底是迈耶的成就更高,还是盖里的成就更高,是迈耶伟大,还是盖里伟大?

文森特·斯卡利说,他有一种非常重要的经验,那就是,过去的敌人变成了朋友,对立的各方走到了一起。② 不同的甚至是敌对的审美经验,经过时间的冲刷,尚可走到一起,和平共处,先锋和后锋为什么不能共存互动? 在任何时代,建筑都需要先锋的勇猛冲击以便把固定的框框彻底打破;在任何时代,建筑又需要后锋的冷静,以便使建筑不脱离自身运行的轨道。

---

① 弗兰姆普敦著:《现代建筑:一部批判的历史》,原山等译,中国建筑工业出版社,1988 年,第 382 页。
② C. Jencks. New Moderns. New York, 1988: 230.

附录一

建筑：消失的艺术
——普罗托对鲍德里亚的访谈①

弗朗西斯科·普罗托（Francesco Proto）

在图像迷恋的语境下，为了建构一种基于停顿和沉默的对话，诱惑也许是战胜寻求直接答案的残忍欲望的唯一手段（欲望的残忍性就在于它总是直奔主题，要求直接的答案——译者）。这个访谈意在寻获一条通往一种依然能够保持某种惊奇性的建筑的可能的道路，即使这种惊奇性只是通过在自己的透明性中消失的方式获得的。

一、美学和设计

普罗托：您还相信建筑美学吗？

鲍德里亚：由于我毕竟不是建筑师，所以我不知道怎样面对建筑规划的问题；我没法在规划本身和建成的项目之间作出区别；我记得，早在20世纪60年代和70年代，意大利人就在研究作为过程的"规划"（planning）了。但是，"设计"（project）的观念总是牵扯到要给建筑确定某种目标的意愿，这种目标有可能是社会的，美学的，经济的，或者其他诸如此类的。我认为建筑现在和所有其他创造性学科一样，面临同样的处境：设计（projection），戏剧化的"构想"甚至规划的可能性都在衰减，因为事情变得越来越难以预料，越来越难以计划。与此相反，它们越来越充满偶然性，越来越变动不居，尽管我还不能确定建筑规划的概念到底包含何种意义。可以肯定，它所包含的必定是最基本的东西。不过，人们

---

① 原题为 The Homeophatic Disappearance of Architecture：An Interview with Jean Baudrillard，即建筑的消失。访谈者 Francesco Proto 在 Disappearance 前加了一个形容词 Homeophatic，以防人们消极地理解建筑的消失。但是，如按照字面翻译，仍会产生歧义。因为鲍德里亚倡导的就是一种消隐或消失的美学，所以题目就改为"消失的艺术"，这样既合乎鲍德里亚的本意，又满足访谈者增加 Homeophatic 以修饰 Disappearance 的意图。

会认为,我还不属于建筑文化的一分子。

二、遗失的诱惑语言

普罗托：企图在建筑中发现一种诱惑的语言这会有什么意义吗？无论设计师是否事先就有预谋,总会有一个目标来诱惑他如此这般地设计吗？

鲍德里亚：我从一个例子开始吧。这种建筑我最熟悉——让·努维尔的作品——最终可能被视为诱惑建筑。事实上,虽然这个建筑只是一个方案,只有一种建造构想,它作为一个(诱惑)对象却是成功了,它不仅使自己变成事件,而且也使自己消失。由此观之,它是一个能够发挥诱惑力的对象,而且它能够发挥诱惑效能,部分地是通过消失的策略。这种策略,这种缺席的策略,绝对属于诱惑的序列,虽然,它事先根本没有任何刻意诱惑的企图。因此,对我来说,好的建筑,就是那种能够消失、隐没的建筑,不是那种假装知道如何满足主体需要的建筑,因为这种需要是没有穷尽的,尤其是当我们谈论集体的需要和愿望时。其实,集体愿望和需要不仅难于理解,而且复杂得难以处理。确实,我们总是把自己的痕迹留在某些东西上,以便在设计上烙上我们的痕迹。然而,这种设计需要的未必是互动性。我不相信互动建筑,我只相信诱惑建筑,也就是说,相信一种双重关系建筑。既然如此,对象必须进入游戏之中,进入建筑的游戏之中。当对象开始游戏的时候,站在建筑前面的人也开始进入游戏。必须指出的是,你参加游戏不仅可以获得赢的机会,而且可以获得参与的愉悦,因为你不仅仅是在一个纯粹的功能设计面前。

三、建筑中的成功

普罗托：您认为建筑上的成功有可能预言吗？

鲍德里亚：我可以很肯定地说,成功是难以预言的。法国蓬皮杜艺术中心是一个例证。我们不可能预言消费者的反应。消费者对一个建筑反对或者歪曲都是可能的,正如他们对蓬皮杜艺术中心所做的那样,蓬皮杜艺术中心的文化和交流目标全都无法实现。因为大众,它已经变成了可怕的受操纵的对象。操纵了它的正是大众,尽管这个中心定位模糊,很难运转。

不过,在某种具备组合性和可变性的建筑中,存在着一种新的诱惑意义。正像它运用新技术发挥诱惑效能一样,它也可以运用这种组合性和可变性发挥诱感效能。例如，西班牙毕尔巴鄂的古根海姆博物馆，像一个按照模度制作的建筑体(architectural object)——要建 10 个这样具有同样要素的博物馆也是可能的——它也给观者提供了游戏的可能性。另一方面，它也是一个处于变化中的建筑物，一个有着变化潜能的建筑物。任何人都可以采取任何你想要的方式与它产生互动。

然而，对我来说，与其说它是一种建筑体，倒不如说它是后现代主义的第二或第三个阶段。这是一种运用了当今建筑创作所能采用的全部可能性、全部工具和全部最现代的方法的建筑。不过，对我来说，它不是一个纯粹的物：它是一种可组合的、专断的物——因此——绝不是一种纯粹的物。

四、建筑中的杜尚

普罗托：我们有过建筑中的杜尚吗？我们还需要出这样一个人吗？

鲍德里亚：在同努维尔交谈的时候，我早已问过同样的问题：在建筑中是否有像艺术中的杜尚这类事件发生过，也让建筑像美学一样终结？自从有杜尚以来，绘画或艺术领域再也没有出现新的杜尚，以后也永远不会再出现。我不能肯定建筑领域是否出现过杜尚，但是建筑师可能应该知道。然而，乍看之下，我还没有得到(建筑)变化的迹象。建筑界可能会发生什么很难说，因为，建筑是不可移动的，你不可能将建筑从它自己的美学语境中抽离出来，然后突然摧毁它。建筑不可以这样搞，因为建筑具有一种有用的、工具的功能。因此，不可能想象在建筑中出现一个杜尚。不过，我坚信，这种反叛已经以某种形式发生……只不过是缓慢的、小规模的。我们看到，杜尚最终是意味着艺术的消亡。不错，后来有些东西是幸存下来了，但总归是在作为美学的艺术消亡的前提下。我相信，在某种程度上，我们会在我们所了解的建筑消亡的基础上看到建筑的幸存。这样的话，我们勿须运用常规的、功能性的训练，特别是对古根海姆博物馆而言。这座建筑展示了建筑理想的瞬间：它的定义，它的几何学，达到了当代建筑的巅峰。超越这个限度，我们只能见证一种变革，一种消亡(杜尚那样的效能——译者)。

在艺术中，我们见证过与杜尚的反叛同样的效果，但是，就我所知，没有一个单一而精确的事件可以确定属于同一种变革，虽然我承认变革已然发生。以后建筑应该解决的正是艺术已经解决的那样的问题：建筑师可以运用同样的原理来工作，虽然这些原理原本带有不同的意义。建筑已经丢失了从前所具有的那种象征价值。事实上，建筑已经不再是社会的象征形式的表达；今天，它可能是一种装饰（decor）、一种游戏，不再是城镇结构的表征。这就是当今的人们所践行的都市或工程策略。

今天，建筑，至少是那种持续地引人瞩目的建筑，是由一系列目的构成的。对的，因为另一种，即"建筑之建筑"（architectural architecture，是与architectural object相对应的概念，建筑之建筑是鲍德里亚所赞许的建筑，是他心目中真正的建筑，这种建筑不受各种目标或目的的约束；而建筑物，或者建筑之物，则是他有所保留的建筑，因为这种过多受制于社会或集体的需要和目标——译者）已经不再听命于集体的责任。有一些建筑创作，似乎组合了多个互不相干的目标。它们具有某种风格，但是我们很难说它们之中有谁能够代表时代或社会的风格。在我看来，象征性，恰好正是建筑已经消失的东西。因为不再存在任何价值，建筑师也就不可能以空间形式表达任何重要的集体价值。空间本身已经被世俗化、粗俗化，因此走向象征的路径也就越来越窄小。

五、作为符号的物

普罗托：如果注意先于诱惑，一个被视为符号的建筑物如何可能出现在城市那些既有的符号之中呢？

鲍德里亚：今天，我们生活在一个广告世界，连建筑本身甚至也是按照广告的模式建造起来的，因此，大多数建筑都想吸引人的注意。后来，为了诱惑，它必须变成合适的符号。但是，今天，它与所有那些广告符号一样了：它们都是标牌（signal），因此它们不能不吸引人注意。当然，这种意图有可能实现，也有可能并不见效，为此，就有了一整套策略。但是，诱惑是别的东西。符号本身必须变成一种"符号"，必须把自身建构成某种特异的东西以便成为同谋，帮助观者把这种符号阅读成某种特异的东西。所有那些可能在城市里找到的符号，即广告标牌，全都不是同谋。我们看到它们，阅读它们，但它们一旦被解码，除了创造自动性之外，就什么都没有了。真正的符号——如果让其回归高贵品质的话——另一种东西，它是一种异常的事件，如此，符号就转换为符号并且承担了独特的意义。这就是诱惑，是一种与注意非常不同的东西。不幸的是，今天，在我们的都市标牌中，注意和诱惑这两个东西在一种混合操作中被搞乱了。建筑部分地逃脱了这种混淆机制，至少我希望是如此——不过，建筑大多数已经被"广告化"了。为了变成一种功能之物,尤其是一直要以某种方式变成一种东西——一种时尚的、广告化的存在,它已经放弃变成纯粹的诱惑之物了。通常,伟大设计师设计的物——因而是"符号化"的物——是很容易通过其符号辨认的,因为在一个物转向另一个物之际,其符号进行着同样的重复。这是让物显现自身的方式:使自身可见,就像在广告中常常出现的那样。在这一点上,即为了弄清这些物是否是公共物这一点上,观众和广告商是不同的。它们(指具有符号性和诱惑功能的建筑)应该仍然保持一种象征和集体功能,因此意味着某种公共性。

因为正是大众本身创造了事物的意义,因此很难预言什么——最终,这种意义本身并不存在,因为接受它的人正是那些创造了他或她自身意义的人。但是,大众是巨量的,中性的,非个人的,不会在创造意义方面取得任何成功,相反,它们摧毁意义。因此,处在中间的(建筑)物必须保护自己。这场游戏决不是简单的游戏,但一切已成定局。建筑师必须持续地同大众对建筑的冷漠作战。

六、作为思想的空间

普罗托:你说当"空间导致思想本身的形成"的时候就会有"完美的建筑"出现是什么意思?

鲍德里亚:我们已经谈论过,这就是那个能够消失的物,这就是使自身消失的策略本身,或者说,至少是秘密的策略,是秘密隐藏的所在。对比我们正在谈论的广告,我们必须找到这个秘密。对习惯于把符号和标牌编码连接在一起的广告商来说,秘密是与脚印联系在一起的,是某种可擦除的东西。

我的观点是,建筑始于空间,空间是建筑的第一现场,建筑填充空间;但是,能够增加建筑的象征性的正是空(empty)的空间。无论如何,建筑总是要设法在它里面的某处保持某种空无的意义,在这个意义上,建筑不应该总是一种"填满"的建筑,一种功能的建筑,一种摧毁空间的建筑。如果是这样,建筑就不是留给我们空间,而只是某种功能维度。但是建筑必须一直属于空的空间。这种空的空间不必存在于物理维度之中,它是存在于心理空间之中。为了能够管理空间,而非生成空间,建筑应该体现一种中空性(empty necleus),一种内部空间的空的矩阵。

在生产空间的建筑和管理空间的建筑之间存在着更大的区别。但是,两者都必须避免填满它,否则就会毁灭它。

附录二

鲍德里亚：美学的自杀

——真实或始源性：关于建筑的未来

依我看来，完美的建筑就是那种遮蔽了自己的痕迹，其空间就是思想本身的建筑。这也适合艺术和绘画。唯有彻底摆脱艺术、艺术史和美学的桎梏的作品，才是最好的作品。这也同样适合于哲学：真正有创造力的思想，是那种彻底摆脱了意义、深刻性和观念史桎梏的思想，摆脱了真理性诱惑的思想……

——鲍德里亚

让我们从空间开始，因为空间毕竟是建筑的第一现场；让我们从空间的始源性(radicality)开始，即从空(void)开始。不是以水平或垂直延展的方式来建构空间，而是以其他的形式来建构空间，这是必须的并且是可能的吗？换句话说，当我们面对空间的始源性(即空——译者)时，是否可能创造一种建筑的真实(truth)？

难道建筑仅仅是其现实性，即参照、规程、功能和技术吗？或者，建筑已经超越了所有这一切并且最终变成了某种完全不同的东西吗？这可能是它想要达到的目的或是想让它超越其目的的那种东西吗？建筑一旦从始源上超越了它的现实性和真实性，成为一种对空间的挑战(不只一种对空间的管理)、对社会的挑战(不只是一种对其限制的重视和对其规约的反映)、对建筑创造本身的挑战、对有创造力的建筑师或他们擅长的错觉(illusion)的挑战，它还能继续存在吗？这是一个令人困惑的问题。

我将根据建筑错觉这个术语所包含的两种完全对立的含义来检讨建筑错觉问题：一方面，就建筑产生错觉，包括产生建筑本身的错觉而言；另一方面，就建筑创造新的城市空间错觉和总体空间错觉以及超出其把握的另类场景空间错觉而言。

就我个人来说，我一直对空间抱有兴趣，并且我对所谓"建成"物的兴趣，其实主要来自它们能够给我带来炫目而强烈的空间感的那些特性。因此，我在蓬皮杜艺术中心、世贸大厦和生物圈 2 号这样的建成物中构筑了我的兴趣根基。这些建成物（在我看来）还不是严格意义上的建筑奇迹。而且，并不是这类建筑的重要性激发了我的兴趣。问题在于，正像上面谈到的，我们这个伟大时代的大多数建筑物——这些类似于天外来客的建成物，它们有何真实性（truth）可言？如果我考虑建筑的真实性，比如，像世贸大厦这样的建筑时，我会推想，甚至在 20 世纪 60 年代，那时的建筑就已经在生成那个超真实的社会和时代的图像了，尽管那时实际上还没有数字化，这座建筑就已经有了两条极像计算机的穿孔纸带的双塔了。但就其双晶形式而言，我现在可以说，世贸双塔早就被克隆过了，因此这座建筑确实有点像一个"原创性"死亡的预言。那么，这个双塔会不会是我们时代的预言呢？莫非建筑师们并非居住在现实里，而是生活在虚构的社会中？莫非他们生活在某种预期的幻觉中？或者说，他们只不过表明了这个世界还有什么？正是在这个意义上，我才问"建筑存在真实性吗"这个问题，我这么问的意思是想知道，建筑和空间中是否存在着某种超感觉的预期目的。（鲍德里亚的意思是说，20 世纪 60 年代起建筑就在某种超感觉的莫名的冲动中丢失其真实性和原创性，世贸中心首开其端——译者）

让我们来看看创造性的幻象，即"超"现实想象，是如何与建筑物保持一致的。建筑师的冒险是在一个极其真实的世界开始的，他和她并非处在一种传统意义上的艺术家的那种境遇。建筑师既非那种坐在家中对着白板纸发呆的人，也非在画布上工作的人。他们要按照精确的时间表和一揽子预算来工作，他们要为特定的人群生产一种标的（虽然不必提前提出详细设计方案）。他们是团队工作，处在一种直接或间接地受各种限制的环境中，这些限制包括安全和资金的考量以及专业团队自身的组织和协调等，假如建筑师拥有一个具有一定自由度的环境，他们会怎样突破这些限制呢？这里涉及的是如何把每个设计和先前的概念或创意结合的问题（根据感知和直觉运用特殊技巧），如何对他们迄今为止尚不明了的场所进行定位。在这里，我们进入了一个创造的领域，一个非知识的领域，一个冒险的领域，最终这可能会变成一个让我们失控的场所——因为，在这里，事情悄然发生了，真是天命难违，我们自愿地放弃了控制权。正是在这里，错觉公然进入画面,这种空间错觉不仅是可见的,而且可以说在心理上还延展了我们的所见,这里的基本假设就变成:建筑不是在填充空间,而是在生成空间。这可能会通过内在的视觉"反馈"效能完成,通过挪用其他元素和空间完成,通过几乎是某种无意识的魔法完成。正是在这里,设计匠心(mind)破门而入了。拿日本园林来说吧,它总存在一个消失点,一个你既不能说这个园林慢慢到此就到尽头了,也不能说它还继续在延伸的点。或者再以努维尔为例,他设计那个在巴黎郊外拉德芳斯区的无极之塔(Tour sans Fin)方案,就包含一种超越阿尔贝蒂透视学逻辑的用心(换句话说,它想调动一切因素以便能以超比例方式阅读,从而产生空间感)。虽然努维尔的建筑消失在空中,存在于感知的外延,并且以非物质的形式定义边界,但是,这绝不是那种虚拟性的建筑(虽然它在从未建成的意义上仍然是虚拟的),而是那种懂得如何创造出比人们看到的东西更多的建筑。

在这里,我们就有了一种诱惑眼睛和心灵的心理空间。

如果我观察那个也是由努维尔设计的卡迪亚基金会大楼的立面,那么,由于这个建筑的立面比建筑本身大,我就不知道我是通过玻璃看到天空,还是直接看到了天空。如果我通过三个玻璃窗户看一棵树,我永远也闹不清我是通过玻璃看到一棵真树呢,还是只是看到了树的映像。如果碰巧有两棵树平行矗立在窗前,我是绝对分不清到底是真有第二根树呢,还是它也只是另一棵树的映像。这种错觉形式绝非随意形成的:通过扰乱知觉,它创造出一种心理空间、一种场景——一种景观空间,没有这些,建筑只能止于建成而已,城市只能是一个建筑大杂烩。由于景观的缺失以及相应的对观者视线的阻塞,随后又带来整个错觉和诱惑的戏剧性的缺失,我们城市确实深受功利主义建筑之害,陷入了满足于用有用或无用的功利主义建筑塞满空间的境地。

日本时装设计师三宅一生(Issey Miyake)最近在卡迪亚基金会大楼举办的时装展是对这个舞台场景最精妙的阐释。这座建筑以其特有的生动和透明在这个壮观的场面中扮演了积极的角色。场景一:模特们穿着三宅一生设计的时装在内部空间里活动;场景二:贵宾席(大多数女士已经穿上了三宅一生设计的服装),在这同一个舞台场景中,贵宾们一不小心就成了临时演员;场景三:建筑本身,反映了所有这一切——可以从外面看到,建筑和时装表演一起全部融合为一个整体事件,因此展览场地本身变成了展览对象,最终又使自身隐没。

　　这种在场又同时隐没的能力，在我看来，似乎是建筑的一种基本特性。这种我们可以称之为神秘的可见性（或不可见性）的形式是抗击当前的视觉霸权统治最有效的武器。视觉霸权统治是一种透明独裁，在这种透明独裁中，每一事物都使自己可见、可理解，其全部目标就是打造出心理空间和视觉空间，因此这里的空间不再是一种看（seeing）的视觉空间，而是一种展示（showing）空间、特制的被看（making-seen）空间。对这种情形最好的解药就是努维尔这样的能够创造场所和非场所的建筑——要保持透明的魅力而勿使其成为独裁。

　　这样的建筑产品是一种身份不明、难以识别的东西，它对周遭环境秩序是一种挑战，与现实秩序处于一种双重关系中，并且存在一种潜在的竞争关系。

　　正是在这个意义上，我们可谈的就不是建筑的真实性（truth），而是它的始源性（radicality）。如果这种竞争（指建筑和现实环境——译者）没有发生，如果建筑必须是社会与都市秩序受限制的功能和程序的副本，那么，建筑就不再作为建筑而存在。成功的建成物是那种存在于它自身的现实之外的建筑，（与其使用者）创造了一种双重（不仅仅是交互的）关系，一种矛盾、挪用和非稳定性的关系的建筑。

　　同样的问题也存在于文学（writing）、哲学（thought）、政治和社会秩序语境中。无论在何处，无论你做什么，你绝不能选择事件（事件该不该发生、发不发生，都不可以选择——译者）。你唯一能选择的是概念，不过选择倒是你可以掌控的。

　　概念必然会和语境发生冲突，同所有那些建筑物或理论或别的东西所持有的（积极的）功能意义发生冲突。概念是某种创造非事件（non-event）的东西，与那些自我呈现的、被媒体和信息系统阐释和过度阐释的事件相关。它以一种理论的和虚构的非事件来对抗公然标榜的"真实"事件。我知道它如何对文学发生作用。它如何对建筑发生作用，我却不是很清楚，但是我在某些建筑物中体察到了一种从另一些领域和场景转借来的推断，这是一种正在建筑领域形成、与所有方案的和功能的限制背道而驰的灵感。这是空间和城市之间不可能交换（exchange）之困局的唯一解决方案，但是，很明显，这一方案无法解决城市中的人造自由空间问题。当建筑渴望获得某种真实性时，它就正好把我们引向了建筑的命运这一问题。那么，在真实的方案中发生了什么呢（我所说的真实的方案，意指肩负文化和教育使命，完成计划、满足需要、充当社会和政治形势的转换器的那种雄心壮志,简言之,任何进入官方话语和与官方意识相关的事情也都将属于建筑师自己的话语和意识)？不管结果如何,我们所发现的情况是,这些程序化的意图总是被他们的服务对象所绑架,被其使用者和大部分居民所重构,但后者的有创意的或者相反的意见从不被采纳到总体方案中。无论在政治还是建筑领域,不存在任何社会关系或大众需求的"自动性写作"。但是这里的竞争仍然存在,反应更是难以预见。那些尚在讨论中的反对意见一般是那些参与这个过程的老练的参与者提出的,这些参与者通常更愿意被动地卷进来,但是并不一定按游戏规则出牌,也不一定严守对话规则。大众以他们自己的方式接受竣工的建筑物,至于建筑师,如果他原本未曾被迫对他自己所构想的设计方案大动干戈,使用者们将会在这座建筑中看到,该项目的那个难以预料的终极目标又恢复到了原样。这里存在另一种始源性形式,虽然在这里其始源性形式是无意识的。

这就是为什么蓬皮杜艺术中心方案最初制定的全部目标在实际建成后全部落空的原因。这个方案,原本是基于正面地展示文化和交流的目的,最后却完全屈从于这个对象(object)的现实——不,是对象的超度现实。它不顾文脉,在整体上创造了一种虚空。由于它富于弹性的、分散的空间和透明性,它遭到了大众的抵制,他们渲染这个建筑的愚蠢和晦涩,尽可能予以侮蔑。在这里,悖论自动出现了,对蓬皮杜中心来说,这个效果与它命运中的某种东西密切相关。这个对象(指蓬皮杜中心建筑——译者),这个真实的对象,承载着某种劫数,企图逃避无疑是错误的。这就引发了人们对创造者(设计者——译者)控制建筑的质疑,当然这种质疑也是应该的:无论你在什么地方被诱惑去赋予一个场所某种功能,其他人都会自发地使其成为非场所,并且创造出另一种规则,这在某种意义上是不道德的,但是,正如我们知道的,社会不是由道德体系和积极的价值系统而是由罪恶和非道德推向前进的。可以肯定地说,想象也不可避免地会存在弯曲,正如空间必定存在某种不可避免的弯曲一样,所以它反对任何一种计划性、线性和程序性。

在这种情势下,建筑师本人可能会参与到阻碍实施自己设计的游戏中,而且,他不能指望像控制事件一样地控制这个游戏,因为这个游戏的象征规则是,游戏本身永远比玩家强大。换句话说,我们都是玩家和赌徒,我们最大的热望是,事件的理性顺序能时不时地,哪怕是短时间地,被某种难以逆料的差异秩序所解构和取代,被他们相互关联的事实所解构和取代,这种差异事件是异常的,明显是事件的宿命化建构，在这类事件中，那些原本一直被人为分离的东西，由于它们一直是相互关联的，就会突然并非随意地，而是集中地、自发地、以同等的密度出现。

翻转的力量（power of détournement，20世纪五六十年代情景国际的城市空间重构策略，也可以翻译成"异轨"——译者）具有一种"奇异的吸引力"，这种始源性来源于别的地方——客体（始源性现在并非来自主体，而是客体）。没有这种先在的翻转力，我们的世界恐怕是令人难以忍受的。这对建筑师们是颇具吸引力的：请想一想，他们建造的建筑和空间成了神秘的、任意的和难以预料的、在某种意义上是诗性的场所，而不仅仅是以统计学呈现的政府行为。

谈到这里，我们就发现，我们在现时代面临着另一种维度，在这个维度里真实性和始源性的问题不再出现，因为我们已经进入了虚拟现实（virtuality）。然而这里存在着极大的危险：这个危险是，建筑不再存在，根本不再会有建筑这个东西。

建筑以多种方式不存在。有一种建筑一直存在着，而且已经存在了上千年，却并无任何"建筑的"概念。人们随心所欲地设计并营造其居住环境，他们创造空间全然不是为了被人注视。它们没有任何建筑价值，更准确地说，它们也没有任何美学价值可言。甚至当下，我喜欢的一些城市，特别是美国的一些城市就包含这样一些因素：你在这些城市转来转去，却从不在意任何一座建筑。你来这里就如同在沙漠旅游一样，你不会沉迷于任何关于艺术和艺术史、美学和建筑这种高雅的观念之中。应该承认，这些建筑是为了多种目的而建造的，但是，当我们偶然与它们相遇时，这些建筑很像是一些纯粹的事件和纯粹的物体，它们使我们又重新回到了空间的原初现场。在这个意义上，它们充其量只是充当反建筑角色的建筑（我们从库尔哈斯的大著《发狂的纽约》中已经看到，曼哈顿最初是在康尼游乐园这个非建筑规划项目基础上建起来的）。依我看来，完美的建筑就是那种遮蔽了自己的痕迹，其空间就是思想本身的建筑。这也适合艺术和绘画。唯有彻底摆脱艺术、艺术史和美学的桎梏的作品，才是最好的作品。这也同样适合于哲学：真正有创造力的思想，是那种彻底摆脱了意义、深刻性和观念史桎梏的思想，摆脱了真理性诱惑的思想……

随着虚拟维度的到来，我们已经失去了那种同时展示可见性和不可见性的建筑，也没有了那种既玩弄物体的重量和引力的游戏，又玩弄其消失的游戏的象征形式。

虚拟建筑是一种不再有任何秘密的建筑，只是视野中一种运算符（operator）、一种屏幕建筑（screen-architecture）。其实，它已经彻彻底底地变成非自然的、由人工智能合成的城市和空间（我绝对不反对人工智能，除非它在总体考量上要合并所有别的形式并且把心理空间还原为数字空间）。这就是建筑冒险的终极危险，为了估量这种危险，我要举另一个我更熟悉的例证：摄影术。

根据威廉·佛卢塞尔（Wilhem Flusser, 1920—1991，出生于布拉格的犹太裔哲学家）的假设，当今绝大多数照片都没有表现出摄影者的选择或眼光，而只是展示了照相机的技术智能，这种设备在人的掌控中，其潜能被发挥到了极致。人类只是这个程序的技术操作员。因此，机械的技术潜能的整体耗尽，就是"虚拟的"全部意义。你可以把这个分析扩展到计算机或人工智能领域，在这个领域，思想在很大程度上只不过是一种软件组合程序、机械虚拟和无限的操作过程，因此，所有运用技术路线的东西，因其极可能产生多样性，便进入了"自动"写作的世界。建筑也是如此，因其充分暴露在所有可能的技术领域，也进入了自动写作世界。

这不仅仅是一种材料和建造技术的问题，这也是一个模型问题。正如所有图像都可能用照相机制作出来一样，所有建筑形式也可以通过电脑储存的图片库或以常规形式或以别种形式"复活"，剩下的唯一要做的，就是为这些复活的建筑形式配上功能。结果，建筑不再与任何形式的真实性或原创性相关，只不过是一种单纯由形式和材料拼合而成的技术效能。即使出现某种真实性，甚至也不再是客观环境的真实性（没有体现建筑与环境和历史的关系、与建筑真正应有的要求脱节——译者），至于建筑师主观意愿的真实表达就更少了。它能够体现的其实只是技术设备和其运行的真实性。虽然我们仍然有可能选择"建筑"这个词来称呼它，但是它是不是真正的建筑毕竟还是一个未知数。

让我们以西班牙毕尔巴鄂的古根海姆博物馆为例。如果曾经有过一座虚拟建筑的话，这就是个虚拟的玩意儿，可称为虚拟建筑的原型。建筑师把许多备选的元素和模度汇聚在计算机上，以便通过微调程序或改变计算比例，创造出上千个同样的博物馆。它同它的内容，即艺术作品和收藏的联系完全是虚拟的。这个博物馆既有着令人惊奇的动感结构和非逻辑的线型，也有毫不出奇的、几乎是常规的展示空间，它只不过象征了一种机械表演，象征了一种应用性的脑力技术。现在,不可否认,它绝不仅仅是任何一项旧技术,也绝不仅仅是物(object)的奇迹,而是一种实验奇迹,可以与那种探索身体奥秘的生物遗传学匹敌(这种科学探索将会造出一大堆克隆物和妖怪)。古根海姆博物馆就是一个空间妖魔,是一种以技术优势战胜建筑形式本身的机械产品。

实际上,古根海姆博物馆是一种现成品(ready-made)。在技术和精细设备的帮助下,一切都变成了现成品。万事俱备,他们所要做的,就是像大多数后现代形式一样,只是将它们重组到舞台上而已。杜尚就曾经用瓶架,用真实之物(他用置换的方式把真实的物品变成虚拟的)做过现成品。今天,他们用计算机程序和编码串做成现成品,而且是用同样的材料。他们认为是他们自己发现了这些东西,就把这些东西推上建筑舞台,因为一上这个舞台就有可能变成艺术作品。现在,人们会问自己,这是否就是杜尚的那种表演,杜尚就是这样通过稍微置换的方式(美学的置换可能会终结美学,但是同时也会打开通向普遍审美化的道路)把垃圾变成艺术的。这种现成品的革命——就是把真实物品和真实世界当成一种先验程序进行自动的和无限的美学操作,这种曾经发生在艺术和绘画中的激进干预,在建筑的某些领域也开始了同样的表演(因为一切事物都很容易进入虚拟的表演中)。在建筑史中是否存在着同样的断裂呢?像这种发生在建筑中的突然地、彻底地铲平审美崇高感的行为,其实就是盲目跟风艺术界的结果,绝不会获得当时在艺术中获得的那种效果。可以说,在艺术本身消失的基础上,在艺术走向终结的前提下,一切都将发生。我想问一个有关建筑的同样的问题:难道在建筑中就不曾发生过某个事件,能够显示出,从该事件发生以来所发生的一切事件,全都是在建筑消失(如历史,社会的象征结构)的背景上发生的吗?这个假设,这种"跨越"其学科对某种事物的假设,即使对建筑师也应该是有吸引力的。这个问题也发生在政治学领域。实际上,今天在所谓政治场景中发生的一切,难道不都是在真实消失的背景上发生的吗?难道真实不是事实上已经消失于虚拟现实之中了吗?这种假设绝非一种令人沮丧的假设:与其让人们纯粹而简单地拉长艺术史,倒不如看看艺术史终结之后到底会发生什么,这更令人兴奋。这就赋予那些在艺术终结之后可能形成的全部事物一种原创的和特异的特征。如果我们接受艺术消失的假设,那么,无论什么事情仍都可能出现。因为我希望建筑和建筑物仍然是某种特异的东西,当下不会陷入建筑的虚拟现实全方位威胁我们的状况,所以我喜欢这种激进主义的假设。

但是我们处于这样的状态。当下，建筑在很大程度上说注定只是服务于文化与交流。换句话说，建筑注定要服务于社会整体虚拟的审美化。它发挥着博物馆的功能，专门收藏那个叫做文化的包装妥帖的社会形式，收藏一些包装妥帖的非物质性需要——它们除了将其定义刻写在无数指定为文化目的的建筑之外，没有任何定义。当人们没有在现场被变为博物馆展品的时候（在遗产中心那里，他们变成了自己生活中的虚拟的临时演员，这也是一种现成品形式），他们就被吸进了一个作为世界文化和商业中心的巨大的交互仓储空间，或一个已经被正确地描述为消失现场（sites of disappearance）的转移和循环空间（在日本大阪他们正在建造 21 世纪通讯纪念馆）。今天，建筑成了循环、信息、交流和文化……所有这些功能的奴隶。在所有这些方面，存在着一种巨大的功能主义，它不再是机械世界里一种基于自然（organic）需求、基于真实的社会关系的功能主义，而是一种虚拟的功能主义。换句话说，它是一种主要与无用的功能相关的功能主义，在此情况下，建筑本身也陷入了变成无用功能的危险。这个危险是，我们将看到一种克隆建筑在世界范围内的蔓延，一种建在网络意象和虚拟现实里的透明的、流动的和游戏的建筑的激增，由此，整个社会就给自己抹上一层空洞的文化、信息和虚拟的藻饰（trappings），极似那些个已经打扮妥帖的空洞的政治修辞。可能会存在一种实时（real time）的建筑吗？一种流动的和网络建筑吗？一种虚拟的和操作的建筑吗？一种绝对可见和透明的建筑吗？一种全方位恢复到不确定性空间的建筑吗？确实存在一种多态的、多用的建筑（日本丹下健三在法国尼斯设计的一个小博物馆——亚洲艺术博物馆——是一个最妙的例子，它现在已经空置了好多年了，它是一个空洞的博物馆，但是也是一个工艺中心或健美中心或者谁知道别的什么东西）。大多数当代建筑通常尺度夸张，给人留下的印象不是空间，而是空无。在这些建筑中移动着的展品或人群本身就如同他们自身的虚拟物，因为在这里，他们的存在似乎并不重要。这是空洞的功能、无用空间的功能（里斯本的贝伦文化中心、法国国家博物馆等等）。

今天，所有一切都在迷恋这种文化的新陈代谢，建筑也不例外。现在，要在那些仍然带有神秘标志和具有我正谈论的那种独特性的建筑（我不认为这种建筑已经完全消失，因为我相信它们是不可摧毁的）与那些带上文化标志的建筑（这种建筑本身是一种包括了所有适用模式的支配权的心智工艺）之间作出区分，是相当困难的。当然建筑师会受到城市和地理学方面的限制，以及由金融压力和使命感所施加的限制。但是，重要的是，有很多模型，诸如建筑承包商的模型或主管官员以及委托人手上的模型，还有在各种各样的建筑杂志和建筑样式史本身中流传的模型。所有这些模型都加入了一定程度的参数，这就意味着，那些最终建起来的建筑通常就是各种妥协意见的拼贴。当代建筑的悲剧就是全球范围内对同类型的作为有功能性参数的功能的活的空间无休止的克隆，对某种典型的或美丽如画（picturesque）的建筑的克隆。最终的结果是，这些建筑物不仅没有达到总体方案的设计目标，甚至离那些小的设计目标也还差得很远。

阿尔伯特·沙米索的小说《彼得·施莱米尔的神奇故事》的主人公把自己的影子卖给了魔鬼。借用沙米索的类比，难道我们不能说，建筑已经失去了它的影子（即灵魂——译者）吗？因为当今的建筑设计往往使用无数的参考模型，因此，建筑已经成为一种透明媒体。那么是否可以说，建筑现在已经进入了这样一种只能无限制地重复自己的境遇之中，或者说进入了一种竭尽一切可能以拼凑出先定编码的变体的境遇之中（这种编码往往一边在对某种遗传编码进行苍白的模仿，一边在炫耀它常规形式的遗传血统）。

以世贸中心的双塔为例（无论如何我并不反对他们建构的建筑事件，我反倒很欣赏）。你会看到一个塔是另一个的影子，是它精确的复制品。但我的看法是不再有任何影子，影子已经变成了一种克隆。影子只是一个比喻，（其实我的意思是说）建筑的另类感、神秘性和神奇感这样一些要素已经消失，留下的只是同一种遗传编码。现在，影子的消失意味着太阳的消失，正如我们所知道的，没有影子，事物就只是它们所是的那种样子。确实，在我们的这个虚拟世界、我们的克隆世界、我们的影子世界，事物就只是它们所是的样子。并且在无数的、成倍的无穷极增长的克隆中，它们也是如此，在某种意义上说，影子就是为某种存在划定界限的；它标示出它作为个体的边线：正是影子使得它不能无限制地复制自身。

但是，在我看来，这种形式并不是完全无望的。虽然建筑不再是世界的一种创造，我们倒希望它不要变成某种不断重复自身的庸品、某种地质学的水泥层——第四纪的新的沉积物。摄影学为对某些自动拍摄的图像作随意的篡改提供了可能，这就为生产一种难以控制的图像流提供了无限的潜在技术性。正如我们所知道的，"自动写作"从来不是真正自动的，但是总有一种可以寻找到客观偶然性的机遇，那种会有一系列难以预见的事件发生的机遇。在当今这个视觉图像汹然涌然并且淹没了我们的境遇中，仍然有机会重新创造出原创的和原始的图像场景。在某种意义上，无论任何图像，它都会保留些野蛮和荒诞之类的东西，直觉会恢复这个刺点（punctum）（巴特），如果从字面解释的话，这个刺点就是图像的秘密。因此，我们确实必须从字面上来想望它，我们必须隐藏这个秘密，我们必须设法去阻止这种普遍的审美化和压在我们身上的这种文化心智术。

因此，我们可以相信，由于建筑也从场所精神出发、从场所的愉悦出发，并且会考虑到通常会出现什么样的偶然因素，因此，我们可以创造另外一些策略和独特的戏剧效果。我们可以相信，只要我们反对这种对人类、场所和建筑的普遍的克隆，抵制这种虚拟现实的普遍的侵入，我们就可以实现我所说的环境的诗性转换，或转化的诗性环境，走向一种诗性建筑，一种原义的（literal）的建筑、一种始源性的（radical）建筑，当然，这是我们所有人仍然都梦想着的那种建筑。

真理性和超越性美学价值在这里没有安身之处。在功能、意义、方案和计划中找不到任何这样的东西。字面性（literalness）就是一切。有这样的例证吗？那就说蓬皮杜艺术中心好了。这座建筑物显示了什么？艺术，美学，文化？不，它显示的是循环、储存和流动，个人、物件或符号的循环、储存和流动。蓬皮杜艺术中心的建筑（学）也很好地展示了这一切，认认真真地展示了这一切。蓬皮杜艺术中心是一个文化的玩意儿、一种掩盖文化灾难的文化记忆，它最荒谬之处（即使是无意识地），就是它不仅展示了文化而且展示了文化过去屈从于、现在愈来愈屈从于的那个命运，它让所有的符号充溢、浮泛和混淆。世贸中心同样如此，这个建筑的奇观表演了一场奇妙的城市秀、一场惊人的垂直秀，但是同时，它也是城市所屈从的耀眼的命运象征；作为一种历史形式的城市正是死于这种象征。这就是赋予这个建筑以活力的东西，这是一种极端的预期形式：一方面期待失去一种东西，另一方面又在回顾中怀念那个东西。

因此，通过这种外行的想象可以看到，这里有一些来自建筑的原始场景的碎片。你可以从字面上或者任何角度来对它们进行解释，正如兰波所做的那样，因为，可能有这么个理由：在这里仍然存在着一个我相信还存在的、超越了一切错觉和幻灭的建筑的未来，即使未来的建筑未必是建筑的。之所以说建筑有其未来，理由很简单，因为绝不会再有任何人会建造那种将来会弄死所有其他东西的建筑物和建筑了，绝不会再有任何人会建造那种弄死其他空间的空间了，也绝不会再有任何人会建造那种将来会终结所有城市的城市了，或者也不会有人来构想一种将来会结束一切思想的哲学了。现在，从根本上说，这是所有人的梦。只要它还没有变成现实，就仍然有希望。

（The Aesthetic Suicide，Mass Identity Architecture：Architectural Writings of Jean Baudrillard，Edited by Francesco Proto，Wiley-Academy，2003）

跋

本书是一部关于城市和建筑美学的论文合集,除了首篇《中国当代城市美学发凡》和附录中的两篇译文之外,其他论文都曾经在学术刊物上发表过,发表时间大约在 1998 年至 2021 年之间。

本书关注的重点是当代。作者总的主张是,城市和建筑美学的出发点和终极目标点是善,而非美。对城市和建筑美学而言,对善恶的分辨和利弊的计较,必定也必须优先于对美丑的权衡或考量。从绘画或一般艺术的视角来看待城市和建筑,是肤浅的,也是错误的;同样,以美丑来评价一座城市或一幢建筑,也是肤浅的、错误的。

城市美学或者建筑美学,对应的不应该是形式美学或艺术美学,而应该是伦理学或生态学,在某种意义上说,运用经济学视角来诠释城市美学或建筑美学,可能比形式美学更有深度、更具说服力。

这是我想在此强调的第一点。

第二点,我需要请读者谅解,本书汇集的是不同时期发表的论文,可能会有少量地方出现重复。为了保持每篇论文的完整性,我对这些地方没有作大的删改(有些地方略有调整),希望读者谅解。

第三点,本书的出版,实赖同济大学人文学院优秀扶持规划资助项目之赞助,这是与同济大学人文学院院长刘日明教授、党委书记李建昌先生和副院长赵千帆教授等同事的关心和支持分不开的,在此,谨向他们表示感谢。另外,本书中的一些论文牵涉若干研究项目,这些项目得到了南方科技大学社科中心主任周永明教授和副主任王晓葵教授的全力支持,在此也向他们表示感谢。

第四点,本书的出版,得到了老朋友、东南大学出版社刘庆楚编审的支持,在此向他表示感谢。我的学生王赟平和张毅为本书的装帧设计费心多多，在此一并向他们表示感谢。

万书元

2022 年 4 月 20 日于上海